はじめに

　難関校受験生向けの月刊誌「大学への数学」では，1957年の創刊以来，毎号（3月号を除く）
学力コンテスト（学コン）
という，創作問題を出題し，読者が答案を送り，それを添削して返却，また，成績優秀者の氏名を誌上で発表するというコーナーを設けています．

　全国の優秀な方々が応募され，試験とは違って時間制限もないので（締切はありますが），問題は難しめになり，それだけに，考えがいのある問題で，数学好きの高校生，大学受験生を魅了してきました．応募者の中からは，フィールズ賞を受賞された森重文先生を初めとする多くの高名な数学者が輩出され，また，他の分野でも，一線で活躍されている方々が多々いらっしゃいます．

　答案を添削するスタッフ（学コンマン）も，読者時代は学コンで成績優秀者の常連だった人達ばかりで，

応募者→学コンマン⇨応募者→学コンマン⇨…

という学コンファンの流れが，連綿と受け継がれてきました．私自身，40年以上前の受験生時代は学コンに応募し，大学入学後は学コンマンになり，そのまま，東京出版・編集部に居座って，現在に至っています．

　本書は，2005年〜2014年に出題した学力コンテストの問題の中から，特に，解いて面白い，ためになる50問を精選しました．

　大学入試の標準レベルの問題（入試問題を易しい方から1〜10に分けたとして6，7程度）をこなせて（完璧に解けることまでは要求しません），さらに上を目指す人を読者として想定していますが，そのような人でも，手こずる問題が少なくないでしょう．しかし，簡単には解けない問題に対して，知識だけに頼らず，自分の頭で考え，手を動かして立ち向かっていくことにより，たとえ答えには至らなくても，思考力，発想力が養われていきます．そして，考える過程において，また，解き終えた後には，十分な満足感・充実感が得られることでしょう．

　学力コンテストの問題の中には，入試のレベルを超える難問もありますが，本書では，難しすぎる問題や，手間のかかりすぎる問題は取りあげていませんから，難関校の入試対策としても，十分に効果があります．

　また，とりあえず入試に向けての実力養成を第一目的とする人でも，「大学への数学」や学コンに取り組んでいるうちに，数学の面白さ，楽しさを再認識することができるでしょう．

　本書を手に取った皆さんも，学コンの問題を考えることによって，自分の頭で考えることの充実感を味わっていただければと思います．また，月刊「大学への数学」の学力コンテストに応募されたことのない方は，本書をきっかけに，全国の学コン仲間の輪に加わりましょう．皆さんの御応募を心からお待ちしています．

／浦辺理樹

♦ 本書の構成と利用法 ♦

　本書は，2005～2014年の月刊「大学への数学」の学力コンテストから，50問を精選したものです．すべて数ⅠAⅡBの範囲内（数Bはベクトル，数列）で解けるものですが，もちろん，数Ⅲで学ぶ事柄を用いて解いても結構です．

○問題編

●問題

　見た目の分野で分けてありますが，複数の分野にまたがるものや，例えば，外見は幾何の問題だがベクトルや座標が有効，といったものもあるかもしれないので，先入観を持たない方がよいでしょう．

　どの分野から始めても，同じ分野内では，どの問題から解き始めても結構です．

　難易度は，前ページでも述べたように，難しめの問題（入試問題の発展レベル：易しい方から1～10に分けたとして8, 9程度）が主体ですから，苦労したり，解決に至らなかったりしても，悲観するには及びません．なお，難易の感じ方は人それぞれなので，難しいハズだ，という先入観は無用です．

●解答時間と正答率 (p.16～17)

　応募者の解答時間の内訳と正答率（25点満点の人の割合）をグラフにしました．本書の中での問題ごとの難易の一つの目安になるでしょう．ただし，正答率が低くなった問題は，本当に難しかったもののほか，ギロンに不備が起きやすかったり，多くの人が陥りがちなトラップがあったりして完答した人が少なくなったものもありますので，一律に難問であるというわけではありません．

●ヒント (p.18～23)

　思考力，発想力を養うために，まずは，自分の頭で考え，自分の手を動かしてみてほしいですが，手がかりが得られなかったり，途中で行き詰まったりした人のために，ヒントのページを設けました．それをもとに，再度チャレンジするとよいでしょう．もちろん，いきなりヒントを見るのではなく，20～30分程度は，自力で問題に当たるようにしましょう．

○解説編

　問題文の右側に，平均点（満点は25点），応募者の解答時間（20点以上の人について集計したもので，SS…30分以内，S…30分～1時間，M…1時間～2時間，L…2時間以上），正答率を掲載しました．時間無制限で，締切ギリギリまで粘る応募者が多いので，平均点は高めになりますから，その点を割り引いて参考にして下さい．

　解説編は，学力コンテスト応募者に，返送時に答案とともに配布する解説プリントをもとにしました．本書を刊行するに当たって，一部，編集部で加筆したり，重複がある部分などの修正をしたものもあります．

●前書き

　解答の前に，前書きとして，解決へのポイントや手がかりになることなどを書きました．p.18～

23のヒントと重複する部分もありますが，答えは出たもののメンドウな計算やギロンを強いられた人は，解答を見る前に，前書きを参考にして再検討するのもよいでしょう．

● 解答

　筋の良い解法を吟味して掲載しました．ギロンの飛躍がないように説明も省略せずに書いてあるので，試験の答案としても，そのまま通用するものです．単純計算は省略した部分もありますが，工夫した場合は，そのことがわかるように，途中過程も書きました．

　なお，ほとんどの人が思いつかないような巧妙すぎる方法は，ここでは採用しませんでしたが，皆さんにも紹介したいものは，あとの解説の中で掲載しました．

● 解説

解答中のポイント，解答で用いた重要事項や関連事項を掘り下げて解説しました．自力では答えに至らなかった人も，解説を読むことによって得られるものが多いことでしょう．教科書の基本事項レベルの事柄は省略しましたので，苦手分野で不安な人や基本の再確認をしたい人は，教科書などを参照して下さい．

　また，有用な別解があれば掲載しました．問題によっては，少々手間がかかるけれども思いつきやすい解法や，目立った誤答例も取りあげましたので，皆さんと実際の応募者の解答状況を比較することが出来ます．

　なお，入試問題から関連問題を紹介したものもありますので，理解を深めるためにチャレンジしてみましょう．

解説プリント担当者（本書掲載分．五十音順）
飯島康之（現在編集部）
石城陽太
一山智弘
伊藤大介
上原早霧
條　秀彰（現在編集部）
濱口直樹
藤田直樹
山崎海斗（現在編集部）
吉田　朋

考え抜く数学
～学コンに挑戦～

はじめに	1
本書の構成と利用法	2

問題編

	座標	6
	ベクトル	7
	図形	8
	数Ⅱの微積分	9
	方程式・不等式・最大最小	10
	数列	11
	整数	12
	場合の数	13
	確率	14

解答時間と正答率	16
ヒント	18
学力コンテスト・添削例	24

解説編 ………… 25

あとがき	128

問題編

座標／ベクトル／図形／数Ⅱの微積分／

方程式・不等式・最大最小／数列／整数／場合の数／確率

座標

1 xy 平面上に，図形 $C: x^2+y^2-(t^2+2)x+1=0$ と直線 $l: y=(t-1)x+1$ がある（t は定数）．C と l の共有点のうち x 座標が小さい方を P とおく．ただし，C と l の共有点が 1 個のときは，その点を P とする．t を動かすときの P の軌跡を図示せよ．

2 xy 平面上に直線 $l: \dfrac{x}{t}+\dfrac{y}{t(1-t)}=1$（$t$ は定数で $t\neq 0$，$t\neq 1$）がある．
(1) t が 0 と 1 以外の実数をすべて動くとき，l の通りうる範囲を図示せよ．
(2) t が $0<t<1$ の範囲を動くとき，l の通りうる範囲を図示せよ．

3 $y=x^2$ 上に点 A(a, a^2)，B(b, b^2)，C(c, c^2)，D(d, d^2) があり，$b-a=c-b=d-c>0$ を満たしている．点 P(p, p^2) を $p>d$ となるようにとり，PB と AC の交点を Q，PC と BD の交点を R とする．
(1) $\overrightarrow{CQ}$ を b, c, p で表せ．
(2) 四角形 BCRQ の面積を b, c で表せ．

4 座標平面上に円 $C: x^2+y^2=1$ がある．点 $(0, 2)$ を通り，y 軸と異なる直線 l が C と異なる 2 点 P，Q で交わるとき，P，Q と原点 O を通る円周上の点の存在範囲を図示せよ．

5 xy 平面上の曲線 $C: y=x^2$ に，半径 r の円が T(t, t^2)（$t>0$）で接している．さらにこの円が，C と共有点を T 以外に 1 つだけもつとき，r および T 以外の共有点の x 座標を t で表せ．

6 k を実数とし，曲線 C_1, C_2, C_3 を次の式で表される放物線，あるいは円とする．ただし，ここでは「点」も半径が 0 の円と解釈することにする．
$C_1: y=x^2+kx$
$C_2: x=y^2+ky$
$C_3: x^2+y^2+(k-1)x+(k-1)y=0$
(1) C_1 と C_2 の共有点の個数を k の値で分類して答えよ．
(2) 曲線 C_1, C_2, C_3 によって，xy 平面はいくつの領域に分割されるか．k の値で分類して答えよ．

ベクトル

7 $OA=OB=\sqrt{2}$, $AB=1$ である $\triangle OAB$ がある．辺 AB 上に $AP:PB=1:2$ となる点 P をとり，直線 OP に関する A の対称点を A′，B の対称点を B′ とする．

(1) $\overrightarrow{OA}=\vec{a}$, $\overrightarrow{OB}=\vec{b}$ とおく．$\overrightarrow{OA'}$, $\overrightarrow{OB'}$ を $\vec{a}$, $\vec{b}$ で表せ．

(2) s, t を正の数として，$s\overrightarrow{OX}=\overrightarrow{OA'}$, $t\overrightarrow{OY}=\overrightarrow{OB'}$ となる点 X, Y を，直線 XY 上に点 A があるようにとる．

　(i) s と t がみたす関係式を求めよ．

　(ii) $\triangle OXY$ の面積が最小になるときの s と t の値を求めよ．

8 原点 O を中心とする半径 1 の球面 S と，点 $P(2, 1, t)$ $(t>0)$ がある．点 P から S に接線を引くとき，接点の集合である円を C とし，C の中心を Q とする．また，円 C を含む平面を α とし，x 軸と平面 α の交点を R とする．

(1) Q, R の座標を求めよ．

(2) C 上の点で R に一番近い点を X とする．RX の長さが C の半径の $\dfrac{2}{3}$ 倍となることがあるか．あればそのときの t の値を求めよ．

9 四面体 OABC があり，実数 p, q, r は $1<p<3$, $0<q<1$, $0<r<1$ を満たすものとする．$\overrightarrow{OP}=p\overrightarrow{OA}$, $\overrightarrow{OQ}=q\overrightarrow{OB}$, $\overrightarrow{OR}=r\overrightarrow{OC}$ で 3 点 P, Q, R を定めるとき，以下の問いに答えよ．

(1) 三角形 PQR のうち，四面体 OABC の面 ABC 上または外部にある部分の面積を S とする．面積比 $m=\dfrac{\triangle PQR}{S}$ の値を p, q, r を用いて表せ．

(2) p を固定し，三角形 PQR の重心が平面 ABC 上にあるように q, r を動かす．このとき，(1) で定めた m のとりうる値の範囲を求めよ．

10 $0\leqq a\leqq 1$, $0\leqq b\leqq 1$, $0\leqq c\leqq 1$ のとき，点 $(a+b,\ b+c,\ c+a)$ の存在しうる領域の体積を求めよ．

11 座標空間内に $O(0, 0, 0)$, $A(-t, 2t, -2t+3)$, $B(2t+3, -4t+3, 4t)$ がある．実数 t が，$0\leqq t\leqq 1$ を満たしながら動くとき，次の問いに答えよ．

(1) 線分 AB が通過する領域の面積を求めよ．

(2) $\triangle OAB$ の周および内部が通過する領域の体積を求めよ．

図 形

12 一辺の長さが1の正六角形 ABCDEF がある．いま，点 D が辺 AB の中点に重なるように折り返した．
 (1) BC，EF の各辺と折り目との交点をそれぞれ P，Q とおくとき，2線分 BP，FQ の長さをそれぞれ求めよ．
 (2) 折り返したときに点 E がうつる点 E′ は，五角形 ABPQF の内部（境界も含む）もしくは外部のどちらにあるか答えよ．

13 n を負でない整数，t を $0<t<1$ の実数として，$\triangle A_n B_n C_n$ の辺 $B_n C_n$ を $t:(1-t)$ に内分する点を A_{n+1}，辺 $C_n A_n$ を $t:(1-t)$ に内分する点を B_{n+1}，辺 $A_n B_n$ を $t:(1-t)$ に内分する点を C_{n+1} とする．$A_n B_n \mathbin{/\mkern-6mu/} A_0 B_0$ を満たす t を t_n とするとき，t_1, t_2, t_3, t_4 を求めよ．

14 AB=5，BC=4，CA=3 の $\triangle ABC$ がある．辺 AB と点 P で接し，半直線 AC にも接する円を C_A，その半径を R とする．また，辺 AB と点 Q で接し，半直線 BC にも接する円を C_B，その半径を r とする．
 (1) 線分 AP，BQ の長さを R，r で表せ．
 (2) C_A と C_B が外接し，A，P，Q，B が辺 AB 上にこの順に並ぶとき，
  (i) R と r の間に成り立つ関係式を求めよ．
  (ii) 線分 PQ の長さが最大となるような R と r の値を求めよ．

15 正の実数 a, b, c が与えられているものとする．
 (1) $\triangle ABC$ の外接円の中心を O とし，O から AB，BC，CA に下ろした垂線の足をそれぞれ D，E，F とする．OD=a，OE=b，OF=c，$\triangle ABC$ の外接円の半径を R，$\angle AOD=\alpha$，$\angle BOE=\beta$，$\angle COF=\gamma$ とする．$\cos(\alpha+\beta)=-\cos\gamma$ を用いることによって，R が満たすべき3次方程式を求めよ．ただし，O が $\triangle ABC$ の内部にある場合のみを考えることにする．
 (2) $\triangle JKL$ の内接円の中心を I とし，IJ=$\dfrac{1}{a}$，IK=$\dfrac{1}{b}$，IL=$\dfrac{1}{c}$，$\triangle JKL$ の内接円の半径を r とする．このとき，r が満たすべき3次方程式を求めよ．
 (3) (1)の R と (2)の r の関係を求めよ．

16 AB=c，BC=a，CA=b の $\triangle ABC$ は，$\angle B = 2\angle A$ を満たし，a, b, c を適当な順に並べると公差1の等差数列になるという．このとき，a, b, c の値を求めよ．

17 AB∥DC，$\angle DAB=\alpha$（α は $0°<\alpha<90°$ を満たす定角）である台形 ABCD が半径1の円に内接している．$\angle CAB=\theta$ として $0°<\theta<\alpha$ の範囲で θ を動かすとき，次の問いに答えよ．
 (1) 台形 ABCD の面積の最大値 M_S が存在するのは α がどのような範囲にあるときか．また，そのとき，M_S を $\sin\alpha$ で表せ．
 (2) 台形 ABCD の周の長さの最大値 M_L が存在するのは $\cos\alpha$ がどのような範囲にあるときか．また，そのとき，M_L を $\sin\alpha$ で表せ．

18 O を中心とする半径1の円に内接する5角形 ABCDE がある．$\triangle OAB = \triangle OBC = \triangle OCD = \triangle ODE = \triangle OEA$ のとき，5角形 ABCDE の面積を求めよ．

数Ⅱの微積分

19 曲線 $y=x^4+px^2+qx$（p, q は実数の定数）は極大点と極小点を合わせて3個持つものとし，これらの3点を A, B, C とおく．
(1) y 軸に平行な軸を持ち，3点 A, B, C を通る放物線の方程式を p と q で表せ．
(2) A の x 座標を α とするとき，直線 BC の方程式を p と α で表せ．

20 $y=x^3-3x$ のグラフを C とし，$y=x^3-3x^2+3$ のグラフを D とする．C と D は2点 P, Q で交わる．
(1) C と D の囲む領域 W の面積を求めよ．
(2) 線分 PQ は，(1) の領域 W を2つの領域に分けることを示せ．また，その2つの領域の面積比を求めよ．

21 多項式で表される関数 $f(x)$ と定数 c が $\dfrac{1}{2}(1+x)\displaystyle\int_{-x}^{x}f(t)dt=-f(x)+x^4+c$ を満たしているとする．$g(x)=\displaystyle\int_{-x}^{x}f(t)dt$ として以下の問いに答えよ．
(1) $g(x)$ は奇関数であることを示せ．
(2) $g(x)$ の次数は3以下であることを示せ．
(3) $f(x)$ と c の組が存在するならば求めよ．

方程式・不等式・最大最小

22 3次方程式 $3x^3+4x^2+ax-a=0$（a は実数の定数）は虚数解 z をもち，kz^2（k は 0 でない実数）もこの方程式の z と異なる解であるという．このとき，a, k, z の組を求めよ．

23 実数 t が $1 \le t \le \sqrt{2}$ を満たすとき，3次方程式 $x^3-tx^2-t^2x+2-t^2=0$ の最も大きい実数解の最大値と最小値を求めよ．

24 実数 x_1, x_2, x_3, x_4 に対する不等式 $x_4 \sum_{k=1}^{4} x_k + \sum_{k=1}^{3}\left\{(x_{k+1}+\alpha x_k)\sum_{i=1}^{k} x_i\right\} \ge 0$ …… ① を考える．
(1) $\alpha=1$ のとき，すべての実数 x_1, x_2, x_3, x_4 に対して ① が成り立つことを示せ．
(2) (i) すべての実数 x_1, x_2, x_3, x_4 に対して ① が成り立つような，実数の定数 α の値の範囲を求めよ．
(ii) α が(i)の範囲に含まれるとき，① の等号成立条件を求めよ．

25 関数 $f(x)=ax^2+bx+c$（a, b, c は実数）は次の条件 (*) を満たすとする．
(*) $-1 \le x \le 1$ のとき $|f(x)| \le 1$ が成り立つ．
(1) $f'(x)=pf(-1)+qf(0)+rf(1)$ を満たす p, q, r を x を用いて表せ．
(2) $-1 \le x \le 1$ のときの $|f'(x)|$ の最大値を $M(a, b, c)$ とおく．a, b, c を (*) を満たすように動かすとき，$M(a, b, c)$ の最大値を求めよ．

26 不等式 $x^2-xy+y^2 \le 1$ を満たす xy 平面内の領域を D とする．また，$F=x^3+y^3+2(x^2+y^2)+x+y$ とする．
(1) $s=x+y$, $t=xy$ とするとき，F を s, t を用いて表せ．
(2) 点 $P(x, y)$ が領域 D を動くとき，F に最大値と最小値は存在するか．存在するならば，それらを求めよ．

27 $\begin{cases} \cos x+\sin y=1 \\ \sin x+\cos y=k \end{cases}$, $0 \le x \le \pi$, $0 \le y < 2\pi$ を満たす x, y が存在するような k の範囲を求めよ．

数列

28 次のような数列がある．

$$\underbrace{\frac{1}{1}}_{\text{第1群}},\ \underbrace{\frac{1}{2},\ \frac{2}{2}}_{\text{第2群}},\ \underbrace{\frac{1}{3},\ \frac{2}{3}}_{\text{第3群}},\ \underbrace{\frac{1}{4},\ \frac{2}{4},\ \frac{3}{4}}_{\text{第4群}},\ \underbrace{\frac{1}{5},\ \frac{2}{5},\ \frac{3}{5}}_{\text{第5群}},\ \cdots$$

第 m 群には分母が m で分子が $1,\ 2,\ \cdots$ の分数が順に，第 m 群の数の和 S_m が初めて 1 以上になるまで並んでいる．たとえば，$\frac{1}{5}+\frac{2}{5}=\frac{3}{5}$，$\frac{1}{5}+\frac{2}{5}+\frac{3}{5}=\frac{6}{5}$ より，第 5 群には $\frac{3}{5}$ まで並ぶ．

（1） r を自然数とする．ちょうど r 個の項からなる群は第何群から第何群までか．

（2） この数列の第 2009 項を求めよ．

（3） 自然数 k に対して，$S_{2k^2-k},\ S_{2k^2},\ S_{2k^2+k},\ S_{2k^2+2k}$ の大小を比較せよ．

29 $\{a_n\}$ を初項が 19 の等差数列とし，$S_n=\sum_{k=1}^{n}a_k$ とする．$|S_n|$ $(n=1,\ 2,\ \cdots)$ のうち小さいほうから 2 つは $10,\ 11$ であり，$|S_n|=10$ を満たす n は一つしか存在しないものとする．このとき，a_n を求めよ．

30 n を自然数とする．数列 $\{a_n\}$ に対して，$S_n=\sum_{k=1}^{n}a_k$ とおく．この数列が次を満たす．

$$a_2=1,\ a_8=1,\ S_n=\frac{(n-1)^2(n-4)}{4}a_{n+1}$$

（1） 一般項 a_n を求めよ．

（2） $T_n=\sum_{k=1}^{n}S_k$ とおく．T_n を求めよ．

31 $a_1=3,\ a_2=200,\ a_{n+2}=-|a_{n+1}|+|a_n|$ $(n=1,\ 2,\ \cdots)$ で定まる数列 $\{a_n\}$ がある．

（1） $a_n=0$ となることはあるか．また，あるならば，そのうち最小の n を求めよ．

（2） $S_n=\sum_{k=1}^{n}a_k$ とおく．S_n の最大値を求めよ．

32 数列 $\{a_n\}$ を，$a_1=2,\ a_{n+1}=\dfrac{a_n^2+2}{2a_n}$ $(n\geq 1)$ で定める．

（1） $\dfrac{a_{n+1}-\sqrt{2}}{a_{n+1}+\sqrt{2}}=\left(\dfrac{a_n-\sqrt{2}}{a_n+\sqrt{2}}\right)^2$ を示せ．

（2） $\dfrac{1}{(\sqrt{2}+1)^{2^{n-1}}}<a_n-\sqrt{2}<\dfrac{1}{(\sqrt{2}+1)^{2^{n-2}}}$ を示せ．

（3） $a_n-\sqrt{2}<\dfrac{1}{10^{2013}}$ を満たす最小の n を求めよ．必要ならば，$0.3<\log_{10}(\sqrt{2}+1)<0.4$ を用いてよい．

整数

33 n を自然数とし，$p_n = 2^n + 3^n$ とおく．
(1) p_n を 7 で割った余りが 5 になる n を求めよ．
(2) p_n を 11 で割った余りが 5 になる n を求めよ．
(3) p_n を 13 で割った余りが 5 になる n を求めよ．
(4) p_n を 1001 で割った余りが 5 になる n は $n \leqq 1000$ の範囲にいくつあるか．

34 a, b を自然数とし，x, y についての方程式 $ax + by = 2009$ ……① を考える．
(1) $a=5, b=11$ とする．①の解の一つは $x=393, y=4$ であるから，x, y が①を満たす自然数であるとき，y は，$0 < y < \dfrac{2009}{11}$ の範囲で ア で割った余りが イ の自然数である．そのような y は ウ 個ある．（空欄に適する整数を答えよ．答えのみでよい．）
(2) ①を満たす自然数 x, y の組がちょうど 21 個あるような a, b を 1 組求めよ．ただし，a と b は互いに素で $2 \leqq a < b$ とする．

35 等式 ABAB² = CDCDEFEF を満たす 0 以上 9 以下の整数 A～F の組（ただし，A，C は 0 でない）について考える．同じ文字は同じ数字を表すが，異なる文字が同じ数字を表してもよい．また，ABAB は上の桁から順に A，B，A，B と数字が並ぶ 4 桁の整数を表し，他も同様とする．
(1) CD + EF の値を求めよ．
(2) ABAB の値をすべて求めよ．

36 $x + 2y + 3z = xyz$ を満たす自然数 x, y, z の組をすべて求めよ．

37 実数 x に対し，x 以下の最大の整数を $[x]$ で表す．$[x^2] = 2x^2 + [2x]$ を満たす実数 x を求めよ．

38 自然数 n の正の約数の個数を $f(n)$ とおく．
(1) $\dfrac{p^a}{f(p^a)} \leqq 2$ を満たすような素数 p と自然数 a の組を求めよ．
(2) $xy = 2f(x)f(y)$（ただし $x \leqq y$）を満たすような自然数 x, y の組を求めよ．

場合の数

39 円形のテーブルの回りに置かれた10個の椅子に，前田家の3人，野村家の3人，大竹家の4人が座る．前田家の3人は互いに隣り合わず，野村家の3人も互いに隣り合わないような座り方は何通りあるか．ただし，回転すると同じになる座り方は区別しないものとする．

40 凸12角形 $A_1A_2\cdots A_{12}$ の頂点のうちの6個を頂点とする凸6角形は $_{12}C_6$ 個あるが，このうち，もとの12角形と，ちょうど3本の辺を共有するものは何個あるか．

41 右図は同じ大きさの正三角形を10段並べたものである．この図形の中にある平行四辺形（ひし形を含む）の個数を求めよ．

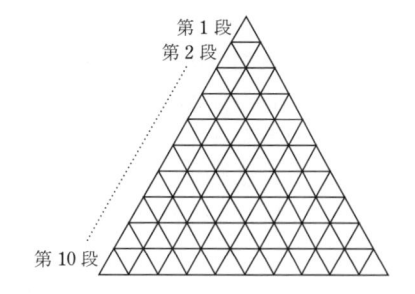

42 x の多項式 $(1+x+x^2+\cdots+x^{20})^4 = \left(\sum_{k=0}^{20} x^k\right)^4$ の x^n の係数を求めよ．ただし，$0 \leq n \leq 40$ とする．

確率

43 さいころを4回ふり，出る目の数を順に a, b, c, d とする．ここで $a<b$, $b<c$, $c<d$ の3つのうち，成立する不等式の個数を N とする．たとえば $a \sim d$ が順に 6, 4, 4, 5 の場合は $N=1$ である．$N=k$ となる確率を $P(k)$ とする．
（1） $P(3)$, $P(0)$ を求めよ．
（2） $P(2)$, $P(1)$ を求めよ．

44 n を与えられた自然数とし，$0 \leq x \leq 3$, $0 \leq y \leq 3$, $0 \leq z \leq n$ で定まる座標空間の直方体を X とする．動点Pは，はじめ原点Oにあり，「x 軸正方向に1移動」「y 軸正方向に1移動」「z 軸正方向に1移動」の3種類の移動を繰り返し，X の外部にはみ出ることなく点 $(3, 3, n)$ まで移動する．ただし，進める方向が複数あるときは，どの方向に進むかを等確率で選ぶものとする．
（1） Pが点 A$(2, 2, 0)$ を通る確率 p を求めよ．
（2） Pが点 B$(1, 1, n)$ を通る確率 q を求めよ．
（3） （1），（2）の p, q に対し，$p<q$ となる自然数 n が存在すればすべて求めよ．

45 n を3以上の整数とする．箱の中に4個の赤球と $2n-4$ 個の白球が入っている．A君から始めて，A君とB君が交互に1個ずつ球がなくなるまで取り出す．ただし，取り出した球は箱には戻さないとする．
（1） B君が4個目の赤球を取り出す確率 p を求めよ．
（2） B君が先に赤球を取り出す確率を q とする．$p+q$ を求めよ．

46 n を2以上の整数とする．$2n$ 人が順に，Yes と書かれたカード，No と書かれたカードのどちらかを投票し，人数が少ない方に投票した人を勝者とするゲームを1回行う．ただし，どちらかが0人のとき，または，どちらも同じ人数のときは引き分けとする．各自は独立に，確率 $\dfrac{1}{2}$ で投票するカードを選ぶものとする．
（1） 勝者が決まる確率を求めよ．
（2） 最初に，秋山君が Yes に投票した．その後，残りの $2n-1$ 人が投票を続ける．このとき，Yes に投票した人が勝者となる確率を P，No に投票した人が勝者となる確率を Q とする．$2P>Q$ となる最小の n を求めよ．

47 表と裏が等確率で出る硬貨がある．$f_0(x)=x+1$ とし，自然数 n に対して，$f_n(x)$ を
　　硬貨を投げて表が出たら $f_n(x)=f_{n-1}'(x)$
　　硬貨を投げて裏が出たら $f_n(x)=\displaystyle\int_0^x f_{n-1}(t)\,dt$
と定める．$f_{10}(x)=f_2(x)$ となる確率を求めよ．

48 図のような坂道と，その上の地点 A〜E を考える．はじめ C にいる X 君が，次の規則に従って移動する．

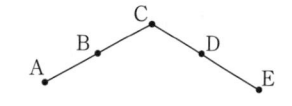

- C にいるとき，1 時間後には，確率 $\dfrac{1}{2}$ ずつで B または D に移動する．

- B，D にいるとき，1 時間後には，確率 $\dfrac{2}{3}$ で坂を下り隣の地点に移動し，確率 $\dfrac{1}{3}$ で C に移動する．

- A，E にいるとき，1 時間後には，確率 $\dfrac{2}{3}$ で移動せず，確率 $\dfrac{1}{3}$ で隣の地点に移動する．

以下，n を 0 以上の整数とする．

（1） 移動を始めて n 時間後に X 君が B にいる確率を b_n，C にいる確率を c_n とするとき，b_{n+1}，c_{n+1} を b_n，c_n で表せ．

（2） 移動を始めて n 時間後から $n+1$ 時間後にかけて，X 君が坂を下る確率を求めよ．

49 0, 1, 2, 3, 4, 5, 6, 7, 8, 9 の数字が書かれた 10 枚のカードから無作為に 1 枚を引いてカードの数字を調べ，元に戻す試行を n 回繰り返す．引いたカードの数字の和を A とし，積を B とする．

（1） A が 3 の倍数である確率 a_n と，B が 3 の倍数である確率 b_n を求めよ．

（2） A が 3 の倍数でかつ B が 3 の倍数でない確率 p_n と，A が 3 の倍数でなくかつ B が 3 の倍数でない確率 q_n を求めよ．

50 O を原点とする座標平面上で，x 座標，y 座標がともに 1 以上 8 以下の整数である 64 個の点から異なる 2 点 P，Q を無作為に選ぶとき，3 点 O，P，Q が，面積が奇数であるような三角形の 3 頂点となる確率を求めよ．

解答時間と正答率

解答時間は，考え始めてから答案を書き上げるまでの実質的な所要時間を，20点以上（25点満点）の人について集計したもので，

　　　SS ……30分以内　　　　S ……30分〜1時間
　　　M ……1時間〜2時間　　L ……2時間以上

正答率は完答（25点満点）の人の割合です．

なお，具体的な数値は，解説編の各問の問題文の右に書いてあります．

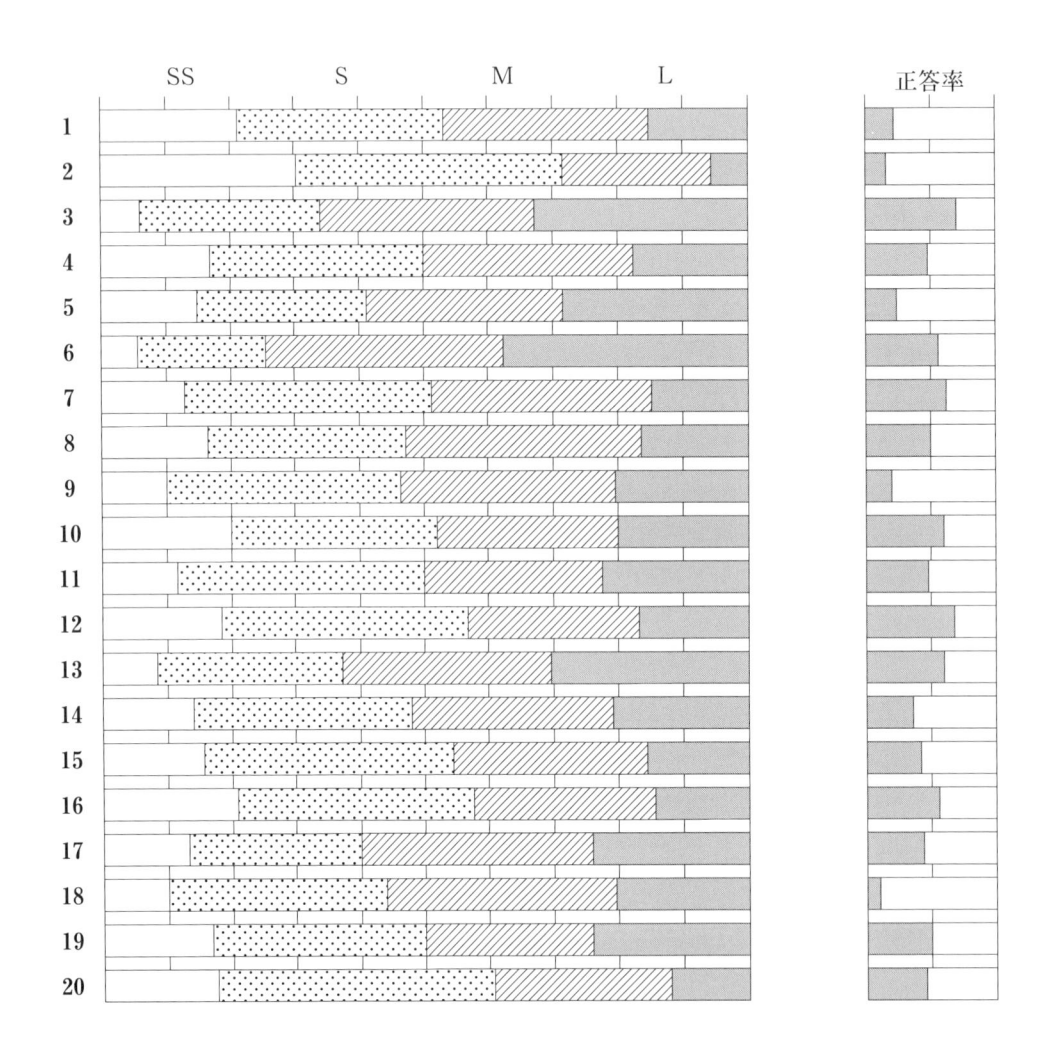

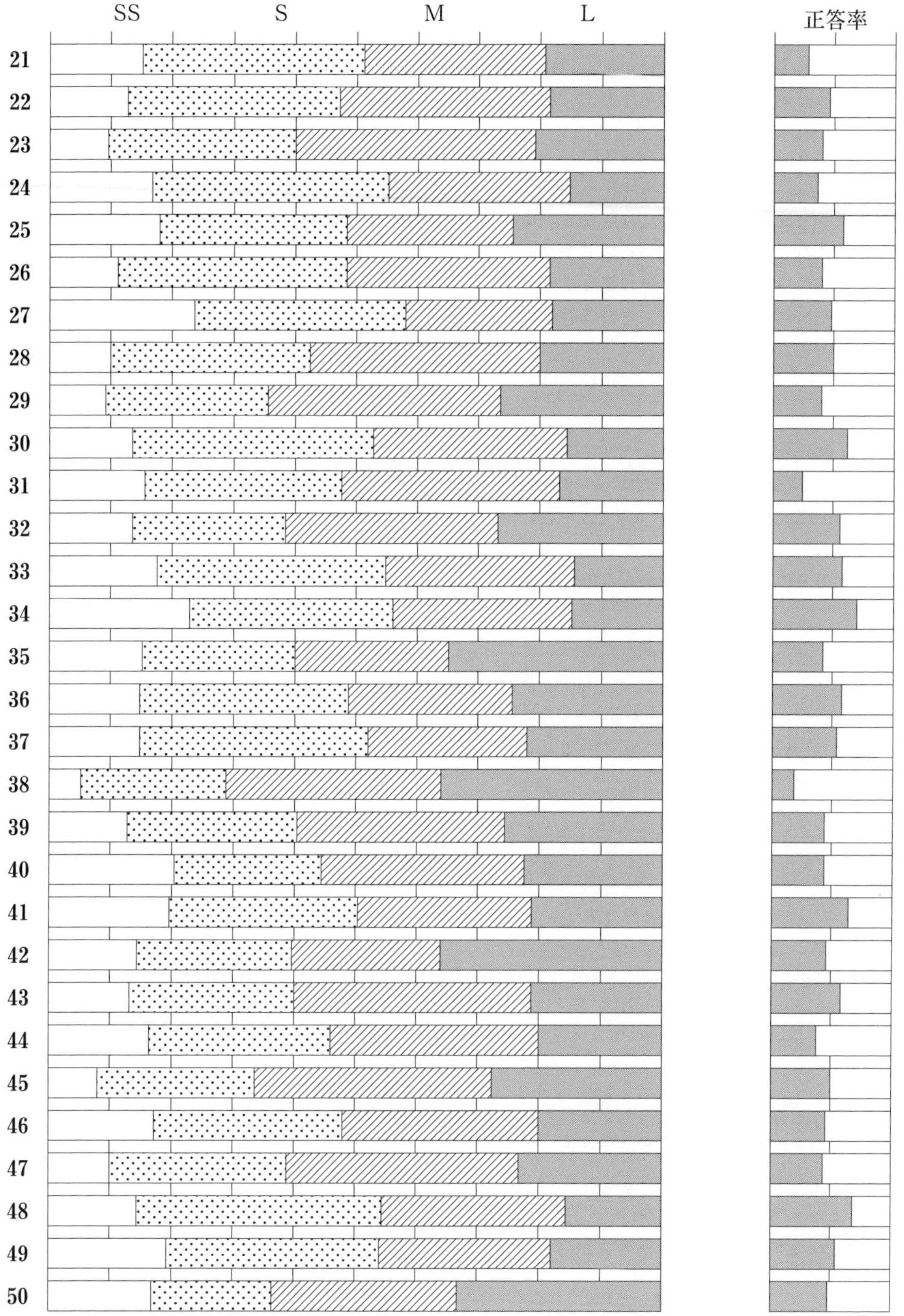
SS
S
M
L
正答率
21
22
23
24
25
26
27
28
29
30
31
32
33
34
35
36
37
38
39
40
41
42
43
44
45
46
47
48
49
50

◎ ヒント ◎

解決への手がかりが得られない人や途中で行き詰まった人のためのヒントです．いきなり見るのではなく，まずは自分の頭で考え，手を動かすようにしましょう．すぐに見たくなる誘惑に勝てない人は，ホチキスなどで袋綴じにしてしまうのも一つの手です．

1 「x 座標が小さい方……Ⓐ」という条件があるので，y を消去して共有点の x 座標を t で表したくなりますが，それは遠回りです．P の x 座標と y 座標の関係式を求めたいので，C と l の式から，直接 t を消去しましょう．Ⓐについては，C と l の共有点の軌跡と l との共有点を考えれば，図から捉えることができます．

2 本問のような直線の通過範囲を求める問題では，
（ⅰ）直線を $y=\boxed{}$ の形にして，x を固定して t を動かしたときの y の範囲を求める（ファクシミリの原理，自然流）
（ⅱ）直線の式を t の方程式と見て，解の存在範囲を求める（逆手流）
などの手があります．本問のように t に制限があるとき，通常は，（ⅰ）で最大・最小（存在しないときは上限，下限）の候補を図示するのが明快ですが，（1）はかえってメンドウです．（1）は（ⅱ）で，（2）は（ⅰ）でやりましょう（方法は相手を見て選べ）．

3 （1）直線の方程式を立てる場合，AC の傾きを利用すると，$\overrightarrow{CQ}$ の x 成分だけ求めれば用は足ります．
（2）（1）が誘導になっています．面積計算の方法は色々ありますが，四角形 BCRQ の対角線のベクトルによって張られる三角形の面積に帰着すると早いです．

4 直線 l の傾きを m と置いて考えましょう．3 点 O，P，Q を通る円の方程式は"束の考え方"を使うと，簡単に求められます．l が C と 2 点で交わることから m の範囲が定まり，また，円の方程式から m を x，y で表すと，円周上の点 (x, y) が満たすべき不等式が得られます．

5 接し方を図形的に考えると，3 次の接触を忘れがちです．数式を用いるなどして丁寧に議論を行いましょう．円の方程式を r と t で表して $y=x^2$ を代入すると，ゴツい 4 次方程式になりますが，$x=t$ を重解に持つハズなので，$(x-t)^2$ をくくり出すように変形しましょう．なお，円の方程式を求めるには，中心を A として，ベクトル $\overrightarrow{TA}$ を考えるのが明快です．

6 （1）共有点の個数ときたら，まずは式を連立させましょう．y を消去すると 4 次方程式になりますが，C_1 と C_2 は $y=x$ に関して対称なので，C_1 と $y=x$ の交点の x 座標が解の 2 つになるハズです．なお，k の値によっては，4 次方程式が重解を持つことがあるので要注意です！
（2）C_1，C_2，C_3 の式をよく観察しましょう．C_1 と C_2 の式を辺ごと加えると C_3 になるので，C_1 と C_2 の共有点は C_3 上にあります．

7 （1）対称点は垂線を 2 倍に伸ばした点です．色々な求め方がありますが，垂線の足を捉えるには，正射影ベクトルの考え方が便利です．
（2）（ⅰ）$\overrightarrow{OA}$ を $\boxed{}\overrightarrow{OX}+\boxed{}\overrightarrow{OY}$ の形で表せば，係数の和は 1 です．
（ⅱ）△OXY の面積は，(定数)$\times \dfrac{1}{st}$ の形になるので，st が最大になるのはいつかを考えましょう．

8 空間図形は平面図形に比べてイメージしづらいので，適切な平面で切って考えましょう．
（1）Q は OP 上にあります．
（2）R が円 C の内部にあるか，外部にあるかが重要になります．ある程度は空間的なイメージを持っていた方が間違えにくいかもしれませんね．

9 （1） 線分比を求めますが，ベクトルでもメネラウスの定理でも結構です．
（2） 重心が平面 ABC 上にあることから得られる $p+q+r=3$ を用いて q, r の一方を消去すると，変数はすぐに1個に減らせます．問題文に $0<q<1$ と書かれていますが，p を固定すると q はその全体を動くとは限りません．q の範囲は p で制限されます．

10 題意の点は a, b, c の3変数で表され，各変数が，x, y, z 座標のうちの2箇所に分散しています．そこで，a, b, c について "整理" すると，$a\vec{p}+b\vec{q}+c\vec{r}$（$\vec{p}$, $\vec{q}$, $\vec{r}$ は定ベクトル）の形になり，$0 \leq a \leq 1$, $0 \leq b \leq 1$, $0 \leq c \leq 1$ より，$\vec{p}$, $\vec{q}$, $\vec{r}$ で張られる平行六面体です．

11 図形の把握がポイントになります．
（1） Aの軌跡 l_A とBの軌跡 l_B は線分になりますが，それだけでは，題意の領域はよく分かりません．t の係数をよく見ると，l_A と l_B は平行です．さらに，t が変化すると A, B が l_A, l_B 上をどのように動くかにも注意すると，AB が定点を通ることが分かります．
（2） （1）の図形を底面とした錐体になります．

12 図形的にもベクトルを使っても解くことが出来ますが，座標設定するのが手早いでしょう．ABの中点を D' とおくと，折り目は DD' の垂直二等分線です．

13 問題文には矢印はありませんが，内分点とか平行と来れば，ベクトルの出番です．$\overrightarrow{A_nB_n}$ を $\overrightarrow{A_0B_0}$ と $\overrightarrow{A_0C_0}$ で表してやりましょう．そうすれば，$\overrightarrow{A_nB_n} /\!/ \overrightarrow{A_0B_0} \Longleftrightarrow (\overrightarrow{A_0C_0}\text{の係数})=0$ から t_n が求まります．同じような考察を何度もするのはメンドウなので，$\overrightarrow{A_nC_n}$ を $\overrightarrow{A_0B_0}$ と $\overrightarrow{A_0C_0}$ で表したものも設定し，$\overrightarrow{A_{n+1}B_{n+1}}$, $\overrightarrow{A_{n+1}C_{n+1}}$ と $\overrightarrow{A_nB_n}$, $\overrightarrow{A_nC_n}$ の関係から，係数の漸化式を用意しておきましょう．

14 （1） 円とACの接点を P' とおき，角の二等分線に着目すると，AP' が R で表せます．
（2）(i) PQ を R, r で表せば（1）が使えます．
(ii) (i) の結果は相加・相乗平均が使えそうな形ですが，PQ ≦ (定数) とするためには？

15 （1） $\cos(\alpha+\beta)=-\cos\gamma$ を使うのですから，左辺を加法定理で分解したときに出てくるものを，a, b, c, R で表してみましょう．
（2） 方程式の作り方は（1）と同じです．
（3） （1）（2）の方程式を見比べると，係数が逆順になっていることがわかります．

16 絶対に気づかなければならない，という式はありません．正弦定理，余弦定理，角の2等分線の性質など，辺の長さと角度とを結びつけて立式できれば，あとは等差数列の処理だけです．例えば，$\angle A=\theta$ とおき，正弦定理により，b と c を a と θ で表すと，等差数列の条件から $\cos\theta$ がわかります．

17 各辺の長さは正弦定理からすぐに求まります．定義域が $0°<\theta<\alpha$ で，等号がついていないので，最大値の候補を与える θ が定義域に含まれるための条件を考えます．
（1） 三角関数の公式を用いて，θ を一箇所にまとめましょう．
（2） 三角関数の合成，$p\sin\theta+q\cos\theta$ の形を内積と見る，（数IIIの）微分などにより，α の満たすべき不等式が得られます．

18 条件を満たすのは，もちろん正5角形だけではありません．正5角形と，正6角形が少し欠けた形だけでもありません．抜け落ちがないように，∠AOB などを設定して，しっかり考察していきましょう．

19 （1） 求める放物線を $y=ax^2+bx+c$ とおき，A, B, C の x 座標を α, β, γ として，a, b, c を求めるという方針だと大変です．$f(x)=x^4+px^2+qx$ とおくと，$f(\alpha)$, $f(\beta)$, $f(\gamma)$ がそれぞれ α, β, γ の2次式（係数は共通）で表せればよいわけです．その際，$f'(\alpha)=0$ などを用いて次数下げしましょう．
（2） B, C の y 座標を捉えるには，（1）の結果（過程）を利用しましょう．

20（1） 3次関数どうしですが，差をとると x^3 が消えて2次式になり，$\int_\alpha^\beta p(x-\alpha)(x-\beta)dx$ 型になります．
（2） 前半の2つの領域に分けることを示す部分は，曲線と直線の関係は単純ではないので，「図より」で済ますのは不十分です．数式を用いて説明しましょう．後半で面積を求めるには，交点の x 座標は汚いので，α，β などとおいて計算を進めましょう．

21（1） $g(-x)=-g(x)$ を示します．
（2） $f(x)=x^4+c-\dfrac{1}{2}(1+x)g(x)$ ……Ⓐ と $g(x)=\int_{-x}^x f(t)dt$ から，次数の関係を考えます．$g(x)$ が $2n+1$ 次だとして，$n\geq 2$ のときはⒶから $f(x)$ が $2n+2$ 次と決まるので，背理法で示しましょう．
（3）（1）（2）をもとに $g(x)$ を設定しましょう．

22 kz^2 も解なので，まず代入してみたくなりますが，それだけでは式は2本で，3つの未知数（a, k, z）を決められるとは思えません．本問では a が実数であることがポイントです．実数係数の3次方程式が虚数解 z を持つときは $\bar{z}$ も解になります．kz^2 が実数かどうかで場合を分けましょう．

23 まずは t を固定したときに最大の解がどのような範囲にあるかを調べましょう．その後は，その解が t について単調増加になることを，t が増えるとグラフがどのように変化するかなどを考えることにより示す方法や，t の2次方程式と見て解の配置に帰着する方法などがあります．

24（1） ①の左辺は平方の形になります．
（2）（ⅰ）（1）のときの左辺が現れるように，①の左辺を変形しましょう．$\alpha\geq 1$ ならOKであることはすぐにわかりますが，$\alpha\geq 1$ でなければならないことについても，きちんと議論しなければなりません．
（ⅱ） $\alpha=1$ と $\alpha>1$ で少し違います．

25（1） $2a, b$ を $f(-1), f(0), f(1)$ で表しましょう．
（2） $y=f'(x)$ のグラフは直線になるので，$-1\leq x\leq 1$ において，$|f'(x)|$ は $x=-1$ か $x=1$ で最大になります．$|A+B|\leq |A|+|B|$ を用いて $|f'(-1)|$ と $|f'(1)|$ を評価しましょう．ただし，$M(a, b, c)\leq k$（k は定数）と評価できても，等号が成り立たないと，k が最大値だとは言えません．

26（2） 類題の経験がないと少し大変かもしれません．文字が複数出てきたときは，1文字ずつ動かして（残りの文字は固定して定数と見る）考えていくのが定石です．s と t の範囲にも注意しましょう．s と t が実数でも，もとの x と y が実数になるとは限りません．

27 いろいろな解法がありますが，y は x と違って $0\leq y<2\pi$ を動けるので，$\sin y$，$\cos y$ が $\sin^2 y+\cos^2 y=1$ ……※ を満たせば $0\leq y<2\pi$ を満たす y が存在します．そこで，※を用いて y を消去しましょう．$p\cos x+q\sin y=r$ の形の式が得られ，左辺の最大値を M，最小値を m とおくと，$m\leq r\leq M$ です．

28（1） 規則性を見つけるだけでは不十分です．「初めて1以上になる」はどのように式に表せるでしょう？
（2） 同じ個数の項からなる群をまとめて扱います．ケアレスミスに注意！
（3） 問題になっている4つの群がそれぞれ何項からなるのか，（1）を用いるなどして判定しましょう．（1）から，r 個の項からなるのは第 $\dfrac{r^2}{2}$ 群の周辺なので，第 $2k^2$ 群の周辺は $r=2k$ の周辺です．

29 S_n は n の2次関数なので，グラフを考えると，$S_n\leq 11$ となる n において S_n は単調減少になり，$|S_n|=10$ を満たす n と $|S_n|=11$ を満たす n は隣り合うことがわかります．例えば，$S_m=11$，$S_{m+1}=10$ の場合，これらから a_{m+1} がわかり，さらに和の公式を用いると S_{m+1} が m で表されます．他の場合も同様．

30 （1） $S_n-S_{n-1}=a_n$ ……Ⓐ を用いると，二項間漸化式が得られます．Ⓐは $n=1$ では使えませんが，他にも，変形の過程で両辺を文字式で割ったりするので，漸化式が使える n の範囲に気をつけて下さい．
（2） $\dfrac{(k-4)(k-1)}{(k-3)(k-2)}$ の和が必要になります．分子を分母で割って，分子を低次にしましょう．

31 （1） 漸化式が簡単には解けそうにありませんが，最初の何項かを求めてみると，
$$a_1=3,\ a_2=200,\ a_3=-197$$
$$a_4=3,\ a_5=194,\ a_6=-191$$
$$a_7=3,\ a_8=188,\ a_9=-185$$
となり，規則性が見えてきます．予想が正しいことを帰納法で示しましょう．なお，上記の規則性は，永遠に続くわけではありません．
（2） 漸化式の形をうまく利用してやりましょう．

32 （1） $a_{n+1}=\dfrac{a_n{}^2+2}{2a_n}$ を代入して変形します．
（2） （1）で示した式から，$\dfrac{a_n-\sqrt{2}}{a_n+\sqrt{2}}$ を n で表すことにより，$a_n-\sqrt{2}=\dfrac{a_n+\sqrt{2}}{(\sqrt{2}+1)^{2^n}}$ が得られるので，右辺の分子の a_n を評価しましょう．
（3） 当然（2）で示した不等式を使いますが，$n=n_0$ が答えであることを言うには，$n=n_0$ が適することだけでなく，$n\leq n_0-1$ では不適であることも示しておかなければなりません．

33 $p_n=2^n+3^n$ を割った余りを，最初から一般的に考えようとすると難しいですが，実際に $n=1,\ 2,\ 3,\ \cdots$ のときについて計算してみると，7, 11, 13 で割った余りは循環していることに気付くと思います．（4）は $1001=7\times 11\times 13$ となることから，（1）（2）（3）の結果を使いましょう．

34 （1） $ax+by=2009$ と $5\cdot 393+11\cdot 4=2009$ を辺ごと引くと，$x,\ y$ の満たすべき条件がわかります．
（2） （1）から $\dfrac{2009}{ab}$ が $(x,\ y)$ の組の個数に近いことに気づくか，まず $a=2$ として題意を満たす b があるかどうかを調べる，といった方針をとるといいでしょう．

35 （1） AB, CD, EF の関係式を 101 で割ったものから CD+EF を取り出すと，約数・倍数の関係が使える形になります．
（2） （1）の結果を利用して与式を整理し，AB の候補を絞れる形にしましょう．因数分解が利用できます．

36 $x,\ y,\ z$ ともすごく大きいと，$x+2y+3z$ よりも xyz の方が大きく不適．したがって，解はある程度小さいと予想されますが，不等式を作って波線部をきちんと捉えましょう．その際，$x,\ y,\ z$ の大小を設定するのは定石の1つで，どれが最大かで場合分けする，などの手があります．

37 まずは $a-1<[a]\leq a$ を用いて $[x^2]$ と $[2x]$ を評価することにより，x の範囲を絞りましょう．さらに，$2x^2=[x^2]-[2x]$ より，$2x^2$ が整数であることから，x の候補が絞れます．その各々について，与式を満たすかどうか調べていきましょう．なお，不等式の変形のみで解く方法もあります．

38 （1） $f(p^a)=a+1$ であり，a が大きくなると，p^a は $a+1$ よりはるかに大きくなるのでダメですが，このことを「明らか」とせずに，きちんと論証しましょう．a の値で場合分けしましょう．
（2） p^a の形でない一般の自然数に対して，どのように（1）が使えるか？が本質的な部分です．各素因数ごとに分けて考えると，$x,\ y$ の候補は，（1）で求めたものの積または1であることがわかります．

39 前田家が隣り合わない ……………………Ⓐ
野村家が隣り合わない ……………………Ⓑ
という2つの条件がありますが，まず一方を満たす並べ方を考え，そのうちもう一方を満たさないものを除く，というようにして求めましょう．Ⓐだけ考えればよいなら，前田家の人を後から入れていくという手法が有効です．また，先に前田家と大竹家の人のみを並べ，その間に野村家の人を入れていく，というようにしてもできますが，とりあえず前田家と大竹家の人を座らせる段階では前田家の人が隣り合っていてもよいことに注意しましょう．

40 もとの12角形と共有する3辺の位置関係（隣り合っているかどうか）で場合分けするのが素朴な考え方です．一方，6角形の各辺が12角形の何辺分に相当するかに注目する手もあります．12を6個の自然数（そのうち3個は1）に分ける方法を調べましょう．

41 平行四辺形の辺が，図の△ABCのどの2辺と平行かで3タイプに分類できて，そのうちの一つについて数えて3倍すれば答えは出ます．例えば，ABとBCに平行な辺を持つ平行四辺形について，上側の辺がk段目，下側の辺がj段目にあるものの個数をkやjで表してΣ計算に持ち込むと….

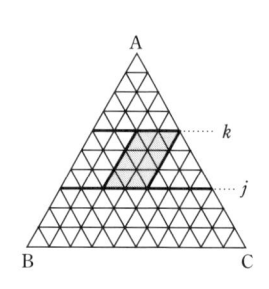

42 いろんな方法がありますが，
$$\underbrace{(1+x+x^2+\cdots+x^{20})}_{\text{ここから}x^a} \times \underbrace{(1+x+x^2+\cdots+x^{20})}_{\text{ここから}x^b}$$
$$\times \underbrace{(1+x+x^2+\cdots+x^{20})}_{\text{ここから}x^c} \times \underbrace{(1+x+x^2+\cdots+x^{20})}_{\text{ここから}x^d}$$
を選び，$x^{a+b+c+d}$を考えると，$a+b+c+d=n$を満たす，負でない整数a, b, c, dの組の個数を求めることになります．ただし，a, b, c, dは20以下 ……Ⓐなので，$21 \leqq n \leqq 40$の場合は，単なる"負でない整数の組"では不適当なものも入ってしまいます．このとき，$a \sim d$のうちⒶに反するものは1個以下なので….

43（1） $P(3)$はもちろん，$P(0)$も計算一発で求める方法があります．$\geqq$を$>$にするには？
（2） $P(2)$は，1文字固定して地道に計算するのが普通でしょうが，たとえば$a<b<c\leqq d$については，$a<b<c$となるものから不適切なものを除くと？
$P(1)$は，直接求めるのは厄介です．

44（1）（2）「直方体Xの外部にはみ出ない」「進める方向に等確率で進む」という条件があるので，例えば$(1, 0, n) \to (1, 1, n)$となる確率は$\dfrac{1}{3}$ではなく$\dfrac{1}{2}$であり，Oから$(3, 3, n)$に至る最短経路の一つ一つが同様に確からしいわけではないことに注意しましょう．このために，(2)では，いつ最上段に至るかによって場合分けの必要が生じます．
（3） qは$\dfrac{2次関数}{指数関数}$の形なので，nが大きいと0に近付きます．とりあえず増減を調べると….

45（1） A，B合わせて$2k$回目に4個目の赤球が取り出される確率をkで表して，加えましょう．すべての取り出し方は$(2n)!$通りですが，赤球の配置のみに注目すればよいので，分母は${}_{2n}C_4$とできます．
（2）（1）と同じように計算してもできますが，実は，（1）との，うまい対応づけができます．（1）を満たす赤白の配置について，それを後ろから見ると….

46（1） 余事象を考えましょう．
（2） 残りの$2n-1$人のうちYesに投票した人がk人$(1 \leqq k+1 \leqq n-1)$いるとすると，Pは${}_{2n-1}C_k$の和になりますが，
$${}_{2n-1}C_0, {}_{2n-1}C_1, {}_{2n-1}C_2, \cdots, {}_{2n-1}C_{2n-1}$$
の対称性に注意すると和は解消されます．Qも同様です（和のままでも最小のnは求まりますが…）．

47 積分して微分すると元に戻りますが，微分して積分しても元に戻るとは限りません．このことに注意しながら，表が出ることを→に1進む，裏が出ることを↑に1進むと言いかえて，経路の問題に帰着させましょう．

48 (1) 対等性と「確率の和は1」を意識することがポイントです．
(2) c_n を消去すると $b_{n+2} = pb_{n+1} + qb_n + r$ の形になりますが，2項間漸化式と同様に，"平行移動"により通常の3項間漸化式に帰着できます．

49 (1) b_n は余事象で一発ですが，a_n を直接求めるのは困難です．漸化式を立てましょう．3で割って1余る確率，2余る確率を設定してもよいのですが，これらは，まとめて扱えます．
(2) a_n と同様に漸化式を立てればよいのですが，その際，$p_n + q_n$ が "Bが3の倍数でない確率" として簡単に求まることを利用しましょう．

50 4で割った余りに注目して考えると，P(a, b)，Q(c, d) とおいたとき，$ad - bc$ を4で割った余りが2となります．これを満たすような a, b, c, d の組の数を数えましょう．その際，ad と bc を4で割った余りで場合分けすると考えやすくなります．

学力コンテスト・添削例

2012年8月号の答案と，それを添削したものです．

| 解答時間 | SS, S, Ⓜ, L | 得点 | 20 点 | 着眼 | A | 大筋 | B |

．コとネを用いてできる10文字の列のうち，"コネコネ"という文字列を含むものは何個あるか．

〔I〕コネコネをAとして残り6文字を並べる順列は
　先に残り6文字を並べて 2^6 通りでAを入れる所が7通り
　なので $2^6 \times 7$ 通りある
　この数え方だとダブっているので順次引いていく

※添削コメント：これは「コネがピッタリ3連続する場合」ではなく「コネが3以上連続する場合」です．

〔II〕コネコネコネを含むものは〔I〕と同様の考え方でカウントすると
　$2^4 \times 5$ 通りあり 〔I〕で2回重複してカウントされている

※添削コメント：一方，2回重複しているのは，「コネがピッタリ3連続している場合」であり，

〔III〕コネコネコネコネを含むものは同様に $2^2 \times 3$ 通りあり．
　〔I〕で3回重複してカウントされている

※たとえばコネコネコネコネコネなどは，✓コネ✓ネ✓ネ✓で4回重複しているわけですね．

〔IV〕コネコネコネコネコネを含むものは明らかに1通りで
　〔I〕で4回重複してカウントされている

〔V〕コネコネが2箇所あってはなれているものは最初のコネコネをA_1，次のコネコネをA_2として

　コA_1コA_2　　A_1コA_2コ　　A_1ココA_2
　コA_1コA_2　　A_1コA_2ネ　　A_1コネA_2
　ネA_1コA_2　　A_1ネA_2コ　　A_1ネネA_2
　ネA_1ネA_2　　A_1ネA_2ネ　　（A_1コネA_2は〔IV〕の場合なので除外）
の11通りある これは〔I〕で2回重複してカウントされている

※ですから，この図を少し立体的に描くと，〔I〕は（階段状の図）ということになります．

重複しているものは1回ずつ引いていけばいいので
$2^6 \times 7 - 2^4 \times 5 - 2^2 \times 3 - 1 - 11 = 448 - 80 - 12 - 1 - 11$
$= 344$ 通り

※正しくは（I）-(II)-(V) コネコネを含むものです．

※ $n!$ に含まれる素因数 p の個数が

$$\sum_{k=1}^{\infty} \left[\frac{n}{p^k}\right] = \left[\frac{n}{p}\right] + \left[\frac{n}{p^2}\right] + \cdots + \left[\frac{n}{p^k}\right] + \cdots$$

の数え方を参考にしたら上の解答になった

ただし，自分もこれで正しいとは思っていない???　正　誤　と勘違いしたということですね．

コネが素因数 p なら コネコネは p^2
コネコネコネは p^3 ...

解説編

飯島 康之／石城 陽太／一山 智弘／伊藤 大介／上原 早霧

條　秀彰／濵口 直樹／藤田 直樹／山崎 海斗／吉田　朋

問題1 xy 平面上に, 図形 $C: x^2+y^2-(t^2+2)x+1=0$ と直線 $l: y=(t-1)x+1$ がある (t は定数). C と l の共有点のうち x 座標が小さい方を P とおく. ただし, C と l の共有点が 1 個のときは, その点を P とする. t を動かすときの P の軌跡を図示せよ.
(2008 年 7 月号)

平均点：17.8
正答率：22%
時間：SS 21%, S 32%, M 32%, L 16%

「x 座標が小さい方 …… Ⓐ」という条件があるので, y を消去して共有点の x 座標を t で表したくなりますが, それは遠回りです. P の x 座標と y 座標の関係式を求めたいので, C と l の式から, 直接 t を消去しましょう. Ⓐについては, C と l の共有点の軌跡と l との共有点を考えれば捉えることができます.

解 $C: x^2+y^2-(t^2+2)x+1=0$ ………①
$l: y=(t-1)x+1$ ………②
①②から t を消去する. ②より $tx=x+y-1$ ………③
$x=0$ のとき, ①より $y^2=-1$ となり, 不適. よって,
$$x \neq 0 \quad \cdots\cdots ④$$
であり, このとき, ③より, $t=\dfrac{x+y-1}{x}$ ………⑤
①に代入して
$$x^2+y^2-\left\{\left(\frac{x+y-1}{x}\right)^2+2\right\}x+1=0 \quad \cdots\cdots ⑥$$
両辺 x 倍して, $x^3+xy^2-(x+y-1)^2-2x^2+x=0$
y について整理して
$$(x-1)y^2-2(x-1)y+x^3-3x^2+3x-1=0$$
$$\therefore \quad (x-1)y^2-2(x-1)y+(x-1)^3=0$$
$$\therefore \quad (x-1)\{y^2-2y+(x-1)^2\}=0$$
$$\therefore \quad (x-1)\{(x-1)^2+(y-1)^2-1\}=0$$
$$\therefore \quad x=1 \cdots\cdots ⑦ \text{ または } (x-1)^2+(y-1)^2=1 \cdots\cdots ⑧$$
よって C と l の共有点の軌跡は
「④かつ"⑦または⑧"」 ………⑨
となる. 一方, C と l の共有点は, ⑨と l の共有点に一致する. よって, P は, ⑨と l の共有点のうち x 座標が小さい方 (共有点が 1 個のときはその点) となる. l が定点 $(0, 1)$ を通り, $x=0$ 以外のすべての直線となりうることを考慮すると, 答えは右図太線 (○を除く).

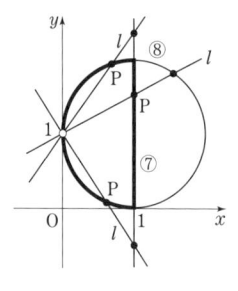

【解説】
A とりあえず「x 座標が小さい方」は無視して, C と l の共有点を Q とし, Q の軌跡を D とします. D を求めるとき, Q の x 座標と y 座標を t で表す人が少なくありません. これから, 数Ⅲの「曲線の媒介変数表示」の手法でも D の概形は得られますが, x と y のきれいな関係式がある場合, それでは追及不足となるので, t を消去して x と y の関係式を求めることになります.

それなら, 解のように, ①②から直接 t を消去すればよいのです. すると, D は⑨になります.

しかし, 本問では, 「x 座標が小さい方」の軌跡ですから, D のうちのどの部分が求めるものかを考えなければなりません. 解では,
$$C \text{ と } l \text{ の共有点} \iff D\text{(⑨)} \text{ と } l \text{ の共有点}$$
に着目しました. これに気付かないと, ①②から y を消去して, Q の x 座標を t で表さざるを得ないので, D の軌跡なら解のようにできる人でも, 本問では y の消去に進んでしまった人もいたことでしょう.

このような図形的考察は思い付くのは難しいですが, ラクに解ける場合が多いので, 一考の価値はあります.

なお, 解のように①②から t を消去した人は全体の 6% でした.

B ①②から y を消去すると, 以下のようになります.

[解答例] ②を①に代入して,
$$x^2+\{(t-1)x+1\}^2-(t^2+2)x+1=0$$
$$\therefore \quad (t^2-2t+2)x^2+(-t^2+2t-4)x+2=0$$
$$\therefore \quad (x-1)\{(t^2-2t+2)x-2\}=0$$
$t^2-2t+2=(t-1)^2+1>0$ より,
$$x=1 \text{ または } \frac{2}{t^2-2t+2}$$
$P(X, Y)$ とおく.

(ⅰ) $1 \leq \dfrac{2}{t^2-2t+2}$ すなわち, $0 \leq t \leq 2$ のとき：
$X=1$ であり, このとき②より, $Y=t$
よって, 「$X=1$ かつ $0 \leq Y \leq 2$」 ………⑩

(ⅱ) $\dfrac{2}{t^2-2t+2}<1$ すなわち, $t<0$, $2<t$ のとき：
$$X=\frac{2}{t^2-2t+2}=\frac{2}{(t-1)^2+1} \quad \cdots\cdots ⑪$$
[t の消去が目標だから, Y も t で表す必要はない]
②より, $Y=(t-1)X+1$ ………⑫
⑪⑫より $t-1$ を消去する.
⑪より, $X \neq 0$ ………⑬

なので，⑫より，$t-1=\dfrac{Y-1}{X}$ ………………⑭

これを⑪に代入して，
$$X=\dfrac{2}{\left(\dfrac{Y-1}{X}\right)^2+1} \quad \therefore \quad X=\dfrac{2X^2}{(Y-1)^2+X^2}$$

⑬より，両辺を X で割って分母を払うと，
$$(Y-1)^2+X^2=2X$$
$$\therefore \quad (X-1)^2+(Y-1)^2=1 \quad \cdots\cdots ⑮$$

$t<0$，$2<t$ のとき，P が⑬かつ⑮上のどこを動くかを考える．

（あ）$t<0$ のとき：⑭より，$\dfrac{Y-1}{X}+1<0$ ………⑯

⑪より $X>0$ なので，上の不等式の両辺に X を掛けて，
$$Y-1+X<0 \quad \therefore \quad Y<-X+1 \quad \cdots\cdots⑰$$

（い）$2<t$ のとき：⑭より，$2<\dfrac{Y-1}{X}+1$ ……⑱

$X>0$ より，$2X<Y-1+X$
$$\therefore \quad Y>X+1 \quad \cdots\cdots⑲$$

以上（i）（ii）より，P の軌跡は，⑩または，「⑬かつ⑮かつ"⑰または⑲"」（の X，Y を x，y に代えたもの）で，右図太線（○を除く）．

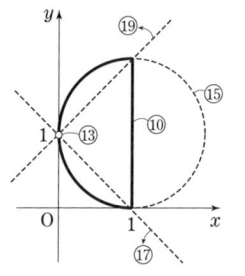

　　　　　＊　　　　　＊

解と比べて，P の x 座標を求めたり，どの部分を動くかの考察が一手間なので，その分，メンドウになっていますが，十分自然な発想です．

この方針をとった人は，全体の 82% でした．

C 解答例では，$t<0$，$2<t$ のとき，⑭を用いて，どの部分を動くかを定めました．

　　「$t<0$ かつ⑭」$\Longleftrightarrow$「⑯かつ⑭」
　　「$2<t$ かつ⑭」$\Longleftrightarrow$「⑱かつ⑭」

だから，⑯または⑱から，範囲が正しく出てきます．

これに対して，以下のような誤りが多く見受けられました（全体の 38%）．

［誤答例］（⑮以降）$t<0$，$2<t$ ………………⑳
と⑪より，$0<X<1$

これと⑮より，⑳のとき P は⑮の左半分（$X \neq 0$，1）を動く．

　　　　　＊　　　　　＊

$0<X<1$ と⑮だけでは，⑳のときの軌跡が右図のようになる可能性を否定できません．正しくやるには，解答例のよ

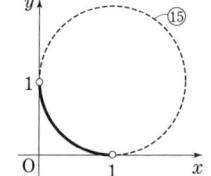

うにするか，$Y=\dfrac{t^2}{t^2-2t+2}$ も出して，t が動くと X，Y がどのように変化するかを調べなければなりません．

なお，X，Y の範囲を別々に求めるのも誤りです．例えば，$X=\cos\theta$，$Y=\sin\theta$，$0\leq\theta\leq\dfrac{3}{2}\pi$

のとき，$X^2+Y^2=1$，$-1\leq X\leq 1$，$-1\leq Y\leq 1$

ですが，(X, Y) の軌跡は，円の全体にはなりません．

D 軌跡を求める入試問題を紹介します．

> 問題 O を原点とする座標平面において，円 $x^2+y^2=4$ の外部の点 A からこの円に 2 本の接線を引き，その接点を P，Q とする．線分 PQ の中点を M とする．点 A が直線 $2x+3y=12$ 上を動くとき，点 M の軌跡を図示せよ．
> （類 12 東京理科大・工）

以下の解説を見る前に，チャレンジしてみましょう．

　　　　　＊　　　　　＊

A(a, b)，M(X, Y) として，問題文の流れだと X，Y を a，b で表すことになりますが，必要なのは X，Y の関係式で，a，b は消えてほしいもの．a，b を X，Y で表して $2a+3b=12$ に代入すれば機械的に X，Y の関係が得られます．なお M は OA 上にあります．

解 A(a, b)，M(X, Y) とおく．OM⊥PQ であり，M は OA 上にあるから，△AOP∽△POM
$$\therefore \quad \text{OA}:\text{OP}=\text{OP}:\text{OM}$$

よって OA$=\dfrac{4}{\text{OM}}$ だから，
$$\vec{\text{OA}}=\dfrac{\text{OA}}{\text{OM}}\vec{\text{OM}}=\dfrac{4}{\text{OM}^2}\vec{\text{OM}}$$
$$\therefore \quad \begin{pmatrix}a\\b\end{pmatrix}=\dfrac{4}{X^2+Y^2}\begin{pmatrix}X\\Y\end{pmatrix}$$

A は $2x+3y=12$ 上にあるから，$2a+3b=12$
$$\therefore \quad 2\cdot\dfrac{4X}{X^2+Y^2}+3\cdot\dfrac{4Y}{X^2+Y^2}=12$$
$$\therefore \quad 8X+12Y=12(X^2+Y^2), \quad X^2+Y^2 \neq 0$$
$$\therefore \quad X^2-\dfrac{2}{3}X+Y^2-Y=0$$
$$(X, Y) \neq (0, 0)$$

答えは右図太線（O を除く）．

　　　　　＊　　　　　＊

原題では「X，Y を a，b で表せ」という設問がありました．入試では，このような下手な"誘導"がついていることもあるので，気をつけて下さい．

（吉田）

問題2 xy 平面上に直線 $l: \dfrac{x}{t} + \dfrac{y}{t(1-t)} = 1$（$t$ は定数で $t \neq 0$, $t \neq 1$）がある．
（1） t が 0 と 1 以外の実数をすべて動くとき，l の通りうる範囲を図示せよ．
（2） t が $0 < t < 1$ の範囲を動くとき，l の通りうる範囲を図示せよ．
（2005 年 4 月号）

平均点：15.3
正答率：15%（1）21%（2）28%
時間：SS 30%, S 41%, M 23%, L 5%

本問のような直線の通過範囲を求める問題では，
（ⅰ） 直線を $y = \square$ の形にして，x を固定して t を動かしたときの y の範囲を求める（ファクシミリの原理，自然流）
（ⅱ） 直線の式を t の方程式と見て，解の存在範囲を求める（逆手流）
（ⅲ） 包絡線（直線が接する定曲線）を見つける
といった手があります．（ⅲ）は，後で別解として紹介します．（ⅰ）（ⅱ）については，本問のように t に制限があるとき，通常は（ⅰ）で最大・最小（存在しないときは上限，下限）の候補を図示するのが明快ですが，（1）はかえってメンドウです．（1）は（ⅱ）で，（2）は（ⅰ）でやりましょう（方法は相手を見て選べ）．

解 $t \neq 0, 1$ のとき，l は
$$(1-t)x + y = t(1-t) \quad \cdots\cdots\text{①}$$
（1） ①より，$t^2 - (1+x)t + x + y = 0 \quad \cdots\cdots\text{②}$
②かつ $t \neq 0, 1$ を満たす実数 t が少なくとも一つ存在するための x, y の条件を求めればよい．
まず，t の実数条件から，
$$D = (1+x)^2 - 4(x+y) = (1-x)^2 - 4y \geq 0$$
このうち，②を満たす t が 0, 1 以外に存在しないものを除く．それは，次の 1°〜3° の場合．
1° ②が 0 を重解にもつ：②が $t^2 = 0$ となるときで，$1 + x = 0$, $x + y = 0$ より $(x, y) = (-1, 1)$
2° ②が 1 を重解にもつ：②が $t^2 - 2t + 1 = 0$ となるときで，$1 + x = 2$, $x + y = 1$ より $(x, y) = (1, 0)$
3° ②が 0 と 1 を解にもつ：②が $t^2 - t = 0$ となるときで，$1 + x = 1$, $x + y = 0$ より $(x, y) = (0, 0)$
答えは右図網目部（太実線を含み○を除く）．

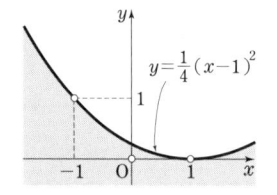

（2） ①より，$y = -(1-t)x + t(1-t) \quad \cdots\cdots\text{③}$
③の右辺を，x を固定して t を $0 < t < 1$ で動かしたときの値域を $m \square y \square M$（$\square$ は $<$ か $\leq$）$\cdots\cdots\text{④}$
とすれば，④を xy 平面に図示したものが求める答え．
③の右辺を $f(t)$ とおくと，

$$f(t) = -t^2 + (x+1)t - x$$
$$= -\left(t - \frac{x+1}{2}\right)^2 + \frac{1}{4}(x+1)^2 - x$$
$$= -\left(t - \frac{x+1}{2}\right)^2 + \frac{1}{4}(x-1)^2$$

だから，以下のもののうち，最大のものが M，最小のものが m となる：
$f(0) = -x$, $f(1) = 0$,
$f\left(\dfrac{x+1}{2}\right) = \dfrac{1}{4}(x-1)^2$（ただし $0 < \dfrac{x+1}{2} < 1$ つまり $-1 < x < 1$ のとき）

ここで，$\dfrac{1}{4}(x-1)^2 - (-x) = \dfrac{1}{4}(x+1)^2$ であり，
④の $\square$ は，$f(0), f(1)$ が m や M になるときは $<$，$f\left(\dfrac{x+1}{2}\right)$ が M になるときは $\leq$ になることに注意すると，m と M は右図太線のようになり，答えは右図網目部（太実線を含み，太破線と○を除く）．

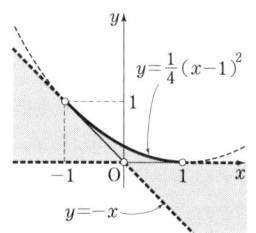

【解説】
A 何かしらのミスをした人が非常に多く，低い正答率になりました．目立った誤りは，**解**の（1）で「$t \neq 0, 1$ となる実数解を持てばよい」を「$t = 0$, $t = 1$ を解に持ってはならない」と錯覚して，①で $t = 0$ のときの直線 $x + y = 0$ と $t = 1$ のときの直線 $y = 0$ をすべて除外してしまったものです．このミスをした人は 45% でした．

例えば，②が $t = 0$ を解にもっても，他の解が 0 や 1 以外なら OK です．実際，$(x, y) = (-2, 2)$ のとき，②は $t^2 + t = 0$ となり，$(-2, 2)$ は①で $t = 0$ に対応する直線 $x + y = 0$ 上にありますが，$t = -1$ のときの $2x + y = -2$ も通っているから，答えに含まれます．

B 逆手流について：
前文の（ⅰ）〜（ⅲ）の中で，（ⅱ）の逆手流を選んだ人は最も多く 62% でした．実際，（1）はこれが手っ取り早

いでしょう．しかし，（2）はミスをしやすいです．
[解答例]（2） $t^2-(1+x)t+x+y=0$ ………②
が $0<t<1$ の範囲に少なくとも一つの解を持つための条件を求めればよい．$0<t<1$ に解を何個持つかで場合分けする．$g(t)=t^2-(1+x)t+x+y$ とおく．

Ⓐ 解を2個持つ場合（重解を含める）：
$D\geq 0$ かつ，$g(t)$ の軸について $0<\dfrac{x+1}{2}<1$
かつ，$g(0)>0$ かつ $g(1)>0$
より，$(1+x)^2-4(x+y)\geq 0$ かつ $-1<x<1$
 かつ $x+y>0$ かつ $y>0$ } ……⑤

Ⓑ 解を1個しか持たない場合（重解を除く）：
● まず，$g(0)=0$ または $g(1)=0$ の場合を考える．
$g(0)=0$ のとき，$x+y=0$
このとき②は $t^2-(1+x)t=0$ ∴ $t\{t-(1+x)\}=0$
よって，$t=0$ 以外の解 $t=1+x$ について $0<1+x<1$ ならよいから，"$x+y=0$ かつ $-1<x<0$" ………⑥
$g(1)=0$ のとき，$y=0$
②は $t^2-(1+x)t+x=0$ ∴ $(t-1)(t-x)=0$
よって，$t=1$ 以外の解 $t=x$ について $0<x<1$ ならよいから，"$y=0$ かつ $0<x<1$" ………⑦
● $g(0)\ne 0$ かつ $g(1)\ne 0$ の場合，$g(0)g(1)<0$
∴ $(x+y)y<0$ ………⑧
⑤または⑥または⑦または⑧を図示して答えを得る．

＊　　　＊　　　＊

この方法では，Ⓑで $g(0)g(1)<0$ しか考えないとか，軸の位置で場合分けして，$0<\dfrac{x+1}{2}<1$ のときに解が1個の場合を忘れるなどの誤りが見られました．

Ⓒ 自然流について：
（2）は，どんなときに $f(t)$ が最大になるかなどと場合分けをしなくても，解のように，**最大・最小（あるいは上限・下限）の候補を図示**してしまえば，一挙に答えが得られます．候補は，定義域（（2）では $0<t<1$）の端点での値と極値ですが，極値は，それを与える t が定義域に入っているかどうかに注意しましょう．

一方，（1）は，定義域が，
$t<0$，$0<t<1$，$1<t$ というように不連続なので，厄介です．ここでも，$y=f(0)$ と $y=f(1)$ の全体を除いてしまうと，Ⓐで述べたのと同様の誤りです．例えば，$y=f(0)=-x$ であっても，0や1以外の実数 t で $y=-x$ となるものがあれば，その (x,y) はOKです．
（1）は無理せず，**解**のように逆手流でやるのがよいでしょう．

自然流を選んだ人は15%でした．（1）が解きにくいので敬遠した人も多かったことでしょう．

Ⓓ 包絡線を選んだ人は18%で，予想より多く見られました．

別解 l は $y=-t^2+(x+1)t-x$
すなわち，$y=-\left(t-\dfrac{x+1}{2}\right)^2+\dfrac{1}{4}(x-1)^2$ ………⑨
よって，曲線 $y=\dfrac{1}{4}(x-1)^2$ ………⑩
を C とおくと，⑨⑩より $\left(t-\dfrac{x+1}{2}\right)^2=0$ つまり $\{x-(2t-1)\}^2=0$ だから，l は，$x=2t-1$ における C の接線（l_t とおく）．
（1）$l_0: y=-x$，$l_1: y=0$ 以外の l_t の通過範囲である．
『C の外側の点については，異なる接線が2本引けるから，l_0 と l_1 の交点以外では，その点を通る l_0, l_1 以外の l_t がある．C 上の点は，$(-1, 1)$ と $(1, 0)$ 以外はOK』
（2）$0<t<1$ における l_t の通過範囲
以上を図示して，答えを得る．

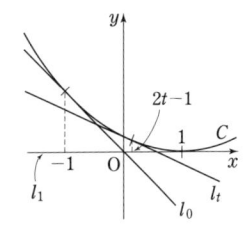

＊　　　＊　　　＊

この解法でも，（1）で l_0 と l_1 をすべて除外してしまうのは誤りです．『 』内のことは，答案では省略しても許容されるかもしれませんが，ちゃんと認識していないと，上記のような誤りのもとです．ここが，強力な解法である包絡線の弱点でもあります．「この直線はこのグラフに接している」と「よってこの領域を通過する」の間に飛躍や見落としがないかどうかをよく考えましょう．少し怪しいかなと思ってたら，鉛筆を曲線に当てて，ずらしていって確認するとか，無理をせず，自然流や逆手流で代用しましょう．

なお，答案では，包絡線を見つける過程は書く必要はないので，いきなり，
『$y=\dfrac{1}{4}(x-1)^2$……⑩ のとき $y'=\dfrac{1}{2}(x-1)$ だから，点 $(2t-1, (t-1)^2)$ における接線は
$$y=(t-1)x-t^2+t$$
これは $t\ne 0, 1$ のとき l だから，l は $x=2t-1$ における⑩の接線である．』
などと書いてしまってもかまいません．

（藤田）

問題 3 $y=x^2$ 上に点 $A(a, a^2)$, $B(b, b^2)$, $C(c, c^2)$, $D(d, d^2)$ があり, $b-a=c-b=d-c>0$ を満たしている. 点 $P(p, p^2)$ を $p>d$ となるようにとり, PB と AC の交点を Q, PC と BD の交点を R とする.
(1) $\overrightarrow{CQ}$ を b, c, p で表せ.
(2) 四角形 BCRQ の面積を b, c で表せ. (2012 年 7 月号)

平均点：20.9
正答率：70％ (1) 84％
時間：SS 6％, S 28％, M 33％, L 33％

(1) 直線の方程式を立てる場合, AC の傾きを利用すると, $\overrightarrow{CQ}$ の x 成分だけ求めれば用は足ります.
(2) (1) が誘導になっています. 面積計算の方法は色々ありますが, 四角形 BCRQ の対角線のベクトルによって張られる三角形の面積に帰着すると早いです.

解 (1) $AC: y=(a+c)x-ac$
$b-a=c-b$ より, $a=2b-c$ なので,
$AC: y=2bx-2bc+c^2$ ……①
これと $BP: y=(b+p)x-bp$ を連立させて,
$2bx-2bc+c^2=(b+p)x-bp$
∴ $(p-b)x=bp-2bc+c^2$
∴ $x=\dfrac{bp-2bc+c^2}{p-b}$

したがって, $\overrightarrow{CQ}$ の x 成分は,
$$\dfrac{bp-2bc+c^2}{p-b}-c=\dfrac{bp-2bc+c^2-c(p-b)}{p-b}$$
$$=\dfrac{bp-bc-cp+c^2}{p-b}=\dfrac{(c-b)(c-p)}{p-b}$$

①より, 直線 AC の傾きは $2b$ なので,
$\overrightarrow{CQ} // \begin{pmatrix}1\\2b\end{pmatrix}$ ∴ $\overrightarrow{CQ}=\dfrac{(c-b)(c-p)}{p-b}\begin{pmatrix}1\\2b\end{pmatrix}$

(2) $\overrightarrow{BR}$ を求めよう. (1) で A の代わりに D として B と C を入れ替えると, $c-d=b-c$ (これは $c-b=d-c$ より成り立つ) の下での直線 PC と DB の交点 (これは R に他ならない) を考えることになる. このとき, $\overrightarrow{CQ}$ は $\overrightarrow{BR}$ となるから, $\overrightarrow{BR}$ は $\overrightarrow{CQ}$ の b と c を入れ替えることで得られる. ゆえに, $\overrightarrow{BR}=\dfrac{(b-c)(b-p)}{p-c}\begin{pmatrix}1\\2c\end{pmatrix}$

□BCRQ の面積を S とすると, 次図から分かるように, S は $\overrightarrow{CQ}$ と $\overrightarrow{BR}$ で張られる三角形の面積に等しい.

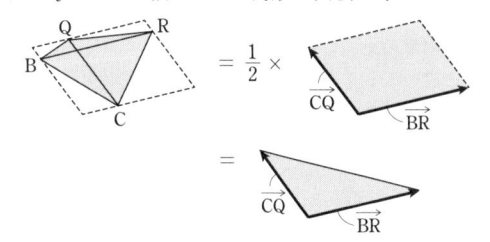

$$S=\dfrac{1}{2}\left|\dfrac{(c-b)(c-p)}{p-b}\cdot\dfrac{(b-c)(b-p)}{p-c}\right|\times|2c-2b|$$
$$=(c-b)^3$$

【解説】

A (1) について：
良く出来ていました. 解以外の方法として, ベクトルを用いて次のようにしていた人もいましたが, もちろんそれでも良いでしょう.

別解 (1) Q は AC 上にあるので $\overrightarrow{CQ}=s\overrightarrow{CA}$ とおける. また, Q は BP 上にあるので $\overrightarrow{CQ}=\overrightarrow{CB}+t\overrightarrow{BP}$ とおける.
$b-a=c-b$ より, $a=2b-c$, $a+c=2b$ なので,
$$\overrightarrow{CQ}=s\overrightarrow{CA}=s\begin{pmatrix}a-c\\a^2-c^2\end{pmatrix}=s(a-c)\begin{pmatrix}1\\a+c\end{pmatrix}$$
$$=2s(b-c)\begin{pmatrix}1\\2b\end{pmatrix} \cdots\cdots ②$$
$$\overrightarrow{CQ}=\overrightarrow{CB}+t\overrightarrow{BP}$$
$$=(b-c)\begin{pmatrix}1\\b+c\end{pmatrix}+t(p-b)\begin{pmatrix}1\\p+b\end{pmatrix} \cdots\cdots ③$$
②③の x 成分を比べて $2s(b-c)=(b-c)+t(p-b)$
∴ $t(p-b)=(b-c)(2s-1)$ ……④
②③の y 成分を比べて④を代入すると,
$2s(b-c)\cdot 2b=(b-c)(b+c)+(b-c)(2s-1)(p+b)$
$b-c$ で割り, $4sb=b+c+(2s-1)(p+b)$
∴ $2s(b-p)=c-p$ ∴ $2s=\dfrac{c-p}{b-p}$

②に代入して, $\overrightarrow{CQ}=\dfrac{(c-p)(b-c)}{b-p}\begin{pmatrix}1\\2b\end{pmatrix}$

*   *

一般に, $f(x)$ が**多項式**のとき, $f(k)-f(j)$ は $k-j$ を因数に持つので, 曲線 $y=f(x)$ 上の 2 点 $J(j, f(j))$, $K(k, f(k))$ について, 直線 JK の傾き $\dfrac{f(k)-f(j)}{k-j}$ は $k-j$ で約分されて簡単になります. また, $\overrightarrow{JK}$ は $(k-j)\begin{pmatrix}1\\\text{JK の傾き}\end{pmatrix}$ のように $k-j$ でくくれることに注意しましょう. 別解の方針でも, b^2-c^2 のまま進めたり, 無造作に展開するとメンドウです.

B （2）について：

面積計算の方法は人によって分かれました．例えば $S=\triangle BCQ+\triangle QCR$ として，個々の三角形の面積を求めるものがありましたが，計算量が増えて面倒です．㊙のようにするのが最短でしょう（全体の17%が㊙の方法）．また，㊙で $\overrightarrow{CQ}$ から $\overrightarrow{BR}$ を導出した部分のように，b と c の対称性に着目すると処理量が減ります．

C 面積について：

㊙では，□BCRQ の面積 S が $\overrightarrow{CQ}$ と $\overrightarrow{BR}$ で張られる三角形の面積に等しいことを，平行四辺形で囲むことにより導きましたが，次のように捉えることもできます．

$\overrightarrow{CQ}$ と $\overrightarrow{BR}$ のなす角を θ とおく．$S=\triangle BCQ+\triangle QCR$ において，$\triangle BCQ$ と $\triangle QCR$ の底辺を CQ と見ると，高さの和（右図の h_1+h_2）は $BR\cdot\sin\theta$ だから，

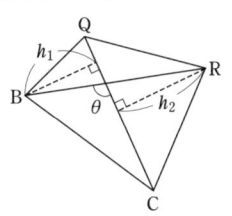

$$S=\frac{1}{2}\cdot CQ\cdot BR\cdot\sin\theta \quad\cdots\cdots ⑤$$
$$=\frac{1}{2}\sqrt{CQ^2\cdot BR^2\cdot(1-\cos^2\theta)}$$
$$=\frac{1}{2}\sqrt{|\overrightarrow{CQ}|^2|\overrightarrow{BR}|^2-(\overrightarrow{CQ}\cdot\overrightarrow{BR})^2}$$

これは，$\overrightarrow{CQ}$ と $\overrightarrow{BR}$ で張られる三角形の面積ですね．

なお，四角形の面積が⑤のように対角線の長さとなす角から得られることは，幾何の問題でも有用です．

また，$\vec{a}=\begin{pmatrix}a_1\\a_2\end{pmatrix}$ と $\vec{b}=\begin{pmatrix}b_1\\b_2\end{pmatrix}$ で張られる三角形の面積は，

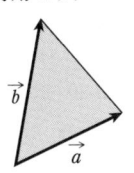

$$\frac{1}{2}\sqrt{|\vec{a}|^2|\vec{b}|^2-(\vec{a}\cdot\vec{b})^2}$$
$$=\frac{1}{2}\sqrt{(a_1^2+a_2^2)(b_1^2+b_2^2)-(a_1b_1+a_2b_2)^2}$$
$$=\frac{1}{2}\sqrt{a_1^2b_2^2+a_2^2b_1^2-2a_1b_1a_2b_2}=\frac{1}{2}\sqrt{(a_1b_2-a_2b_1)^2}$$
$$=\frac{1}{2}|a_1b_2-a_2b_1| \quad\cdots\cdots ⑥$$

本問では，$\overrightarrow{CQ}=\dfrac{(c-b)(c-p)}{p-b}\begin{pmatrix}1\\2b\end{pmatrix}$，

$\overrightarrow{BR}=\dfrac{(b-c)(b-p)}{p-c}\begin{pmatrix}1\\2c\end{pmatrix}$

のように $\alpha\begin{pmatrix}1\\2b\end{pmatrix}$ と $\beta\begin{pmatrix}1\\2c\end{pmatrix}$ の形ですが，これは $\begin{pmatrix}1\\2b\end{pmatrix}$ と $\begin{pmatrix}1\\2c\end{pmatrix}$ で張られる三角形の $|\alpha\beta|$ 倍ですね．

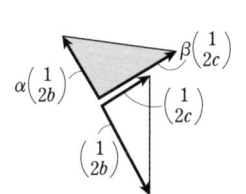

なお，座標平面で三角形の面積を求めるときに⑥は有力ですが，次の問題ではどうでしょうか？

> **参考問題** xy 平面上に曲線 $C:y=x^2$ と，$q>p^2$ を満たす点 P(p,q) がある．$q>ap+b$ を満たす a，b によって直線 $l:y=ax+b$ を定める．l と C が異なる 2 点 Q，R で交わるとき，次の問いに答えよ．
> （1） b のとり得る値の範囲を a, p, q を用いて表せ．
> （2） $\triangle PQR$ の面積 S を a, b, p, q を用いて表せ．
> （3） b が（1）で求めた範囲を動くとき，S を最大にする b を a, p, q を用いて表せ．
> （12 横浜国大・経済，経営-後）

（2） P を通り y 軸に平行な直線と l の交点を T として，PT を底辺とする 2 個の三角形の和または差と考えるとラクです．

（3） 平方した式をバラさず，積の微分を用います．

㊙ （1） $x^2=ax+b$ より，$x^2-ax-b=0$ ……⑦

これが異なる 2 実解を持つから，$a^2+4b>0$

これと $q>ap+b$ より，

$$-\frac{a^2}{4}<b<q-ap \quad\cdots\cdots ⑧$$

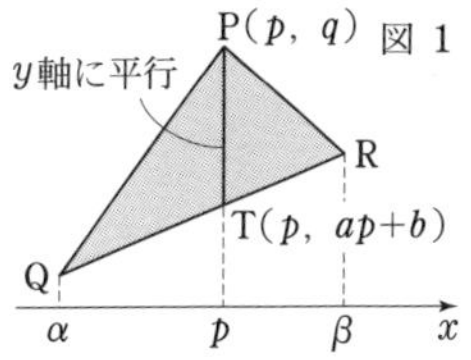

（2） 図のように T, α, β をおくと，図1のとき，

$S=\triangle PTQ+\triangle PTR$
$=\dfrac{1}{2}PT\cdot(\beta-\alpha) \quad\cdots\cdots ⑨$

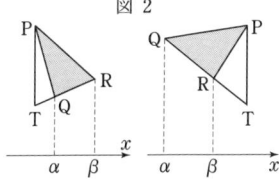

図2のときは，
$S=|\triangle PTQ-\triangle PTR|$

これも⑨に等しい．

⑦より，α, β は

$\dfrac{a\pm\sqrt{a^2+4b}}{2}$ だから，$S=\dfrac{1}{2}(q-ap-b)\sqrt{a^2+4b}$

（3） $(2S)^2=(q-ap-b)^2(a^2+4b)$
$=(b-q+ap)^2(4b+a^2) \cdots⑩$

を最大にすればよい．⑩を $f(b)$ とおくと，⑧において $f(b)$ のグラフは右図の実線のようになるから，$f'(b)=0$ の解のうち $b=q-ap$ 以外のものが S を最大にする．

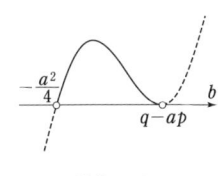

$f'(b)=2(b-q+ap)(4b+a^2)+(b-q+ap)^2\cdot 4$
$=2(b-q+ap)\{(4b+a^2)+2(b-q+ap)\}$
$=2(b-q+ap)(6b-2q+2ap+a^2)$

答えは，$b=\dfrac{2q-2ap-a^2}{6}$

（濱口）

問題4 座標平面上に円 $C: x^2+y^2=1$ がある．点 $(0, 2)$ を通り，y 軸と異なる直線 l が C と異なる2点 P，Q で交わるとき，P，Q と原点 O を通る円周上の点の存在範囲を図示せよ． (2015年2月号)

平均点：21.1
正答率：47%
時間：SS 16%, S 33%, M 33%, L 18%

直線 l の傾きを m と置いて考えましょう．3点 O，P，Q を通る円の方程式は"束の考え方"を使うと，簡単に求められます．l が C と2点で交わることから m の範囲が定まり，これから，円周上の点 (x, y) が満たすべき不等式が得られます．

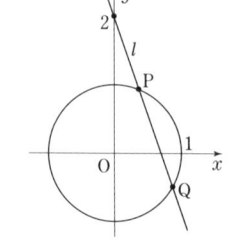

解 l は $y=mx+2$ ……①
とおける．l と C が異なる2点で交わるための条件は，
(O と l の距離) <1 だから，
$$\frac{2}{\sqrt{m^2+1}}<1$$
∴ $m^2+1>4$ ∴ $m^2>3$
よって，m の範囲は，$m<-\sqrt{3}$ or $m>\sqrt{3}$ ……②

一方，$x^2+y^2=1$ と①をともに満たす (x, y) は
$$x^2+y^2-1+t(mx+2-y)=0 \quad ……③$$
を満たすから，③は P，Q を通る円を表す．③が O を通るとき，$(x, y)=(0, 0)$ を代入して，$-1+2t=0$
よって $t=\dfrac{1}{2}$ であり，このとき，③は
$$x^2+y^2+\frac{1}{2}mx-\frac{1}{2}y=0 \quad ……④$$
(異なる3点を通る円は高々1個なので，題意の円は④に限られる) ……⑤
∴ $mx=-2x^2-2y^2+y$ ……⑥

(ⅰ) $x=0$ のとき：$y=0, \dfrac{1}{2}$ で，このとき②を満たす m は存在する．

(ⅱ) $x\neq 0$ のとき，⑥より，$m=\dfrac{-2x^2-2y^2+y}{x}$
これを②に代入して，
$$\frac{-2x^2-2y^2+y}{x}<-\sqrt{3} \text{ or } \frac{-2x^2-2y^2+y}{x}>\sqrt{3}$$

Ⓐ $x>0$ のとき，上式を x 倍して分母を払うと，
$-2x^2-2y^2+y<-\sqrt{3}\,x$ or $-2x^2-2y^2+y>\sqrt{3}\,x$
∴ $\left(x-\dfrac{\sqrt{3}}{4}\right)^2+\left(y-\dfrac{1}{4}\right)^2>\dfrac{1}{4}$ or
$\left(x+\dfrac{\sqrt{3}}{4}\right)^2+\left(y-\dfrac{1}{4}\right)^2<\dfrac{1}{4}$

Ⓑ $x<0$ のとき，分母を払うと，Ⓐとは不等号の向きが逆になり，$\left(x-\dfrac{\sqrt{3}}{4}\right)^2+\left(y-\dfrac{1}{4}\right)^2<\dfrac{1}{4}$ or
$\left(x+\dfrac{\sqrt{3}}{4}\right)^2+\left(y-\dfrac{1}{4}\right)^2>\dfrac{1}{4}$

以上から，答えは右図網目部（境界は太破線を除き，● を含む）．

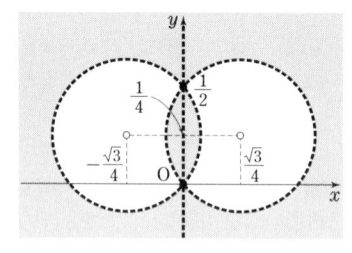

【解説】

Ⓐ 本問は大きく分けて，l の傾きを m とおいたときの，m の満たすべき条件と3点 O，P，Q を通る円の方程式を求める部分と，m がその条件を満たして動くときに円が通過する領域を求める部分の2つになります．

まず m の条件を求める部分は，**解**のように，
(円の中心と直線の距離) $<$ (円の半径) ……⑦
を考えるか，$y=mx+2$ と $x^2+y^2=1$ から y を消去して(判別式)>0 に持ち込むのが一般的です．後者でも大して手間はかかりませんが，直線や円の式が簡単ではないときには，⑦の方がラクです．また，円と直線がからんだ問題では，円の中心から直線に垂線を下ろしたり，中心と直線の距離に着目するのが有効なことが少なくありません．

なお，本問では，右図の θ_0 が $30°$ であり，l_0 の傾きが $-\sqrt{3}$ になることからも，②は得られます．

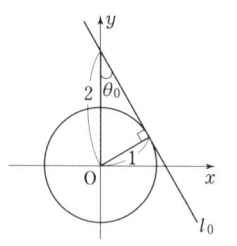

Ⓑ 3点 O，P，Q を通る円の方程式を求める部分では，P$(p, mp+2)$，Q$(q, mq+2)$ とおいて考えるなどの計算頼りの方法が多く見られましたが，これは，かなり手間がかかります．

そこで活躍する方法が**束の考え方**です．
$f(x, y)$ を x，y の式として，曲線（または直線）を $f(x, y)=0$ と表すと，

2曲線 $C_1: f(x, y)=0$，$C_2: g(x, y)=0$
が共有点を持つとき，曲線
$$s\cdot f(x, y)+t\cdot g(x, y)=0 \quad ……⑧$$
は，C_1 と C_2 のすべての共有点を通る．

[理由] 共有点を (X, Y) とおくと，$f(X, Y)=0$，$g(X, Y)=0$ なので，$s\cdot f(X, Y)+t\cdot g(X, Y)=0$ が成り立つ．よって，(X, Y) は⑧上にある．

* *

　この考え方は，2つの曲線（または直線）の共有点を通る線を"束"のようにして一挙に捉えることから，"束の考え方"と呼ばれています．上の[理由]のような説明もできるようにしておきましょう．

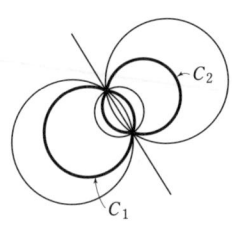

　重要なのは，曲線を □=0 の形にしておくことです．本問では，円 C を $x^2+y^2-1=0$，①を $mx+2-y=0$ として，⑧に当てはめると，
$$s(x^2+y^2-1)+t(mx+2-y)=0 \cdots\cdots⑨$$
このままでも良いのですが，s と t の比が同じなら，⑨は同じ曲線を表すので，解では $s=1$ として③の形にしました．③で，円 C と直線 l の交点 P，Q を通る円群ができたので，そのうち，とくに原点 O を通るように t を定めて④を得たわけです．

　なお，③は P，Q を通りますが，逆に，P，Q を通る曲線がすべて③の形になるわけではありません．だから，④以外にも，O，P，Q を通る円があったら？ そのような心配を解消するために，⑤のような確認をしました．(実は，P，Q を通る円または直線は必ず⑨の形で書けます．③だと直線 PQ 自身は表せません)

　束の考え方は，2円の交点を通る直線の式を求めるなど，いろいろ利用できるので，使いこなせるようにしておきましょう．

C 後半については，いわゆる「逆手流」で考えて，円の通過領域を求めています．逆手流では，
　　　点 (x, y) が求める領域に含まれる
　　$\iff$ ②かつ④を満たす実数 m が存在する
と言いかえます．入試問題では，逆手流だとパラメータ(本問の m に相当するもの)についての2次方程式が出てきて，解の配置問題に帰着されることが多いですが，本問のように m の1次方程式でも基本的な考え方は同じです．2次の場合よりも簡単ですね．

D l を決定するパラメータとして，傾きではなく，l と y 軸のなす角を用いて，図形的に考えることもできます．(小笠原雅崇君の答案より)

別解 まず，l が C と $x>0$ の部分で交わる場合を考える．右上図のように，l と y 軸のなす角を θ とおくと，l と C が異なる 2 点で交わるための条件は，$0°<\theta<30°$ (Aの図を参照) である．このとき，O，P，Q を通る円(E とおく)の中心を O′とおくと，OO′は PQ の垂直二等分線となり，OO′と x 軸のなす角も θ となる．

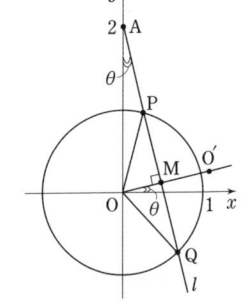

よって，E の半径を R とすると，O′$(R\cos\theta, R\sin\theta)$
また，PQ の中点を M とし，A$(0, 2)$ とおくと，
$$OM = OA\sin\theta = 2\sin\theta \quad \therefore\ \sin\angle OPM = \frac{OM}{OP} = 2\sin\theta$$
円 E と △OPQ に正弦定理を用いて，$\dfrac{OQ}{\sin\angle OPQ}=2R$
$$\therefore\ R = \frac{1}{2\cdot 2\sin\theta} = \frac{1}{4\sin\theta} \quad \therefore\ \text{O}'\left(\frac{1}{4\tan\theta}, \frac{1}{4}\right)$$
$$\left(0°<\theta<30°\text{より}, \frac{1}{4\tan\theta} > \frac{\sqrt{3}}{4}\right)$$

ここで，E は定点 O を通り，中心が $y=\dfrac{1}{4}$ 上にあることから，定点 $\left(0, \dfrac{1}{2}\right)$ も通る．このことと，E は中心が y 軸から離れるほど半径が大きくなることに注意すると，θ を $0°<\theta<30°$ を動かしたときの E の通過範囲は下右図の網目部(y 軸と円周上は，●のみ含む)．

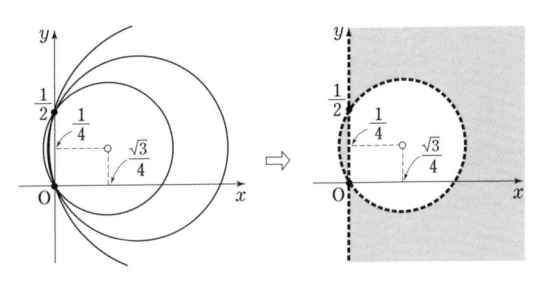

l が C と $x<0$ の部分で交わるときは，上図を y 軸に関して対称移動したものになる．(以下略)

* *

ほとんど図形的考察だけで解けてしまっているところが凄いですね．実戦では思いつきにくいかもしれませんが，良い解法です．

なお，解の方針でも，④は，m によらず，$x=0$ かつ $x^2+y^2-\dfrac{1}{2}y=0$ を満たす定点 $(0, 0)$ と $\left(0, \dfrac{1}{2}\right)$ を通ることがわかるので，中心 $\left(-\dfrac{m}{4}, \dfrac{1}{4}\right)$ を②の範囲で動かせば，答えは得られます．

(山崎)

問題 5 xy 平面上の曲線 $C: y=x^2$ に，半径 r の円が $T(t, t^2)$ $(t>0)$ で接している．さらにこの円が，C と共有点を T 以外に 1 つだけもつとき，r および T 以外の共有点の x 座標を t で表せ．

(2013 年 5 月号)

平均点：13.6
正答率：23%
時間：SS 15%, S 26%, M 31%, L 28%

接し方を図形的に考えると，3 次の接触を忘れがちです．数式を用いるなどして丁寧に議論を行いましょう．円の方程式を r と t で表して $y=x^2$ を代入すると，ゴツい 4 次方程式になりますが，$x=t$ を重解に持つハズなので，$(x-t)^2$ をくくり出すように変形しましょう．

解 $y=x^2$ のとき $y'=2x$ となるので，T における接線の傾きは $2t$ で，長さが 1 の法線ベクトルの一つに

$$\frac{1}{\sqrt{1+4t^2}}\begin{pmatrix}-2t\\1\end{pmatrix} \cdots\cdots ①$$

がある．

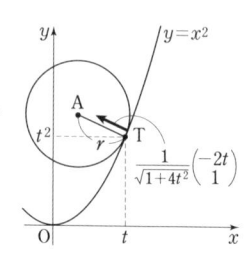

円の中心を A とする．A が T の右下側にあると，C と円は T 以外に共有点を持たず不適．よって A は T の左上側にあるから，$\overrightarrow{TA}$ は ① と同じ向きで，$\overrightarrow{OA}=\overrightarrow{OT}+\overrightarrow{TA}=\begin{pmatrix}t\\t^2\end{pmatrix}+r\cdot\frac{1}{\sqrt{1+4t^2}}\begin{pmatrix}-2t\\1\end{pmatrix}$

$\therefore\ A\left(t-\dfrac{2rt}{\sqrt{1+4t^2}},\ t^2+\dfrac{r}{\sqrt{1+4t^2}}\right)$

したがって，円の方程式は

$$\left(x-t+\frac{2rt}{\sqrt{1+4t^2}}\right)^2+\left(y-t^2-\frac{r}{\sqrt{1+4t^2}}\right)^2=r^2$$

これと $y=x^2$ から y を消去して，

$$\left(x-t+\frac{2rt}{\sqrt{1+4t^2}}\right)^2+\left(x^2-t^2-\frac{r}{\sqrt{1+4t^2}}\right)^2=r^2$$

これを展開して，

$$\left\{(x-t)^2+\frac{4rt}{\sqrt{1+4t^2}}(x-t)+\frac{4r^2t^2}{1+4t^2}\right\}$$
$$+\left\{(x^2-t^2)^2-\frac{2r}{\sqrt{1+4t^2}}(x^2-t^2)+\frac{r^2}{1+4t^2}\right\}=r^2$$

$\therefore\ (x-t)^2+(x^2-t^2)^2+\dfrac{4rt}{\sqrt{1+4t^2}}(x-t)$

$-\dfrac{2r}{\sqrt{1+4t^2}}(x^2-t^2)+\left(\dfrac{4t^2}{1+4t^2}+\dfrac{1}{1+4t^2}\right)r^2=r^2$

$\therefore\ (x-t)^2+(x-t)^2(x+t)^2$
$\qquad\qquad+\dfrac{2r}{\sqrt{1+4t^2}}(x-t)\{2t-(x+t)\}=0$

$\therefore\ (x-t)^2+(x-t)^2(x+t)^2$
$\qquad\qquad+\dfrac{2r}{\sqrt{1+4t^2}}(x-t)\{-(x-t)\}=0$

$\therefore\ (x-t)^2\left\{(x+t)^2+1-\dfrac{2r}{\sqrt{1+4t^2}}\right\}=0$

これが $x=t$ 以外にただ一つ実数解を持つ条件を考える．以下では，$(x+t)^2+1-\dfrac{2r}{\sqrt{1+4t^2}}=0$ $\cdots\cdots$ ②

とする．題意を満たすのは，次の i)，ii)が考えられる．

i) ② が $x=t$ 以外の重解を持つとき：
② は $(x+t)^2=\dfrac{2r}{\sqrt{1+4t^2}}-1$ で，これが重解を持つとき

$$\frac{2r}{\sqrt{1+4t^2}}-1=0\quad\therefore\ r=\frac{\sqrt{1+4t^2}}{2}$$

このとき，② の解は $x=-t$（$t\neq0$ より $-t\neq t$）

ii) ② が $x=t$ と $x\neq t$ の解を持つとき：
② で $x=t$ として

$$(2t)^2+1-\frac{2r}{\sqrt{1+4t^2}}=0\quad\therefore\ r=\frac{(1+4t^2)^{\frac{3}{2}}}{2}$$

このとき ② は $(x+t)^2+1-(1+4t^2)=0$，すなわち $x^2+2tx-3t^2=0$ となり，$x\neq t$ である解は $x=-3t$

以上から，答えは，

$$\boldsymbol{r=\frac{\sqrt{1+4t^2}}{2},\ x=-t\ \text{または}\ r=\frac{(1+4t^2)^{\frac{3}{2}}}{2},\ x=-3t}$$

【解説】

A 方針について

本問では，初めに図形的な考察を行って「題意を満たすのは右図のように 2 点で接する場合のみだ」と決めつけてしまっている人が少なくありませんでしたが，残念ながらこれは誤りです．

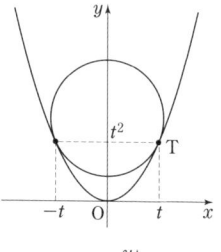

それは，上の場合以外にも T において右の図のような接し方をして他の 1 点で交わる，という場合があるからです．この接し方は **解** の ii)にあたるもので，2 つの曲線の方程式を連立すると $x=t$ を 3 重解に持ちます．このような場合

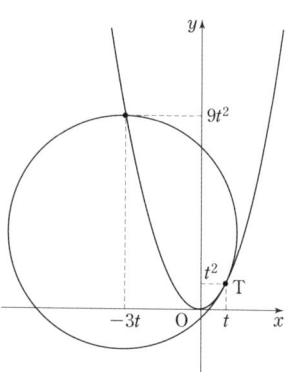

を考え忘れていた人は全体の 60% でした．

放物線と円が接する問題では，中心が放物線の軸上にあり 2 点で接する，というパターンが多いため，今回もその類だと予想してしまったのかもしれませんが，数学において根拠のない思い込みは致命的な論理の飛躍につながりかねないので十分注意しましょう．

B "接する" の定義について

2 曲線 C_1，C_2 が点 X において接するとは，C_1，C_2 がともに X を通り，X における接線の傾きが一致する，ということです．

ii) の場合だと T で C と円が接しているにも関わらず上下が入れ替わってしまっているため違和感を覚える人もいるかもしれませんが，右図のように C も円もともに直線 $y = 2tx - t^2$ に接しているので OK です．

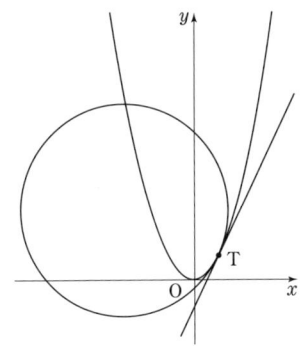

C 中心の捉え方について

上に書いたことから，円の中心 A は，T における C に垂直な直線（C の法線）上で，T からの距離が r の点です．法線の方程式を立ててもできますが，ある点からの向きと長さがわかっている点を捉えるには，解のようにベクトルを用いるのが便利です．

一般に，ベクトル $\begin{pmatrix} a \\ b \end{pmatrix}$ に垂直なベクトルの一つは $\begin{pmatrix} -b \\ a \end{pmatrix}$ （内積が 0 になる）

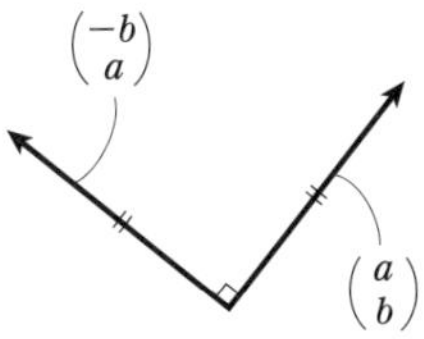

ベクトル $\vec{n}$ と同じ向きで長さ l のベクトルは $l \cdot \dfrac{\vec{n}}{|\vec{n}|}$

ベクトル $\vec{n}$ に平行で長さ l のベクトルは（$\vec{n}$ と逆向きのものも含めて）$\pm l \cdot \dfrac{\vec{n}}{|\vec{n}|}$

となります．

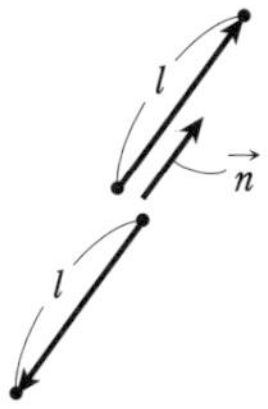

本問では，$\overrightarrow{TA}$ の y 成分が正で，① の y 成分も正なので，$\overrightarrow{TA}$ は ① と同じ向きで長さ r になります．

D 対称性の利用について

2 点で接する場合について，「y 軸に関する対称性よりもう 1 つの接点は $(-t, t^2)$ である」としてしまっている人がいましたが，これは自明ではありません．

確かに y 軸について対称であれば，$x = t$，$-t$ で曲線に接する円が存在すると言えますが，他に 2 点で接するものがないかどうかはわからないので，きちんと議論を行う必要があります．

今回は結果的に正しいことが示せるのですが，右図の例のように $x > 0$ の 2 点で接するような場合があるかもしれないので，「図より明らか」では不十分で，数式などを用いて厳密に議論を行うべきです．

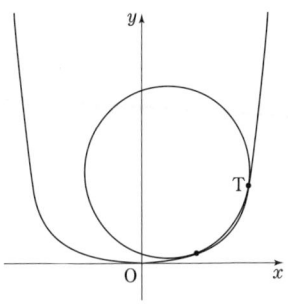

（一山）

問題6 k を実数とし，曲線 C_1, C_2, C_3 を次の式で表される放物線，あるいは円とする．ただし，ここでは「点」も半径が 0 の円と解釈することにする．

$C_1 : y = x^2 + kx$
$C_2 : x = y^2 + ky$
$C_3 : x^2 + y^2 + (k-1)x + (k-1)y = 0$

（1）C_1 と C_2 の共有点の個数を k の値で分類して答えよ．
（2）曲線 C_1, C_2, C_3 によって，xy 平面はいくつの領域に分割されるか．k の値で分類して答えよ．

（2007年10月号）

平均点：19.8
正答率：56%（1）67%（2）60%
時間：SS 5%, S 20%, M 37%, L 38%

（1）共有点の個数ときたら，まずは式を連立させましょう．k の値によっては，出てきた式が重解を持つことがあるので要注意です！

（2）C_1, C_2, C_3 の式をよく観察しましょう．C_1 と C_2 を辺ごと加えると…．

解 $C_1 : y = x^2 + kx$ ……①
$C_2 : x = y^2 + ky$ ……②
$C_3 : x^2 + y^2 + (k-1)x + (k-1)y = 0$ ……③

（1）①を②に代入して，$x = (x^2 + kx)^2 + k(x^2 + kx)$
$\therefore x^4 + 2kx^3 + (k^2 + k)x^2 + (k^2 - 1)x = 0$ ……④

［①と②は $y = x$ に関して対称だから，①と $y = x$ の交点は①と②の共有点に含まれることに注意して］

$\therefore x\{x - (1-k)\}\{x^2 + (k+1)x + k + 1\} = 0$ ……⑤

⑤の実数解は C_1 と C_2 の共有点の x 座標に一致し，また①より x が1つ決まると y も1つ決まるので，求める個数は⑤の相異なる実数解の個数に等しい．

$x^2 + (k+1)x + k + 1 = f(x)$ とおく．

（i）$0 = 1 - k$ つまり $k = 1$ のとき：⑤は $x^2(x^2 + 2x + 2) = 0$ だから，実数解は $x = 0$ の1個．

（ii）$f(0) = 0$ つまり $k = -1$ のとき：⑤は $x^3(x - 2) = 0$ だから，実数解は $x = 0, 2$ の2個．

（iii）$f(1-k) = 0$ つまり $k = 3$ のとき：⑤は $x(x+2)^3 = 0$ だから，実数解は $x = 0, -2$ の2個．

（iv）$k \neq 3, \pm 1$ のとき：$f(x) = 0$ の判別式は
$D = (k+1)^2 - 4(k+1) = (k+1)(k-3)$

・$D > 0$ つまり $k < -1$, $k > 3$ のとき，$f(x) = 0$ は相異2実解を持ち，それらは $0, 1-k$ と異なるから，⑤の実数解は4個．

・$D < 0$ つまり $-1 < k < 3$ のとき，$f(x) = 0$ は実数解を持たないから，⑤の実数解は2個．

以上から，**$k < -1$, $k > 3$ のとき4個，**
$-1 \leq k < 1$, $1 < k \leq 3$ のとき2個，$k = 1$ のとき1個

（2）①は $x^2 + kx - y = 0$ ……①′
②は $y^2 + ky - x = 0$ ……②′

①′+②′=③ より，C_1 と C_2 の共有点は C_3 上にある．
③−①′=②′ より，C_3 と C_1 の共有点は C_2 上にある．
③−②′=①′ より，C_3 と C_2 の共有点は C_1 上にある．

よって，C_3 は，C_1 と C_2 の共有点を通り，他には C_1, C_2 と共有点を持たない．

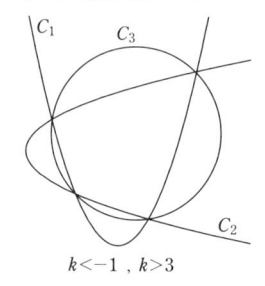

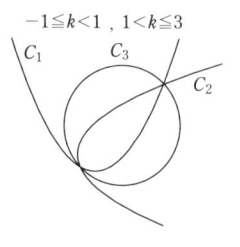

上図および右図より答えは，
$k < -1$, $k > 3$ のとき11個，
$-1 \leq k < 1$, $1 < k \leq 3$ のとき7個，
$k = 1$ のとき4個

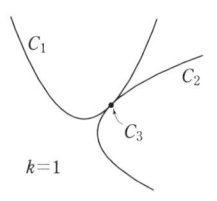

【解説】
A （1）は，大抵の人が**解**と同様に①と②を連立させて，C_1 と C_2 の共有点の x 座標についての式を求めていました．

中には，図形的に考えて，いきなり「…のようになっているとき4個，…のようになっているとき2個」と書いている答案も見られましたが，感覚に頼ってしまうため，避けるべきでしょう．k の符号で場合分けした人，C_1 の頂点と C_2 の頂点が重なるかどうかで場合分けした人などは，反省しましょう．

この手の問題を図形的に考えることは，思いもよらない位置関係があって見落としてしまう，などの欠点がありますが，ときには大幅に場合分けを少なくしてくれる，といった利点もあります．本問（2）も，視覚的に考えないと相当大変でしょう．論理が正しいかどうかに注意して，しっかり使い分けましょう．

B ④以降，$x^3+2kx^2+(k^2+k)x+k^2-1$ ………⑥
が $x+k-1$ を因数に持つことに気づかない人が少なくありませんでした．⑥の3次式をそのまま扱うのは面倒ですが，これに該当する人は全体の9%いました．

C_1 と C_2 は $y=x$ に関して対称なので，C_1 と対称軸 $y=x$ との共有点は，必ず，C_1 と C_2 の共有点に含まれます．なので，$x^2+kx=x \iff x(x+k-1)=0$ より，④の左辺が $x(x+k-1)$ を因数に持つのは当然なのですが…．同様に，一般の多項式 $g(x)$ に対して，$g(g(x))-x$ は $g(x)-x$ で割り切れます．

因数分解に気づかなかった場合，3次方程式
$$x^3+2kx^2+(k^2+k)x+k^2-1=0 \quad \cdots\cdots⑦$$
の実数解の個数を求めるには，定数 k を分離するのが定石です．k の2次式になって一見分離できなそうですが，素直に k について解くと，
$$k=-x+1,\quad k=\frac{-x^2-x-1}{x+1}\quad (x\ne -1)$$
と，きれいになります．あとは，$y=-x+1$，$y=\dfrac{-x^2-x-1}{x+1}$ と $y=k$ の共有点を考えれば，(1)は比較的楽に解くことができます（数Ⅲの範囲）．

また，**解**のように①を②に代入しなくても，**解**の $f(x)$ は導けます．

別解（1） ①-② より，$y-x=x^2-y^2+k(x-y)$
∴ $(x-y)(x+y+k+1)=0$
∴ $x-y=0$ or $x+y+k+1=0$
$x-y=0$ のとき，①は，$x=x^2+kx$
∴ $x(x+k-1)=0$
$x+y+k+1=0$ のとき，①は，$-x-k-1=x^2+kx$
∴ $x^2+(k+1)x+k+1=0$ （以下略）

      *   *

⑤以降の処理は，**解**に示したとおりです．
$x\{x-(1-k)\}=0$ の解と $f(x)=0$ の解に同じものがあるときに，ちょうど $D=0$ になっています．誤答としては，(iv)しか考えていないもの，(i)を忘れるものなどがありました．慎重に調べ上げましょう．

C （2）に移ります．
C_3 は，（1）の共有点以外で C_1，C_2 と交わらないように，（1）の共有点をすべて通ります．この事実に合う正しいグラフを書いている人はたくさんいましたが，理由をきちんと説明できている人は少なかったです．

たとえば，①を③に代入して整理すると④になりますが，これが示しているのは「C_1 と C_3 の共有点は，必ず，C_1 と C_2 の共有点になる」ということです．だから，―― だけでは，C_1 と C_2 の共有点のうち C_3 上にのっていないものがあるかもしれないし，C_3 上の点で C_2 とは交わるけれど C_1 とは交わらないものがあるかもしれないのです．

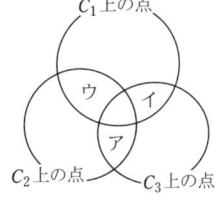

集合で考えるとわかりやすいでしょう．先程の―― 部の，（①かつ③）⇒ ④ が意味するのは，右図のイの要素は0個だということです．

示すべきことは，ア，イ，ウ共に要素がないということです．**解**では，
（①かつ②）⇒ ③，（①かつ③）⇒ ②，（②かつ③）⇒ ①
（ウは0個） （イは0個） （アは0個）
の3つのことを言っているわけです．なお，「①+②=③」の関係が成り立てば，上記の3つのことは必ず成立しますから，3つに分けて述べなくてもOKです．

なお，解で，「①'+②'=③ より，C_1 と C_2 の共有点は C_3 上にある」などとしていますが，これは，問題4でも紹介した

束の考え方： 2曲線 $F(x,y)=0$，$G(x,y)=0$ に対して，曲線 $s\cdot F(x,y)+t\cdot G(x,y)=0$ ………⑧
は，$F(x,y)=0$，$G(x,y)=0$ の共有点をすべて通る．
―― の応用例です（①'=$F(x,y)$，②'=$G(x,y)$，$s=t=1$ としたもの）．

D C_3 は $(0,0)$ と $(1-k, 1-k)$ を結ぶ線分を直径とする円ですが，実際"どこを通るのか"までは議論せずにグラフを描いています．

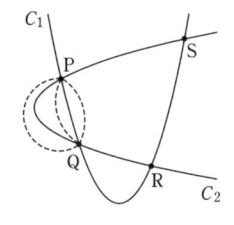

たとえば右図の場合，共有点 P と Q の間を通る C_3 の一部（円弧）は，破線で示した3通りの位置関係が考えられます．真ん中のルートだということは，ほぼ明らかですが，たとえ間違っていても，答えに影響はありません．

それは，どのルートを選んでも，$\overset{\frown}{PQ}$ によって領域が1つ増えることには変わりがないからであって，同様に，$\overset{\frown}{QR}$，$\overset{\frown}{RS}$，$\overset{\frown}{SP}$ によって領域は1つずつ増加します．C_1，C_2 だけで領域は7個に分かれていたため，C_3 を付け加えると $7+4=11$ の領域に分かれる，というわけです．

（上原）

問題7 $OA=OB=\sqrt{2}$, $AB=1$ である $\triangle OAB$ がある.辺 AB 上に $AP:PB=1:2$ となる点 P をとり,直線 OP に関する A の対称点を A', B の対称点を B' とする.
(1) $\overrightarrow{OA}=\vec{a}$, $\overrightarrow{OB}=\vec{b}$ とおく. $\overrightarrow{OA'}$, $\overrightarrow{OB'}$ を $\vec{a}$, $\vec{b}$ で表せ.
(2) s, t を正の数として,$s\overrightarrow{OX}=\overrightarrow{OA'}$, $t\overrightarrow{OY}=\overrightarrow{OB'}$ となる点 X, Y を,直線 XY 上に点 A があるようにとる.
 (i) s と t がみたす関係式を求めよ.
 (ii) $\triangle OXY$ の面積が最小になるときの s と t の値を求めよ.
(2014 年 8 月号)

平均点:21.6
正答率:62%
 (1) 83% (2)(i) 87% (ii) 68%
時間:SS 13%, S 39%, M 34%, L 15%

(1) 対称点は垂線を 2 倍に伸ばした点です.色々な求め方がありますが,垂線の足を捉えるには,**正射影ベクトル**の考え方が便利です.
(2)(i) $\overrightarrow{OA}$ を $\Box\overrightarrow{OX}+\Box\overrightarrow{OY}$ の形で表せば,係数の和は 1 です.
(ii) $\triangle OXY$ の面積は,(定数)$\times\dfrac{1}{st}$ の形になるので,st が最大になるのはいつかを考えましょう.

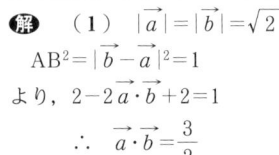

解 (1) $|\vec{a}|=|\vec{b}|=\sqrt{2}$ 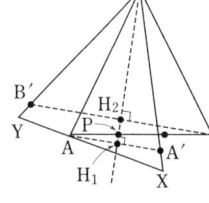
$AB^2=|\vec{b}-\vec{a}|^2=1$
より,$2-2\vec{a}\cdot\vec{b}+2=1$
∴ $\vec{a}\cdot\vec{b}=\dfrac{3}{2}$

AA', BB' と OP の交点をそれぞれ H_1, H_2 とおくと,
$\overrightarrow{OP}=\dfrac{1}{3}(2\vec{a}+\vec{b}) /\!/ (2\vec{a}+\vec{b})$
より,$\overrightarrow{OH_1}$ は $\overrightarrow{OA}$ の $2\vec{a}+\vec{b}$ 上への正射影ベクトルなので,$\overrightarrow{OH_1}=\dfrac{\vec{a}\cdot(2\vec{a}+\vec{b})}{|2\vec{a}+\vec{b}|^2}(2\vec{a}+\vec{b})$ ……①

$=\dfrac{4+\dfrac{3}{2}}{8+6+2}(2\vec{a}+\vec{b})=\dfrac{11}{32}(2\vec{a}+\vec{b})$

$\overrightarrow{OH_1}=\dfrac{1}{2}(\overrightarrow{OA}+\overrightarrow{OA'})$ より,$\overrightarrow{OA'}=2\overrightarrow{OH_1}-\overrightarrow{OA}$

なので,$\overrightarrow{OA'}=\dfrac{3}{8}\vec{a}+\dfrac{11}{16}\vec{b}$ ……②

同様にして,$\overrightarrow{OH_2}$ は $\overrightarrow{OB}$ の $2\vec{a}+\vec{b}$ 上への正射影ベクトルなので,$\overrightarrow{OH_2}=\dfrac{\vec{b}\cdot(2\vec{a}+\vec{b})}{|2\vec{a}+\vec{b}|^2}(2\vec{a}+\vec{b})$

$=\dfrac{3+2}{8+6+2}(2\vec{a}+\vec{b})=\dfrac{5}{16}(2\vec{a}+\vec{b})$

$\overrightarrow{OH_2}=\dfrac{1}{2}(\overrightarrow{OB}+\overrightarrow{OB'})$ より,$\overrightarrow{OB'}=2\overrightarrow{OH_2}-\overrightarrow{OB}$

なので,$\overrightarrow{OB'}=\dfrac{5}{4}\vec{a}-\dfrac{3}{8}\vec{b}$ ……③

(2)(i) ②$\times 6+$③$\times 11$ より,$6\overrightarrow{OA'}+11\overrightarrow{OB'}=16\vec{a}$

∴ $\vec{a}=\dfrac{3}{8}\overrightarrow{OA'}+\dfrac{11}{16}\overrightarrow{OB'}$ ∴ $\vec{a}=\dfrac{3}{8}s\overrightarrow{OX}+\dfrac{11}{16}t\overrightarrow{OY}$

A は直線 XY 上にあるので,
$\dfrac{3}{8}s+\dfrac{11}{16}t=1$ ∴ $6s+11t=16$ ……④

(ii) $\triangle OXY$
$=\dfrac{1}{2}OX\cdot OY\cdot\sin\angle XOY=\dfrac{1}{2}\cdot\dfrac{1}{st}\cdot OA'\cdot OB'\cdot\sin\angle A'OB'$
$\underline{\qquad\qquad}$ は正の定数なので,$\triangle OXY$ の面積が最小になるのは,st が最大になるときである.ここで,$s, t>0$ なので,④と(相加平均)$\geq$(相乗平均)より,

$16=6s+11t\geq 2\sqrt{6s\cdot 11t}$ ∴ $st\leq\dfrac{8^2}{6\cdot 11}$

等号は,$6s=11t=8$ すなわち,$s=\dfrac{4}{3}$, $t=\dfrac{8}{11}$

のとき成立し,このとき $\triangle OXY$ の面積は最小になる.

【解説】
[A] 本問はベクトルの問題としては標準的な方だったのではないでしょうか.落ち着いて 1 つずつやるべきことを流れに沿ってこなしていけば答えにたどりつけると思います.

さて,(1)について,**解**では正射影ベクトルの考え方を使って簡単に処理してしまいました.正射影ベクトルについて確認しておくと,右図において,$\vec{h}$ を,

$\vec{a}$ の $\vec{b}$ の上への正射影ベクトル と言い,

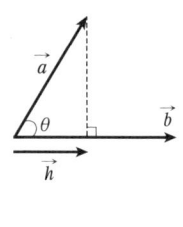

$\vec{h}=|\vec{a}|\cos\theta\cdot\dfrac{\vec{b}}{|\vec{b}|}$

$\vec{b}$ と同じ向きの単位ベクトル

$\vec{h}$ の大きさ(ただし $\theta>90°$ のときは $\vec{h}$ の大きさの -1 倍)

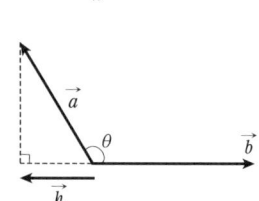

より，$\vec{h}=\dfrac{|\vec{a}||\vec{b}|\cos\theta}{|\vec{b}|^2}\vec{b}=\dfrac{\vec{a}\cdot\vec{b}}{|\vec{b}|^2}\vec{b}$ ……⑤

となります．⑤は公式として使っても問題ありませんが，無理に覚えようとしなくても，左下のような図を描けばすぐに復元できます．

もちろん，正射影ベクトルを知らなければ解けないというわけではありません．例えば，
$\overrightarrow{OH_1}/\!/\overrightarrow{OP}/\!/(2\vec{a}+\vec{b})$ から，$\overrightarrow{OH_1}=k(2\vec{a}+\vec{b})$
とおくと，$\overrightarrow{AH_1}\cdot(2\vec{a}+\vec{b})=0$ より
$$\{k(2\vec{a}+\vec{b})-\vec{a}\}\cdot(2\vec{a}+\vec{b})=0$$
$$\therefore\quad k=\dfrac{\vec{a}\cdot(2\vec{a}+\vec{b})}{|2\vec{a}+\vec{b}|^2}$$
としても，①はすぐにわかります．使える知識はフルに使うべきですが，記憶が危ういときは控えることも大切です．

Ⓑ （2）(i)については，実際の答案で多かったのは次のような方法でした．

[解答例] A が直線 XY 上にあるので，
$\vec{a}=m\overrightarrow{OX}+(1-m)\overrightarrow{OY}$ とおける．このとき，
$$\vec{a}=m\cdot\dfrac{1}{s}\overrightarrow{OA'}+(1-m)\cdot\dfrac{1}{t}\overrightarrow{OB'}$$
$$=m\cdot\dfrac{1}{s}\left(\dfrac{3}{8}\vec{a}+\dfrac{11}{16}\vec{b}\right)+(1-m)\cdot\dfrac{1}{t}\left(\dfrac{5}{4}\vec{a}-\dfrac{3}{8}\vec{b}\right)$$

よって，
$$\vec{a}=\left\{\dfrac{3m}{8s}+\dfrac{5(1-m)}{4t}\right\}\vec{a}+\left\{\dfrac{11m}{16s}-\dfrac{3(1-m)}{8t}\right\}\vec{b}$$
$$\therefore\quad \dfrac{3m}{8s}+\dfrac{5(1-m)}{4t}=1,\quad \dfrac{11m}{16s}-\dfrac{3(1-m)}{8t}=0$$

分母を払い，$3mt+10s(1-m)=8st$ ……⑥
$11mt-6(1-m)s=0$ ……⑦

⑦より，$(11t+6s)m=6s$ ∴ $m=\dfrac{6s}{11t+6s}$

⑥に代入して，$3t\cdot\dfrac{6s}{11t+6s}+10s\cdot\dfrac{11t}{11t+6s}=8st$

$2st$ で割り，分母を払うと，$9+55=4(11t+6s)$
$$\therefore\quad \mathbf{11t+6s=16}$$

* *

一方，⦿ では，一般に，
$\overrightarrow{OX}$ と $\overrightarrow{OY}$ が1次独立のとき，

点 P が直線 XY 上にある
$\iff \overrightarrow{OP}=u\overrightarrow{OX}+v\overrightarrow{OY},\ u+v=1$ と書ける
（**係数の和が1**）

を用いました（$\overrightarrow{OX}$ と $\overrightarrow{OY}$ が1次独立でないときは，$u+v=1$ とは限らないが，本問では，$s\overrightarrow{OX}=\overrightarrow{OA'}$, $t\overrightarrow{OY}=\overrightarrow{OB'}$ という定め方により，X は直線 OA′ 上，Y は直線 OB′ 上にあり，X, Y は O と異なるから，$\overrightarrow{OX}$ と $\overrightarrow{OY}$ は1次独立）．

（1）で得られた②と③から $\vec{b}$ を消去すると，$\vec{a}$ が $\overrightarrow{OA'}$ と $\overrightarrow{OB'}$ で表され，これから，$\vec{a}$ が $\overrightarrow{OX}$ と $\overrightarrow{OY}$ で表されるわけです．3点が一直線上にあるときは"係数の和が1"が使えないかどうかに注意を払いましょう．

Ⓒ （2）(ii)については，$\overrightarrow{OX}=\dfrac{1}{s}\overrightarrow{OA'}$, $\overrightarrow{OY}=\dfrac{1}{t}\overrightarrow{OB'}$ により，△OXY の面積が，△OA′B′ の面積（一定値）の $\dfrac{1}{st}$ 倍になることがポイントです．これから，△OXY の面積を求めなくても，st を最大にすることを考えればよいことがわかります．⦿ では相加・相乗平均の不等式を使って考えましたが，もちろん，④によって s か t を消去して2次関数に持ち込んでも OK です．

なお，X が直線 OA′ 上，Y が直線 OB′ 上にあるとき，普通は $\overrightarrow{OX}=s'\overrightarrow{OA'}$, $\overrightarrow{OY}=t'\overrightarrow{OB'}$ とおきますが，このとき，s' と t' の関係が，④の s を $\dfrac{1}{s'}$, t を $\dfrac{1}{t'}$ にした

$$\dfrac{6}{s'}+\dfrac{11}{t'}=16 \quad\cdots\cdots⑧$$

になり，△OXY$=s't'\times$△OA′B′ です．これから $\dfrac{1}{s't'}$ の最大を考えればよい，という方向に進めれば，⦿ と同様にすみますが，直接 $s't'$ の最小を考えようとしたり，⑧の分母を払った式を元にしたりすると手間が増えます．そこで，$s\overrightarrow{OX}=\overrightarrow{OA'}$, $t\overrightarrow{OY}=\overrightarrow{OB'}$ と設定したわけです．

（山崎）

> **問題 8** 原点 O を中心とする半径 1 の球面 S と,点 P$(2, 1, t)$ $(t>0)$ がある.点 P から S に接線を引くとき,接点の集合である円を C とし,C の中心を Q とする.また,円 C を含む平面を α とし,x 軸と平面 α の交点を R とする.
> (1) Q, R の座標を求めよ.
> (2) C 上の点で R に一番近い点を X とする.RX の長さが C の半径の $\dfrac{2}{3}$ 倍となることがあるか.あればそのときの t の値を求めよ.
>
> (2014 年 12 月号)

平均点:19.8
正答率:50% (1) 83% (2) 51%
時間:SS 16%, S 31%, M 36%, L 16%

空間図形は平面図形に比べてイメージしづらいので,適切な平面で切って考えましょう.(2)では,R が円 C の内部にあるか,外部にあるかが重要になります.ある程度は空間的なイメージを持っていた方が間違えにくいかもしれませんね.

解 (1) P から S に引いた接線と,S の接点の一つを A とする.図 2 より,△OAP∽△OQA なので OP:OA=OA:OQ

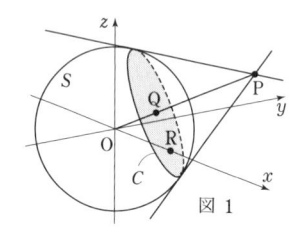

∴ $OQ = \dfrac{OA^2}{OP} = \dfrac{1}{OP}$

∴ $\overrightarrow{OQ} = \dfrac{OQ}{OP}\overrightarrow{OP}$

$= \dfrac{1}{OP^2}\overrightarrow{OP} = \dfrac{1}{t^2+5}\begin{pmatrix}2\\1\\t\end{pmatrix}$

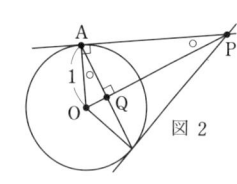

$\mathbf{Q}\left(\dfrac{2}{t^2+5},\ \dfrac{1}{t^2+5},\ \dfrac{t}{t^2+5}\right)$

$\overrightarrow{OP}$ は α の法線ベクトルの一つであり,Q は α 上にあるので,α の方程式は,

$2\left(x-\dfrac{2}{t^2+5}\right)+\left(y-\dfrac{1}{t^2+5}\right)+t\left(z-\dfrac{t}{t^2+5}\right)=0$

∴ $2x+y+tz=1$

$y=z=0$ を代入して,$x=\dfrac{1}{2}$ ∴ $\mathbf{R}\left(\dfrac{1}{2},\ 0,\ 0\right)$

(2) まず,$OR=\dfrac{1}{2}<1$ より,R は S の内部にある.従って,R は C の内部にあり,Q, R, X はこの順に一直線上に並ぶ.

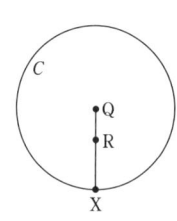

C の半径は

$QX = \sqrt{OX^2 - OQ^2}$

$= \sqrt{1 - OQ^2} = \sqrt{1 - \dfrac{1}{t^2+5}} = \sqrt{\dfrac{t^2+4}{t^2+5}}$

また,$QR^2 = |\overrightarrow{OQ}-\overrightarrow{OR}|^2 = |\overrightarrow{OQ}|^2 - 2\overrightarrow{OQ}\cdot\overrightarrow{OR}+|\overrightarrow{OR}|^2$

$= \dfrac{1}{t^2+5} - \dfrac{2}{t^2+5} + \dfrac{1}{4} = \dfrac{t^2+1}{4(t^2+5)}$

より,$QR = \dfrac{1}{2}\sqrt{\dfrac{t^2+1}{t^2+5}}$

RX:QX=2:3 より,QR:QX=1:3 なので,

$3QR = QX$ ∴ $\dfrac{3}{2}\sqrt{\dfrac{t^2+1}{t^2+5}} = \sqrt{\dfrac{t^2+4}{t^2+5}}$

∴ $9(t^2+1)=4(t^2+4)$ ∴ $5t^2=7$

$t>0$ より,$\boldsymbol{t=\dfrac{\sqrt{35}}{5}}$

【解説】

A 空間図形は平面図形に比べてイメージしづらいですね.なので,適切な平面で切って,平面上で考えるとやりやすいです.今回は,(1)は QP を含む平面,(2)は平面 α で切って図を描きました.すぐに空間のイメージができてしまう人も中にはいるようですが,そんな人ばかりではないと思うので,まずは平面に帰着させるのがよいでしょう.ただ,ある程度は空間的なイメージを持っていた方が解きやすいですね.

球面への接線というのはなかなかお目にかかりませんが,さっき言ったように平面へ帰着させると,円への接線になります.接線が出てくると,直角がよく出てくるので,そこに着目できると解きやすいでしょう.**解** では直角三角形の相似を使っています.

B (1)は,**解** では Q の座標を用いて α の方程式を求めましたが,ベクトルの内積を利用すると,P の座標から直接,直線 α の方程式を求めることができます:

α 上の点を T とおき,右図のように A と θ をとると,

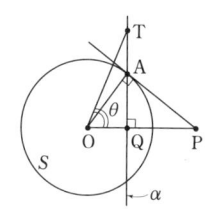

$\overrightarrow{OT}\cdot\overrightarrow{OP} = OT\cdot OP\cdot\cos\theta$
$= OP\cdot(OT\cdot\cos\theta)$
$= OP\cdot OQ$

△OAP∽△OQA より,

OP：OA＝OA：OQ ∴ OP・OQ＝OA²＝1

よって，$\vec{OT}\cdot\vec{OP}=1$ だから，T(x, y, z)とおくと，
$$2x+y+tz=1 \quad \cdots\cdots\text{①}$$
これがαの方程式です．

ところで，球面 $S: x^2+y^2+z^2=1$ 上の点 U(x_0, y_0, z_0)
($x_0^2+y_0^2+z_0^2=1$……②)
を通りSに接する平面（Uにおける接平面）は，OUに垂直なので，$x_0(x-x_0)+y_0(y-y_0)+z_0(z-z_0)=0$ 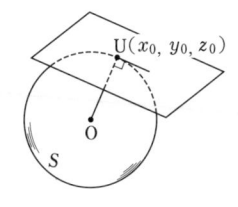
②を用いると，$x_0 x+y_0 y+z_0 z=1$ ……③
となります．①は，③で$x_0=2$, $y_0=1$, $z_0=t$としたものになっています．もちろん，PはSの外部にあるので，①は接平面ではありませんが…．

これの座標平面版は有名です．
円：$x^2+y^2=1$ の外側にある点(x_0, y_0)を通る円の2接線の接点をX_1，X_2とするき，直線$X_1 X_2$は
$$x_0 x+y_0 y=1 \quad \cdots\cdots\text{④}$$ 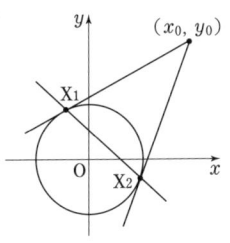
（接線の方程式と同じ形）
このとき，(x_0, y_0)を極，④を極線と呼びます．

④の導き方はいろいろありますが，次のようにすると，他の2次曲線（数Ⅲの範囲）にも応用できます：
$X_1(x_1, y_1)$, $X_2(x_2, y_2)$とおくと，X_1，X_2における接線は，$x_1 x+y_1 y=1$, $x_2 x+y_2 y=1$
これらが(x_0, y_0)を通るとき，
$$x_1 x_0+y_1 y_0=1, \quad x_2 x_0+y_2 y_0=1$$
これはX_1，X_2が $x_0 x+y_0 y=1$……④ 上にあることを意味するから，④が直線$X_1 X_2$の方程式である．
——同様に，本問でC上に3点$X_1(x_1, y_1, z_1)$，$X_2(x_2, y_2, z_2)$，$X_3(x_3, y_3, z_3)$をとり，X_1，X_2，X_3におけるSの接平面がPを通る，としても①が導けます．

C 冒頭にも述べましたが，(2)では，Rが円Cの内部にあるか外部にあるかが重要になります．Rは円Cの内部にあるわけですが，もしRが円Cの外部にあるとして解と同じように解くと，
RX：QX＝2：3より，
QR：QX＝5：3なので，
$$3QR=5QX$$
$$\therefore \frac{3}{2}\sqrt{\frac{t^2+1}{t^2+5}}=5\sqrt{\frac{t^2+4}{t^2+5}}$$

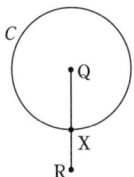

$$\therefore 9(t^2+1)=100(t^2+4) \quad \therefore 91t^2=-391$$
となって，tは存在しません．これと同じ流れにならなくても，どこかに矛盾を孕んだものになるでしょう．

Rが円Cの内側，外側の両方やって，外側が不適とするならよいですが，Rが円Cの外部だと決めつけて"tは存在しない"が答えになってしまった人は全体の18％でした．

図形のイメージをある程度持てている人は，なんとなくRが円Cの内側だと分かると思いますが，確かにそうなると断言できないときは，自分の書いた図（イメージ）にとらわれて場合分けを忘れたりしないように気をつけましょう．

(石城)

問題9 四面体 OABC があり，実数 p, q, r は $1<p<3$, $0<q<1$, $0<r<1$ を満たすものとする．$\overrightarrow{\text{OP}}=p\overrightarrow{\text{OA}}$, $\overrightarrow{\text{OQ}}=q\overrightarrow{\text{OB}}$, $\overrightarrow{\text{OR}}=r\overrightarrow{\text{OC}}$ で 3 点 P, Q, R を定めるとき，以下の問いに答えよ．

(1) 三角形 PQR のうち，四面体 OABC の面 ABC 上または外部にある部分の面積を S とする．面積比 $m=\dfrac{\triangle \text{PQR}}{S}$ の値を p, q, r を用いて表せ．

(2) p を固定し，三角形 PQR の重心が平面 ABC 上にあるように q, r を動かす．このとき，(1)で定めた m のとりうる値の範囲を求めよ．

(2008 年 6 月号)

平均点：16.9
正答率：19%（1）82%（2）20%
時間：SS 10%, S 36%, M 33%, L 21%

(1) 線分比を求めますが，ベクトルでもメネラウスの定理でも結構です．

(2) 重心が平面 ABC 上にあることから得られる $p+q+r=3$ を用いて q, r の一方を消去すると，変数はすぐに 1 個に減らせます．問題文に $0<q<1$ と書かれていますが，p を固定すると q はその全体を動けるとは限りません．

解 (1) PQ と AB の交点を X とし，PR と AC の交点を Y とすると，$S=\triangle\text{PXY}$ よって，
$$m=\frac{\triangle\text{PQR}}{\triangle\text{PXY}}=\frac{\text{PQ}\cdot\text{PR}}{\text{PX}\cdot\text{PY}} \quad\cdots\text{①}$$

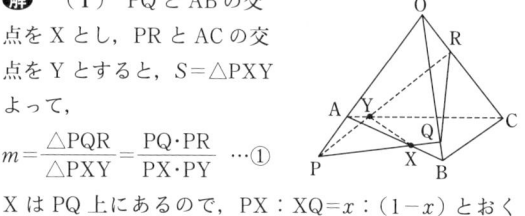

X は PQ 上にあるので，PX : XQ $= x : (1-x)$ とおくと，$\overrightarrow{\text{OX}}=(1-x)\overrightarrow{\text{OP}}+x\overrightarrow{\text{OQ}}=(1-x)p\overrightarrow{\text{OA}}+xq\overrightarrow{\text{OB}}$ ···②

X は AB 上にもあるので，②の $\overrightarrow{\text{OA}}$ と $\overrightarrow{\text{OB}}$ の係数の和は 1 である．よって，$(1-x)p+xq=1$ ∴ $x=\dfrac{p-1}{p-q}$

したがって，$\dfrac{\text{PQ}}{\text{PX}}=\dfrac{1}{x}=\dfrac{p-q}{p-1}$

同様にして，$\dfrac{\text{PR}}{\text{PY}}=\dfrac{p-r}{p-1}$ となり，これらを①に代入して，
$$m=\frac{(p-q)(p-r)}{(p-1)^2} \quad\cdots\text{③}$$

(2) $\triangle\text{PQR}$ の重心を G とすると，
$$\overrightarrow{\text{OG}}=\frac{1}{3}(\overrightarrow{\text{OP}}+\overrightarrow{\text{OQ}}+\overrightarrow{\text{OR}})=\frac{p}{3}\overrightarrow{\text{OA}}+\frac{q}{3}\overrightarrow{\text{OB}}+\frac{r}{3}\overrightarrow{\text{OC}}$$

G は平面 ABC 上にあるので，この $\overrightarrow{\text{OA}}$, $\overrightarrow{\text{OB}}$, $\overrightarrow{\text{OC}}$ の係数の和が 1 となり，$p+q+r=3$ ···④

④を用いて，③を q のみの関数に直す．
$$\begin{aligned}
\text{(③の分子)} &= p^2-(q+r)p+qr \\
&= p^2-(3-p)p+q(3-p-q) \\
&= -q^2+(3-p)q+2p^2-3p \\
&= -\left(q-\frac{3-p}{2}\right)^2+\frac{1}{4}(3-p)^2+2p^2-3p \\
&= -\left(q-\frac{3-p}{2}\right)^2+\frac{9}{4}(p-1)^2
\end{aligned}$$

なので，$m=③=-\dfrac{1}{(p-1)^2}\left(q-\dfrac{3-p}{2}\right)^2+\dfrac{9}{4}$

この右辺を $f(q)$ とおく．

④より，qr 平面上で点 (q, r) は直線 $q+r=3-p$ 上を動くので，下図より，q の範囲は
$$\begin{cases} 1<p\leq 2 \text{ のとき } 2-p<q<1 \\ 2<p<3 \text{ のとき } 0<q<3-p \end{cases}$$

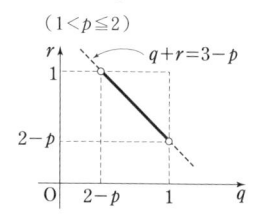

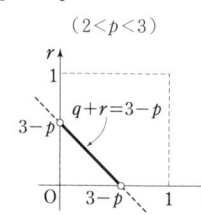

いずれの場合も放物線 $y=f(q)$ の軸 $q=\dfrac{3-p}{2}$ は区間の中央にある．したがって，

$1<p\leq 2$ のとき，$f(q)$ の範囲は
$$f(1)<f(q)\leq f\left(\frac{3-p}{2}\right) \quad\therefore\quad 2<m\leq\frac{9}{4}$$

$2<p<3$ のとき，$f(q)$ の範囲は
$$f(0)<f(q)\leq f\left(\frac{3-p}{2}\right) \quad\therefore\quad \frac{2p^2-3p}{(p-1)^2}<m\leq\frac{9}{4}$$

【解説】

A まずは，本問の準備にあたる (2) の前半（**解**の④を導くまで）について説明します．

○ (1) について：

$\triangle\text{PQR}$ と平面 ABC の交わり方がおかしい人も見受けられました．直線 PQ は平面 OAB 上にあるので，直線 PQ と平面 ABC の交点も平面 OAB 上，つまり直線 AB 上にあります．

線分比を求める部分で**解**ではベクトルを利用しまし

た．もちろんメネラウスの定理を用いてもかまいません．

別解 $\left(\dfrac{PQ}{PX}\text{ を求める部分}\right)$

△OPQ と直線 AB にメネラウスの定理を用いて，
$$\dfrac{OA}{AP}\cdot\dfrac{PX}{XQ}\cdot\dfrac{QB}{BO}=1$$
$$\therefore\ \dfrac{1}{p-1}\cdot\dfrac{PX}{XQ}\cdot\dfrac{1-q}{1}=1\quad\therefore\ \dfrac{XQ}{PX}=\dfrac{1-q}{p-1}$$
$$\therefore\ \dfrac{PQ}{PX}=\dfrac{(p-1)+(1-q)}{p-1}=\dfrac{p-q}{p-1}$$

＊　　　　　　　　＊

○（2）の前半部について：

多くの人が**解**と同じように④式を得ていました．平面 PQR を取り出して G が XY 上にあることを用いても④式は得られますが，やはり**解**のように処理したいところです．

B （2）の後半では，q, r が $p+q+r=3$ ……④
を満たしながら動くときの q, r の 2 変数関数③の値域を求めることになります．変数は 2 個あるとはいえ，片方を決めてしまえば④から他方も決まるため，片方を消去すれば 1 変数の 2 次関数の問題になります．以下，r を消去したとして解説します．

そのときに注意を要するのが**定義域**です．問題文に $0<q<1$ と書かれているためか，$0<q<1$ を定義域とする誤答が全体の 39% を占めました．

例を挙げてみましょう．$p=2.5$ と固定してみます（「p を固定する」とは，p に具体的な数値を代入して動かさないこと）．すると，q, r は $0<q<1, 0<r<1$, $q+r=0.5$ を満たしながら動きます．これでは q は $0<q<0.5$ の範囲しか動けませんよね．

q に課せられる条件として，「④から定まる r が $0<r<1$ を満たす」というものもあります．変数 r を消去するときに，**r についての条件も q に反映させる必要がある**ことに注意しましょう．

なお，**解**では図示して考えましたが，式で議論すると次のようになります：

別解 q は　　$0<q<1$ ………⑤
を満たす．一方，$r=3-p-q$ が $0<r<1$ を満たすので，
$$2-p<q<3-p\ \cdots\cdots⑥$$
q は，⑤と⑥をともに満たす範囲を動く．

- $1<p\leq 2$ のとき：$0\leq 2-p<1\leq 3-p$ なので，
  ⑤かつ⑥ $\Longleftrightarrow 2-p<q<1$

- $2<p<3$ のとき：$2-p<0<3-p<1$ なので，
  ⑤かつ⑥ $\Longleftrightarrow 0<q<3-p$

C **解**では 1 文字を消去しましたが，他のアプローチも可能です．2 つほど紹介します．どちらも，③の分子を，$p^2-(q+r)p+qr=p^2-(3-p)p+qr$
$$=qr+2p^2-3p$$
と変形し，（$2p^2-3p$ は定数なので）qr の範囲を考えます．

別解1 次図の太線部と曲線 $C: qr=k$ が共有点を持つ k の範囲を求める．

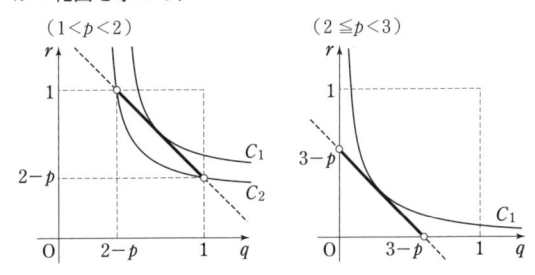

（$1<p<2$）　　　　　　（$2\leq p<3$）

（図）

いずれの場合も $q=\dfrac{3-p}{2}$ で接する場合（図の C_1）が最大．

一方，$1<p<2$ の場合は C が C_2 のときの k よりも大きく，$2\leq p<3$ のときは k は限りなく 0 に近づける．

（以下略）

＊　　　　　　　　＊

別解2 $qr=k$ とおくと，$q+r=3-p$ とから，q, r は 2 次方程式 $t^2-(3-p)t+k=0$ の 2 解．左辺を $g(t)$ とおき，$g(t)=0$ が $0<t<1$ に 2 解を持つ k の範囲を求める．

$1<p<3$ より，放物線 $y=g(t)$ の軸 $t=\dfrac{3-p}{2}$ は必ず $0<t<1$ に含まれる．

- $g(t)=0$ の判別式について，
$$(3-p)^2-4k\geq 0\quad\therefore\ k\leq\dfrac{(3-p)^2}{4}\ \cdots\cdots⑦$$
- $g(0)=k>0$ ……⑧
- $g(1)=-2+p+k>0$ より，$k>2-p$ ……⑨

⑦⑧⑨をすべて満たす k の範囲を求める．

$1<p\leq 2$ のとき，$0\leq 2-p$ より，$2-p<k\leq\dfrac{(3-p)^2}{4}$

$2<p<3$ のとき，$2-p<0$ より，$0<k\leq\dfrac{(3-p)^2}{4}$

（以下略）

＊　　　　　　　　＊

別解 2 では，定義域に注意しなくてよいため間違えにくいかもしれませんね．

（條）

問題 10 $0\leq a\leq 1$, $0\leq b\leq 1$, $0\leq c\leq 1$ のとき，点 $(a+b,\ b+c,\ c+a)$ の存在しうる領域の体積を求めよ．

（2012 年 9 月号）

平均点：18.0
正答率：60%
時間：SS 20%, S 32%, M 28%, L 20%

題意の点は a, b, c の 3 変数で表され，各変数が，x, y, z 座標のうちの 2 箇所に分散しています．そこで，a, b, c について"整理"すると，$a\vec{p}+b\vec{q}+c\vec{r}$（$\vec{p}$, $\vec{q}$, $\vec{r}$ は定ベクトル）の形になり，これは，$\vec{p}$, $\vec{q}$, $\vec{r}$ で張られる平行六面体です．

解 $P(a+b,\ b+c,\ c+a)$ とし，
$$\vec{u}=\begin{pmatrix}1\\0\\1\end{pmatrix},\ \vec{v}=\begin{pmatrix}1\\1\\0\end{pmatrix},\ \vec{w}=\begin{pmatrix}0\\1\\1\end{pmatrix}$$ とすると，
$$\overrightarrow{OP}=a\vec{u}+b\vec{v}+c\vec{w}$$
と表すことができ，c を固定して a, b を動かすと P は図のように $\vec{u}$ と $\vec{v}$ で張られた平行四辺形の周と内部を動く．さらに c も動かすと，点 P は $\vec{u}$, $\vec{v}$, $\vec{w}$ で張られた平行六面体の周および内部を動く．

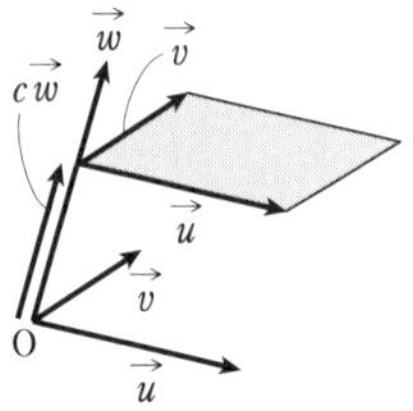

平行六面体の底面を図の $\square OABC$ と見ると，底面積は
$$\sqrt{|\vec{u}|^2|\vec{v}|^2-(\vec{u}\cdot\vec{v})^2}=\sqrt{2^2-1^2}=\sqrt{3}$$

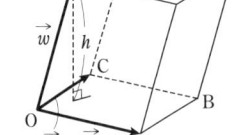

高さは，図の E から平面 OABC に下ろした垂線の長さ（h とおく）である．ここで，$\vec{u}$, $\vec{v}$ に垂直な単位ベクトルの 1 つを $\vec{n}=\begin{pmatrix}x\\y\\z\end{pmatrix}$ とすると，

$x^2+y^2+z^2=1$, $\vec{n}\cdot\vec{u}=x+z=0$, $\vec{n}\cdot\vec{v}=x+y=0$

より，$\vec{n}$ の 1 つは $\vec{n}=\dfrac{1}{\sqrt{3}}\begin{pmatrix}-1\\1\\1\end{pmatrix}$

よって，$\vec{n}$ と $\vec{w}$ のなす角を θ とすれば，$h=|\vec{w}||\cos\theta|$
$=|\vec{n}||\vec{w}||\cos\theta|$
$=|\vec{n}\cdot\vec{w}|=\dfrac{2}{\sqrt{3}}$

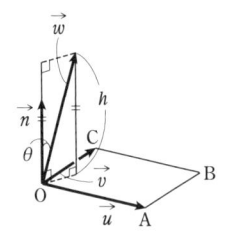

答えは，$\sqrt{3}\cdot\dfrac{2}{\sqrt{3}}=\mathbf{2}$

【解説】

A 解の方針について

本問では，P の x, y, z 座標にそれぞれ変数が散らばっていて，どのように動くのか一目ではわかりづらくなっています．

解 の前半はこの散らばっている変数をまとめることはできないか？という発想を基にしています．本問に限らず，変数ごとにベクトルを用いてまとめてみると動きが明快になることがあるので，知らなかったという人は是非とも記憶しておいてください．

また基本的に，1 次よりも 2 次，2 次よりも 3 次の方が処理が難しくなる傾向があり，今回も 3 次の動きなので，このままではまだ動きが分かりづらいという人もいることでしょう．このようなときは，文字を 1 つ固定して，次元を下げましょう．すると，たちまち平面の問題になり，処理がしやすくなります．

解 の後半では，底面積×高さで体積を求めています．これは，「2 つの立体を，ある平面に平行な平面で切ったときの切り口の面積がいつも等しければ，2 つの立体の体積は等しい」というカヴァリエリの原理に依っています．

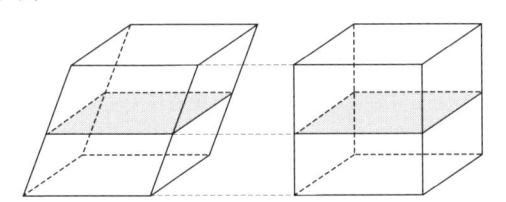

つまり，本問の平行六面体では，底面の平行四辺形が「斜め」に積み上がっていますが，これを垂直に積み上げてできた四角柱と体積は等しいということです．

高さを求める部分ではベクトルの内積を用いています．E から平面 OABC に下ろした垂線の足を H として $\overrightarrow{OH}=s\vec{u}+t\vec{v}$ とおき，$\overrightarrow{EH}\cdot\vec{u}=0$, $\overrightarrow{EH}\cdot\vec{v}=0$ から s, t を求める，という方針でもできますが，内積と垂線は相性が良いので，**解** の方法も身につけておきましょう．

なお，**解** 方式は 27% でした．

B 積分で解く（数Ⅲの範囲）

実際の答案では，**解** 方式よりも以下の積分で解く方法が多数派でした．（全体の 44%）

[解答例] $a+b=x$, $b+c=y$, $c+a=z$ とすると，
$a=\dfrac{x-y+z}{2}$, $b=\dfrac{x+y-z}{2}$, $c=\dfrac{-x+y+z}{2}$ となり，
$0\leq a\leq 1$, $0\leq b\leq 1$, $0\leq c\leq 1$ に代入して整理すれば，

$$0 \leq x-y+z \leq 2 \quad \cdots\cdots\cdots\cdots① $$
$$0 \leq x+y-z \leq 2 \quad \cdots\cdots\cdots\cdots② $$
$$0 \leq -x+y+z \leq 2 \quad \cdots\cdots\cdots\cdots③ $$

ここで，P が動き得る領域の立体を平面 $z=t$ ($c+a=z$ より $0 \leq t \leq 2$) で切ったときの断面積 $S(t)$ を考える．①②③に $z=t$ を代入して整理すると，

$$① \iff -t \leq x-y \leq 2-t \quad \cdots\cdots④$$
$$② \iff t \leq x+y \leq 2+t \quad \cdots\cdots⑤$$
$$③ \iff t-2 \leq x-y \leq t \quad \cdots\cdots⑥$$

（ⅰ） $t-2 \leq -t$, $t \leq 2-t$ すなわち $0 \leq t \leq 1$ のとき：
④かつ⑥は $-t \leq x-y \leq t$ であり，これと⑤より，断面は右図網目部．よって，
$$S(t) = \sqrt{2} \cdot \sqrt{2}\, t = 2t$$

（ⅱ） $-t \leq t-2$, $2-t \leq t$ すなわち $1 \leq t \leq 2$ のとき：
④かつ⑥は $t-2 \leq x-y \leq 2-t$ であり，これと⑤より，断面は右図網目部．よって，$S(t)$
$$= \sqrt{2}\cdot\sqrt{2}(2-t) = 2(2-t)$$

以上より，求める体積は
$$\int_0^2 S(t)\,dt = \int_0^1 2t\,dt + \int_1^2 2(2-t)\,dt = \mathbf{2}$$

*　　　　　*

本問では，解のようにすれば立体の形がすぐわかり，求積も容易ですが，積分で求めることの merit は，立体の概形を知らずとも解けるという点にあります．ただし，どんな平面で切った方が楽なのかということを必ず吟味するようにしましょう．

なお，①②③から，本問の領域は，

平行な 2 平面 $x-y+z=0$，$x-y+z=2$
平行な 2 平面 $x+y-z=0$，$x+y-z=2$
平行な 2 平面 $-x+y+z=0$，$-x+y+z=2$

で挟まれた平行六面体であることがわかります．

C　外積

解の 2 つのベクトルに垂直なベクトルを求める部分ですが，外積を用いると楽に求めることができます．

$\vec{a} = \begin{pmatrix} a_1 \\ a_2 \\ a_3 \end{pmatrix}$, $\vec{b} = \begin{pmatrix} b_1 \\ b_2 \\ b_3 \end{pmatrix}$ の外積を $\vec{a} \times \vec{b}$ で表し，

$$\vec{a} \times \vec{b} = \begin{pmatrix} a_2 b_3 - a_3 b_2 \\ a_3 b_1 - a_1 b_3 \\ a_1 b_2 - a_2 b_1 \end{pmatrix} \quad \cdots\cdots⑦$$

$\vec{a} \times \vec{b}$ は $\vec{a}$ と $\vec{b}$ に垂直で，$\vec{a} \times \vec{b}$ の大きさは $\vec{a}$ と $\vec{b}$ で張られる平行四辺形の面積（$\vec{a} \parallel \vec{b}$ のときは 0）に等しくなります．$(\vec{a} \times \vec{b}) \cdot \vec{a} = 0$, $(\vec{a} \times \vec{b}) \cdot \vec{b} = 0$ や $|\vec{a}|^2 |\vec{b}|^2 - (\vec{a} \cdot \vec{b})^2 = |\vec{a} \times \vec{b}|^2$ が成り立つことを，成分計算して確かめてみましょう．

なお，$\vec{a} \times \vec{b}$ の向きは，$\vec{a}$ から $\vec{b}$ の方向にネジを回すときに，ネジが進む方向です．

外積は成分の「クロス掛け算」なのですが，±を逆にするなどのミスをしないように，右図を頭に入れておくとともに，確かに $\vec{a}$, $\vec{b}$ と垂直になっているかどうかの確認を怠らないようにしましょう．
本問の $\vec{u}$, $\vec{v}$ に対しては，

$$\vec{u} \times \vec{v} = \begin{pmatrix} -1 \\ 1 \\ 1 \end{pmatrix}$$

となり，確かに $\vec{n}$ の定数倍になっています．

実は，$\vec{u} \times \vec{v}$ と $\vec{w}$ との内積をとると $(\vec{u} \times \vec{v}) \cdot \vec{w} = 2$ となり，平行六面体の体積を求めることができます．なぜかは考えてみてください．

なお，内積では $\vec{b} \cdot \vec{a} = \vec{a} \cdot \vec{b}$ ですが，外積だと $\vec{b} \times \vec{a} = -\vec{a} \times \vec{b}$ というように符号が逆になるので，答案に書くときは無雑作に逆に掛けないように気をつけましょう．

（伊藤）

問題11 座標空間内に $O(0, 0, 0)$, $A(-t, 2t, -2t+3)$, $B(2t+3, -4t+3, 4t)$ がある．実数 t が，$0 \leq t \leq 1$ を満たしながら動くとき，次の問いに答えよ．
（1） 線分 AB が通過する領域の面積を求めよ．
（2） △OAB の周および内部が通過する領域の体積を求めよ．

（2005 年 7 月号）

平均点：17.8
正答率：48%（1）63%（2）53%
時間：SS 12%, S 38%, M 28%, L 22%

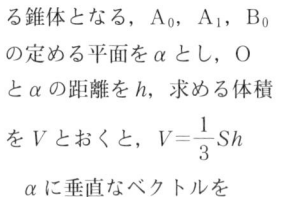

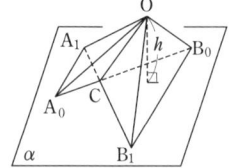

図形の把握がポイントになります．
（1） A の軌跡 l_A と B の軌跡 l_B は線分になりますが，それだけでは，題意の領域はよく分かりません．t の係数をよく見ると，l_A と l_B は平行です．さらに，t が変化すると A，B が l_A，l_B 上をどのように動くかにも注意すると，AB が定点を通ることが分かります．
（2） （1）の図形を底面とした錐体になります．

解 （1） $\overrightarrow{OA} = \begin{pmatrix} 0 \\ 0 \\ 3 \end{pmatrix} + t\begin{pmatrix} -1 \\ 2 \\ -2 \end{pmatrix}$, $\overrightarrow{OB} = \begin{pmatrix} 3 \\ 3 \\ 0 \end{pmatrix} - 2t\begin{pmatrix} -1 \\ 2 \\ -2 \end{pmatrix}$ ……①

だから，$\vec{l} = \begin{pmatrix} -1 \\ 2 \\ -2 \end{pmatrix}$ とおくと A，B は $\vec{l}$ に平行な直線上を動き，

B は A と逆向きに 2 倍の速さで進む．……②

よって，$A_t = (-t, 2t, -2t+3)$
$B_t = (2t+3, -4t+3, 4t)$

とし，線分 $A_0 B_0$ と線分 $A_t B_t$ の交点を C_t とおくと，

$A_0 C_t : B_0 C_t$
$= A_0 A_t : B_0 B_t = 1 : 2$

だから C_t は定点で，題意の領域は右図の網目部．また △$CA_0 A_1$ ∽ △$CB_0 B_1$ で相似比は 1 : 2 だから，

△$CB_0 B_1 = 2^2 \cdot$ △$CA_0 A_1$

よって，求める面積を S とおくと，$S = 5$△$CA_0 A_1$

また，△$CA_0 A_1$: △$A_0 B_0 A_1 = A_0 C : A_0 B_0 = 1 : 3$
より △$CA_0 A_1 = \frac{1}{3}$△$A_0 B_0 A_1$ ∴ $S = \frac{5}{3}$△$A_0 B_0 A_1$

ここで，$A_0(0, 0, 3)$，$B_0(3, 3, 0)$ より
$\overrightarrow{A_0 B_0} = \begin{pmatrix} 3 \\ 3 \\ -3 \end{pmatrix} = 3\begin{pmatrix} 1 \\ 1 \\ -1 \end{pmatrix}$ で，$\overrightarrow{A_0 A_1} = \vec{l} = \begin{pmatrix} -1 \\ 2 \\ -2 \end{pmatrix}$ だから

$S = \frac{5}{3} \cdot \frac{1}{2} \sqrt{|\overrightarrow{A_0 B_0}|^2 |\overrightarrow{A_0 A_1}|^2 - (\overrightarrow{A_0 B_0} \cdot \overrightarrow{A_0 A_1})^2}$

$= \frac{5}{3} \cdot \frac{1}{2} \sqrt{3^2 \cdot 3 \times 9 - (3 \cdot 3)^2} = \frac{5}{3} \cdot \frac{1}{2} \cdot 3^2 \cdot \sqrt{2} = \mathbf{\frac{15}{2} \sqrt{2}}$

（2） 題意の領域は，（1）の領域を底面，O を頂点とする錐体となる，A_0，A_1，B_0 の定める平面を α とし，O と α の距離を h，求める体積を V とおくと，$V = \frac{1}{3} Sh$

α に垂直なベクトルを

$\vec{u} = \begin{pmatrix} p \\ q \\ r \end{pmatrix}$ とおくと，$\vec{u} \cdot \overrightarrow{A_0 B_0} = 0$，$\vec{u} \cdot \vec{l} = 0$ より

$p + q - r = 0$, $-p + 2q - 2r = 0$ ∴ $q = r, p = 0$

よって $\vec{u}$ として単位ベクトル $\vec{u} = \frac{1}{\sqrt{2}} \begin{pmatrix} 0 \\ 1 \\ 1 \end{pmatrix}$ をとり，

$\vec{u}$ と $\overrightarrow{OA_0}$ のなす角を θ とおくと，

$h = OA_0 |\cos\theta|$
$= |\vec{u}||\overrightarrow{OA_0}||\cos\theta|$
$= |\vec{u} \cdot \overrightarrow{OA_0}| = \frac{3}{\sqrt{2}}$

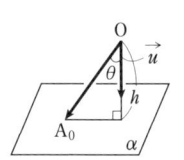

∴ $V = \frac{1}{3} \cdot \frac{15}{2} \sqrt{2} \cdot \frac{3}{\sqrt{2}} = \mathbf{\frac{15}{2}}$

【解説】

A まず，題意の領域が，さほど複雑にはならないのでは？と期待して解きましょう．もし（1）が複雑な曲面になったりしたら，とても手に負えません．一般の曲面の面積を求めるのは高校の範囲外だし，（2）もお手上げです．

そこで，A，B の座標をベクトルの形で表して，変数 t を一箇所にまとめると，A の軌跡 l_A と B の軌跡 l_B が線分になることが分かります．さらに，l_A と l_B が特殊な関係にあると有難いのですが，

$\overrightarrow{OB} = \begin{pmatrix} 3 \\ 3 \\ 0 \end{pmatrix} + t\begin{pmatrix} 2 \\ -4 \\ 4 \end{pmatrix}$ において，$\begin{pmatrix} 2 \\ -4 \\ 4 \end{pmatrix} // \begin{pmatrix} -1 \\ 2 \\ -2 \end{pmatrix}$ に気付くと，$l_A // l_B$ が分かり，（1）は，l_A，l_B の定める平面上の問題に帰着されます．2 つのベクトルが平行あるいは垂直でないかどうかには，常に注意を払いましょう．$\begin{pmatrix} 2 \\ -4 \\ 4 \end{pmatrix} = 2\begin{pmatrix} 1 \\ -2 \\ 2 \end{pmatrix}$ のように，各成分の最大公約数をくくり出しておくと気付きやすくなります．

もっとも，$l_A \parallel l_B$ だけでは，まだよく分かりません．ポイントは，①の形から②を見抜くことです．実際には，AとBが逆向きに進むことを無視して右の図1のように誤る人や，無造作に端点をつなげただけの人も目立ちました．また，単に逆向きに進むだけでは，図2のようになる可能性を否定できません．

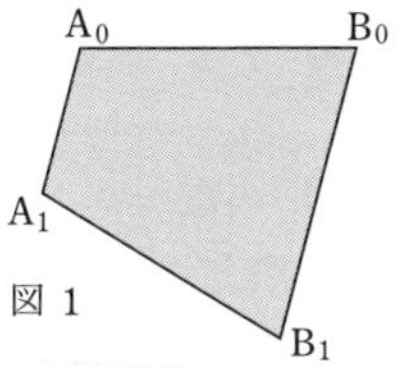

BがAの2倍の速さで進むことまで考えると，㊙のようにABが定点を通ることが分かり，解決します．図形を正しく捉えられていた人は68%でした．

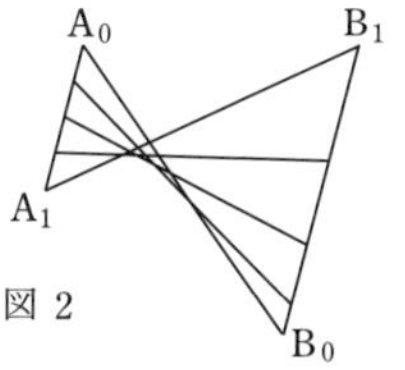

また，答案に図を描いてない人が意外に多かったのですが，本問のように結局は簡単な図形になるときは，図も描いておいた方がいいでしょう．

B （1）は，㊙では $\triangle A_0B_0A_1$ との面積比を考えましたが，もちろん，㊙の図のCの座標を出して $\triangle CA_0A_1$ の面積を求めても結構です．Cは $A_0(0, 0, 3)$ と $B_0(3, 3, 0)$ を1:2に内分するので，

$$\overrightarrow{OC} = \frac{2}{3}\begin{pmatrix}0\\0\\3\end{pmatrix} + \frac{1}{3}\begin{pmatrix}3\\3\\0\end{pmatrix} = \begin{pmatrix}1\\1\\2\end{pmatrix}$$

$\overrightarrow{A_0C} = \begin{pmatrix}1\\1\\2\end{pmatrix} - \begin{pmatrix}0\\0\\3\end{pmatrix} = \begin{pmatrix}1\\1\\-1\end{pmatrix}$, $\overrightarrow{A_0A_1} = \vec{l} = \begin{pmatrix}-1\\2\\-2\end{pmatrix}$ より，

$$\triangle CA_0A_1 = \frac{1}{2}\sqrt{|\overrightarrow{A_0C}|^2|\overrightarrow{A_0A_1}|^2 - (\overrightarrow{A_0C}\cdot\overrightarrow{A_0A_1})^2}$$
$$= \frac{1}{2}\sqrt{3\cdot 9 - 3^2} = \frac{3}{2}\sqrt{2}$$

となります．

実際に多かったのは，l_B を含む直線と A_0 の距離をもとにして，底辺×高さ÷2で三角形の面積を求めるものでしたが，ベクトルによる面積公式も使いこなせるようにしておきましょう．

C （2）は，㊙では点Oと平面αの距離 h を，ベクトルの内積で捉えましたが，座標空間における点と平面の距離の公式を用いても結構です．

[**点と平面の距離の公式**]

点 $X(x_0, y_0, z_0)$ と平面 $\beta : ax + by + cz + d = 0$ の距離は，

$$\frac{|ax_0 + by_0 + cz_0 + d|}{\sqrt{a^2 + b^2 + c^2}} \quad \cdots\cdots ③$$

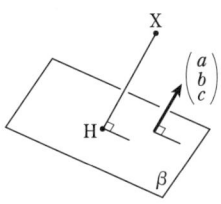

[**証明**] Xからβに下ろした垂線の足をHとおくと，$\beta \perp \begin{pmatrix}a\\b\\c\end{pmatrix}$ より $\overrightarrow{XH} \parallel \begin{pmatrix}a\\b\\c\end{pmatrix}$ なので，$\overrightarrow{XH} = s\begin{pmatrix}a\\b\\c\end{pmatrix}$ とおける．

このとき，$\overrightarrow{OH} = \overrightarrow{OX} + \overrightarrow{XH} = \begin{pmatrix}x_0\\y_0\\z_0\end{pmatrix} + s\begin{pmatrix}a\\b\\c\end{pmatrix}$

Hはβ上にあるから，βの式に代入して，
$$a(x_0 + sa) + b(y_0 + sb) + c(z_0 + sc) + d = 0$$
$$\therefore \quad s = -\frac{ax_0 + by_0 + cz_0 + d}{a^2 + b^2 + c^2}$$
$$\therefore \quad |\overrightarrow{XH}| = \left|s\begin{pmatrix}a\\b\\c\end{pmatrix}\right| = \frac{|ax_0 + by_0 + cz_0 + d|}{\sqrt{a^2 + b^2 + c^2}}$$

＊　　　　　＊

③は，座標平面における点と直線の距離の公式と同じ形なので，覚えやすいでしょう．もちろん，丸暗記するだけではなく，上記のようにしていつでも導けるようにしておくことが大切です．

本問のαの法線ベクトルの一つは㊙の $\vec{u}$ と平行な $\begin{pmatrix}0\\1\\1\end{pmatrix}$ であり，α は $A_0(0, 0, 3)$ を通るので，αの方程式は $0\cdot x + 1\cdot y + 1\cdot(z - 3) = 0$ ∴ $y + z - 3 = 0$ …④

$O(0, 0, 0)$ と④の距離は $\dfrac{|0 + 0 - 3|}{\sqrt{0^2 + 1^2 + 1^2}} = \dfrac{3}{\sqrt{2}}$

もっとも，④は x の係数が0なので，yz 平面上の直線④を通り yz 平面に垂直な平面ですから，yz 平面に垂直な方向から見ると右図のようになり，$h = \dfrac{3}{\sqrt{2}}$ は明らかです．

（藤田）

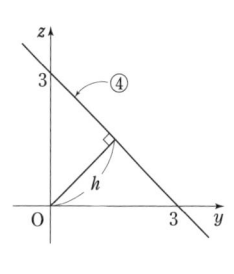

問題12 一辺の長さが1の正六角形 ABCDEF がある．いま，点D が辺 AB の中点に重なるように折り返した．

（1） BC，EF の各辺と折り目との交点をそれぞれ P，Q とおくとき，2線分 BP，FQ の長さをそれぞれ求めよ．

（2） 折り返したときに点 E がうつる点 E′ は，五角形 ABPQF の内部（境界も含む）もしくは外部のどちらにあるか答えよ．

（2007年12月号）

平均点：21.8
正答率：67%（1）81%（2）71%
時間：SS 18%，S 38%，M 26%，L 17%

図形的にもベクトルを使っても解くことが出来ますが，座標設定するのが手早いでしょう．

解 （1） Bが原点，C(1, 0)，F(0, $\sqrt{3}$) となるように座標設定する．AB の中点を D′，折り目の直線を l とおくと，l は DD′ の垂直二等分線である．ここで，

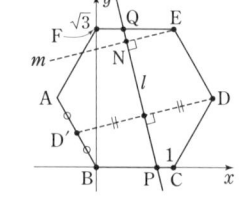

$A\left(-\dfrac{1}{2}, \dfrac{\sqrt{3}}{2}\right)$ より，

$D'\left(-\dfrac{1}{4}, \dfrac{\sqrt{3}}{4}\right)$

$D\left(\dfrac{3}{2}, \dfrac{\sqrt{3}}{2}\right)$ より DD′ の傾きは $\dfrac{\dfrac{\sqrt{3}}{2} - \dfrac{\sqrt{3}}{4}}{\dfrac{3}{2} - \left(-\dfrac{1}{4}\right)} = \dfrac{\sqrt{3}}{7}$

l は DD′ に垂直で DD′ の中点 $\left(\dfrac{5}{8}, \dfrac{3}{8}\sqrt{3}\right)$ を通るから，

$y = -\dfrac{7}{\sqrt{3}}\left(x - \dfrac{5}{8}\right) + \dfrac{3}{8}\sqrt{3}$

$\therefore\ y = -\dfrac{7}{\sqrt{3}}x + \dfrac{11}{6}\sqrt{3}$ ……………①

①=0 として，$x = \dfrac{11}{14}$ $\therefore\ \mathbf{BP} = \dfrac{\mathbf{11}}{\mathbf{14}}$

①=$\sqrt{3}$ として，$x = \dfrac{5}{14}$ $\therefore\ \mathbf{FQ} = \dfrac{\mathbf{5}}{\mathbf{14}}$

（2） E を通り l に垂直な直線を m とし，l と m の交点を N とおく．m は DD′ に平行で E(1, $\sqrt{3}$) を通るから，$y = \dfrac{\sqrt{3}}{7}(x-1) + \sqrt{3}$

$\therefore\ y = \dfrac{\sqrt{3}}{7}x + \dfrac{6}{7}\sqrt{3}$ ……………②

①=② より，$-\dfrac{7}{\sqrt{3}}x + \dfrac{11}{6}\sqrt{3} = \dfrac{\sqrt{3}}{7}x + \dfrac{6}{7}\sqrt{3}$

$\therefore\ x = \dfrac{41}{104}$ $\therefore\ N\left(\dfrac{41}{104}, \dfrac{95}{104}\sqrt{3}\right)$

N は EE′ の中点だから，E′(a, b) とおくと，

$\dfrac{1+a}{2} = \dfrac{41}{104}$，$\dfrac{\sqrt{3}+b}{2} = \dfrac{95}{104}\sqrt{3}$

$\therefore\ E'\left(-\dfrac{11}{52}, \dfrac{43}{52}\sqrt{3}\right)$

一方，直線 AF は $y = \sqrt{3}x + \sqrt{3}$ ……………③

③で $x = -\dfrac{11}{52}$ のとき $y = \dfrac{41}{52}\sqrt{3}$

$\dfrac{43}{52}\sqrt{3} > \dfrac{41}{52}\sqrt{3}$ より E′ は直線 AF の上側にあるから，答えは**外部**．

【解説】

A **解** を見ればわかる通り，本問は座標を設定しさえすれば，あとは機械的計算で済んでしまいます．座標計算を食わず嫌いしている人は大変もったいないので，これを機に習得するようにしましょう．

座標を中心とした解法をとっていた人は，全体の65%でした．

B ベクトルを用いると，以下のように解くことが出来ます．

[解答例]（1） $\vec{DC} = \vec{c}$，$\vec{DE} = \vec{e}$ とおくと，

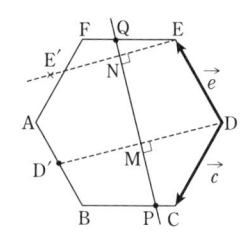

$|\vec{c}| = |\vec{e}| = 1$

$\vec{c} \cdot \vec{e} = 1 \cdot 1 \cdot \cos 120° = -\dfrac{1}{2}$

AB の中点を D′，DD′ の中点を M とおくと，

$\vec{DD'} = \vec{DC} + \vec{CB} + \vec{BD'} = \vec{c} + (\vec{c}+\vec{e}) + \dfrac{1}{2}\vec{e} = 2\vec{c} + \dfrac{3}{2}\vec{e}$

$\vec{DM} = \dfrac{1}{2}\vec{DD'} = \vec{c} + \dfrac{3}{4}\vec{e}$

一方，$\vec{DP} = \vec{DC} + s\vec{CB} = \vec{c} + s(\vec{c}+\vec{e})$

$\vec{DQ} = \vec{DE} + t\vec{EF} = \vec{e} + t(\vec{c}+\vec{e})$

と表せる．$\vec{DM} \cdot \vec{MP} = 0$ より，$\vec{DM} \cdot (\vec{DP} - \vec{DM}) = 0$

$\therefore\ \left(\vec{c} + \dfrac{3}{4}\vec{e}\right) \cdot \left\{s(\vec{c}+\vec{e}) - \dfrac{3}{4}\vec{e}\right\} = 0$

$\therefore\ s = \dfrac{\left(\vec{c} + \dfrac{3}{4}\vec{e}\right) \cdot \dfrac{3}{4}\vec{e}}{\left(\vec{c} + \dfrac{3}{4}\vec{e}\right) \cdot (\vec{c}+\vec{e})} = \dfrac{-\dfrac{3}{8} + \dfrac{9}{16}}{1 + \dfrac{3}{4} - \dfrac{7}{8}} = \dfrac{3}{14}$

よって，$BP = 1 - CP = 1 - s = \dfrac{\mathbf{11}}{\mathbf{14}}$

同様に，$\vec{DM}\cdot\vec{MQ}=0$ より，$\vec{DM}\cdot(\vec{DQ}-\vec{DM})=0$

∴ $\left(\vec{c}+\dfrac{3}{4}\vec{e}\right)\cdot\left\{t(\vec{c}+\vec{e})-\vec{c}+\dfrac{1}{4}\vec{e}\right\}=0$ ……④

∴ $t=\dfrac{\left(\vec{c}+\dfrac{3}{4}\vec{e}\right)\cdot\left(\vec{c}-\dfrac{1}{4}\vec{e}\right)}{\left(\vec{c}+\dfrac{3}{4}\vec{e}\right)\cdot(\vec{c}+\vec{e})}=\dfrac{1-\dfrac{3}{16}-\dfrac{1}{4}}{\dfrac{7}{8}}=\dfrac{9}{14}$

よって，$\mathbf{FQ}=1-\mathrm{EQ}=1-t=\dfrac{5}{14}$

（2）E から PQ に下ろした垂線の足を N とおくと，
$\vec{DN}=\vec{DM}+k\vec{MQ}$，$\vec{DN}=\vec{DE}+\vec{EN}=\vec{DE}+l\vec{DM}$ と表せる．

④の～～に $t=\dfrac{9}{14}$ を代入して $\vec{MQ}=-\dfrac{5}{14}\vec{c}+\dfrac{25}{28}\vec{e}$

これと $\vec{DM}+k\vec{MQ}=\vec{DE}+l\vec{DM}$ より，

$\vec{c}+\dfrac{3}{4}\vec{e}+k\left(-\dfrac{5}{14}\vec{c}+\dfrac{25}{28}\vec{e}\right)=\vec{e}+l\left(\vec{c}+\dfrac{3}{4}\vec{e}\right)$

$\vec{c},\vec{e}$ が1次独立なので，係数比較して，

$1-\dfrac{5}{14}k=l$，$\dfrac{3}{4}+\dfrac{25}{28}k=1+\dfrac{3}{4}l$

l を消去して，$\dfrac{3}{4}+\dfrac{25}{28}k=1+\dfrac{3}{4}\left(1-\dfrac{5}{14}k\right)$

∴ $k=\dfrac{56}{65}$ ∴ $l=\dfrac{9}{13}$

よって，$\vec{DE'}=\vec{DE}+2\vec{EN}=\vec{DE}+2l\vec{DM}$

$=\vec{e}+2\cdot\dfrac{9}{13}\left(\vec{c}+\dfrac{3}{4}\vec{e}\right)=\dfrac{18}{13}\vec{c}+\dfrac{53}{26}\vec{e}$

$=(\vec{c}+2\vec{e})+\dfrac{5}{13}\vec{c}+\dfrac{1}{26}\vec{e}$

$=\vec{DF}+\dfrac{5}{13}\vec{FA}+\dfrac{1}{26}\vec{e}$

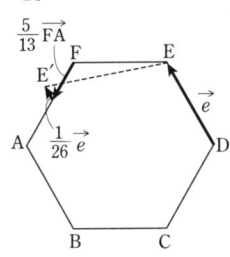

したがって，E' は右図の位置にあり，答えは**外部**．

  *   *

ベクトルを中心とした解法をとっていた人は，全体の 22% でした．

C 幾何の別解を紹介します．なお，幾何を中心とした解法をとった人は，全体の 17% でした．

別解（1） $\mathrm{BP}=x$，$\mathrm{FQ}=y$ とおく．AB の中点を D'，直線 BA と直線 EF の交点を G とする．対称性より，

D'P=DP ……⑤
D'Q=DQ ……⑥

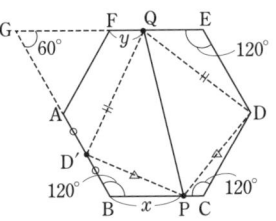

△D'BP に余弦定理を用いて，

$\mathrm{D'P}^2=\left(\dfrac{1}{2}\right)^2+x^2-2\cdot\dfrac{1}{2}\cdot x\cdot\cos 120°=x^2+\dfrac{1}{2}x+\dfrac{1}{4}$

△DCP に余弦定理を用いて，
$\mathrm{DP}^2=1^2+(1-x)^2-2\cdot 1\cdot(1-x)\cdot\cos 120°=x^2-3x+3$

これらと⑤より，

$x^2+\dfrac{1}{2}x+\dfrac{1}{4}=x^2-3x+3$ ∴ $\mathbf{BP}=x=\dfrac{11}{14}$

△D'GQ に余弦定理を用いて，

$\mathrm{D'Q}^2=\left(\dfrac{3}{2}\right)^2+(1+y)^2-2\cdot\dfrac{3}{2}\cdot(1+y)\cdot\cos 60°$

$=y^2+\dfrac{1}{2}y+\dfrac{7}{4}$

△DEQ に余弦定理を用いて，
$\mathrm{DQ}^2=1^2+(1-y)^2-2\cdot 1\cdot(1-y)\cdot\cos 120°=y^2-3y+3$

これらと⑥より，

$y^2+\dfrac{1}{2}y+\dfrac{7}{4}=y^2-3y+3$ ∴ $\mathbf{FQ}=y=\dfrac{5}{14}$

  *   *

（2）は，より一般に，

D' が辺 AB 上（両端を除く）にあれば，
E' は五角形 ABPQF の外部にある ……※

が成り立つので，それを示します．

別解（2） 直線 EE' と辺 FA の交点を S，AD'=FT となる辺 FA 上の点を T とする．AD'=FT=p，FS=q とおく．対称性より，DE'=D'E 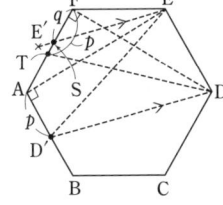
△EAD'≡△DFT より，
D'E=DT
よって，DE'=DT ……⑦
もし，FT>FS つまり $p>q$ ……⑧ であるならば，DT>DS なので，⑦より DE'>DS となり，※が言える．
そこで，⑧を示す．

BE と AD，D'D との交点をそれぞれ O，U とする．U を通り AB と平行な直線と AD の交点を V とする．
△OUD と △FSE は3組の辺が平行で FE=OD なので， 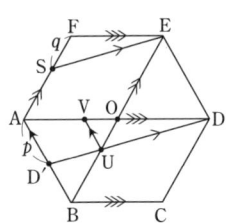
  △OUD≡△FSE ∴ OU=FS=q
VU∥AB より △OVU は正三角形なので，VU=OU=q
よって，p=AD'>VU=q となり，⑧が示された．

  *   *

この解答は，当時の学力コンテスト添削者の**佐藤耕喜氏**から寄せられたものです．

(吉田)

> **問題 13** n を負でない整数，t を $0<t<1$ の実数として，$\triangle A_n B_n C_n$ の辺 $B_n C_n$ を $t:(1-t)$ に内分する点を A_{n+1}，辺 $C_n A_n$ を $t:(1-t)$ に内分する点を B_{n+1}，辺 $A_n B_n$ を $t:(1-t)$ に内分する点を C_{n+1} とする．$A_n B_n \parallel A_0 B_0$ を満たす t を t_n とするとき，t_1, t_2, t_3, t_4 を求めよ．
> （2012年10月号）

平均点：19.8
正答率：60%
時間：SS 8%, S 29%, M 32%, L 30%

問題文には矢印はありませんが，内分点とか平行と来れば，ベクトルの出番です．$\overrightarrow{A_n B_n}$ を $\overrightarrow{A_0 B_0}$ と $\overrightarrow{A_0 C_0}$ で表してやりましょう．そうすれば，
$\overrightarrow{A_n B_n} \parallel \overrightarrow{A_0 B_0} \iff (\overrightarrow{A_0 C_0}\text{ の係数})=0$ から t_n が求まります．同じような考察を何度もするのはメンドウなので，$\overrightarrow{A_n C_n}$ を $\overrightarrow{A_0 B_0}$ と $\overrightarrow{A_0 C_0}$ で表したものも設定し，$\overrightarrow{A_{n+1} B_{n+1}}$，$\overrightarrow{A_{n+1} C_{n+1}}$ と $\overrightarrow{A_n B_n}$，$\overrightarrow{A_n C_n}$ の関係から，係数の漸化式を用意しておきましょう．

解 $\overrightarrow{A_0 B_0}$, $\overrightarrow{A_0 C_0}$ は 1 次独立なので，
$\overrightarrow{A_n B_n} = a_n \overrightarrow{A_0 B_0} + b_n \overrightarrow{A_0 C_0}$
とおけ，このとき，
$\overrightarrow{A_n B_n} \parallel \overrightarrow{A_0 B_0} \iff b_n = 0$
である．さらに，
$\overrightarrow{A_n C_n} = c_n \overrightarrow{A_0 B_0} + d_n \overrightarrow{A_0 C_0}$
とおく．内分の条件より，
$\overrightarrow{A_{n+1} B_{n+1}} = \overrightarrow{A_n B_{n+1}} - \overrightarrow{A_n A_{n+1}}$
$= (1-t)\overrightarrow{A_n C_n} - \{(1-t)\overrightarrow{A_n B_n} + t\overrightarrow{A_n C_n}\}$
$\therefore \overrightarrow{A_{n+1} B_{n+1}} = -(1-t)\overrightarrow{A_n B_n} + (1-2t)\overrightarrow{A_n C_n}$ …①
$\overrightarrow{A_{n+1} C_{n+1}} = \overrightarrow{A_n C_{n+1}} - \overrightarrow{A_n A_{n+1}}$
$= t\overrightarrow{A_n B_n} - \{(1-t)\overrightarrow{A_n B_n} + t\overrightarrow{A_n C_n}\}$
$\therefore \overrightarrow{A_{n+1} C_{n+1}} = -(1-2t)\overrightarrow{A_n B_n} - t\overrightarrow{A_n C_n}$ …②

①より，$a_{n+1}\overrightarrow{A_0 B_0} + b_{n+1}\overrightarrow{A_0 C_0}$
$= -(1-t)(a_n \overrightarrow{A_0 B_0} + b_n \overrightarrow{A_0 C_0})$
$\quad + (1-2t)(c_n \overrightarrow{A_0 B_0} + d_n \overrightarrow{A_0 C_0})$

②より，$c_{n+1}\overrightarrow{A_0 B_0} + d_{n+1}\overrightarrow{A_0 C_0}$
$= -(1-2t)(a_n \overrightarrow{A_0 B_0} + b_n \overrightarrow{A_0 C_0}) - t(c_n \overrightarrow{A_0 B_0} + d_n \overrightarrow{A_0 C_0})$

上の 2 式の $\overrightarrow{A_0 C_0}$ の係数を比べて，
$\begin{cases} b_{n+1} = -(1-t)b_n + (1-2t)d_n \\ d_{n+1} = -(1-2t)b_n - td_n \end{cases}$ …③

$\overrightarrow{A_0 B_0} = 1 \cdot \overrightarrow{A_0 B_0} + 0 \cdot \overrightarrow{A_0 C_0}$, $\overrightarrow{A_0 C_0} = 0 \cdot \overrightarrow{A_0 B_0} + 1 \cdot \overrightarrow{A_0 C_0}$
から，$b_0 = 0$, $d_0 = 1$ なので，③を使って，順次 $b_1 \sim b_4$, $d_1 \sim d_3$ を求めると，
$\begin{cases} b_1 = -(1-t) \cdot 0 + (1-2t) \cdot 1 = 1-2t \\ d_1 = -(1-2t) \cdot 0 - t \cdot 1 = -t \end{cases}$
$\begin{cases} b_2 = -(1-t)(1-2t) + (1-2t) \cdot (-t) = -(1-2t) \\ d_2 = -(1-2t)(1-2t) - t \cdot (-t) = -1 + 4t - 3t^2 \end{cases}$

$\begin{cases} b_3 = -(1-t) \cdot \{-(1-2t)\} \\ \qquad + (1-2t) \cdot (-1+4t-3t^2) \\ = (1-2t) \cdot 3t(1-t) \\ d_3 = -(1-2t) \cdot \{-(1-2t)\} - t \cdot (-1+4t-3t^2) \\ = 1-3t+3t^3 \end{cases}$
$b_4 = -(1-t) \cdot \{(1-2t) \cdot 3t(1-t)\}$
$\quad + (1-2t) \cdot (1-3t+3t^3)$
$= (1-2t)(1-6t+6t^2)$

$b_1 = 0$, $b_2 = 0$, $b_3 = 0$, $b_4 = 0$ と $0 < t < 1$ から，
$t_1 = \dfrac{1}{2}$, $t_2 = \dfrac{1}{2}$, $t_3 = \dfrac{1}{2}$, $t_4 = \dfrac{1}{2}$, $\dfrac{3 \pm \sqrt{3}}{6}$

【解説】

A 本問は，ベクトルで解こうという方針が立てば，とくに難しいテクニックやひらめきを必要とせず，条件を式で表して計算していけば解けるという点で，取り組みやすい問題だったと思います．

解 と少し違った方法として，$\overrightarrow{A_0 A_n}$, $\overrightarrow{A_0 B_n}$, $\overrightarrow{A_0 C_n}$ を求め，$\overrightarrow{A_n B_n} = \overrightarrow{A_0 B_n} - \overrightarrow{A_0 A_n}$ から $\overrightarrow{A_n B_n}$ を導くという方針も人気でした．

[解答例] $\overrightarrow{A_0 A_{n+1}} = (1-t)\overrightarrow{A_0 B_n} + t\overrightarrow{A_0 C_n}$
$\overrightarrow{A_0 B_{n+1}} = (1-t)\overrightarrow{A_0 C_n} + t\overrightarrow{A_0 A_n}$
$\overrightarrow{A_0 C_{n+1}} = (1-t)\overrightarrow{A_0 A_n} + t\overrightarrow{A_0 B_n}$

より，$\overrightarrow{A_0 A_1} = (1-t)\overrightarrow{A_0 B_0} + t\overrightarrow{A_0 C_0}$
$\overrightarrow{A_0 B_1} = (1-t)\overrightarrow{A_0 C_0}$
$\overrightarrow{A_0 C_1} = t\overrightarrow{A_0 B_0}$
$\therefore \overrightarrow{A_1 B_1} = \overrightarrow{A_0 B_1} - \overrightarrow{A_0 A_1}$
$= -(1-t)\overrightarrow{A_0 B_0} + (1-2t)\overrightarrow{A_0 C_0}$
$\therefore t_1 = \dfrac{1}{2}$

また，$\overrightarrow{A_0 A_2} = (1-t)\overrightarrow{A_0 B_1} + t\overrightarrow{A_0 C_1}$
$= t^2 \overrightarrow{A_0 B_0} + (1-t)^2 \overrightarrow{A_0 C_0}$
$\overrightarrow{A_0 B_2} = (1-t)\overrightarrow{A_0 C_1} + t\overrightarrow{A_0 A_1}$
$= 2t(1-t)\overrightarrow{A_0 B_0} + t^2 \overrightarrow{A_0 C_0}$
$\overrightarrow{A_0 C_2} = (1-t)\overrightarrow{A_0 A_1} + t\overrightarrow{A_0 B_1}$
$= (1-t)^2 \overrightarrow{A_0 B_0} + 2t(1-t)\overrightarrow{A_0 C_0}$
$\therefore \overrightarrow{A_2 B_2} = \overrightarrow{A_0 B_2} - \overrightarrow{A_0 A_2}$
$= (t \text{ の式}) \times \overrightarrow{A_0 B_0} + (2t-1)\overrightarrow{A_0 C_0}$

$$\therefore\ t_2=\frac{1}{2}$$

次に，$\overrightarrow{A_0A_3}=(1-t)\overrightarrow{A_0B_2}+t\overrightarrow{A_0C_2}$
$$=3t(1-t)^2\overrightarrow{A_0B_0}+3t^2(1-t)\overrightarrow{A_0C_0}$$
$\overrightarrow{A_0B_3}=(1-t)\overrightarrow{A_0C_2}+t\overrightarrow{A_0B_2}$
$$=(1-3t+3t^2)\overrightarrow{A_0B_0}+3t(1-t)^2\overrightarrow{A_0C_0}$$
$\overrightarrow{A_0C_3}=(1-t)\overrightarrow{A_0A_2}+t\overrightarrow{A_0B_2}$
$$=3t^2(1-t)\overrightarrow{A_0B_0}+(1-3t+3t^2)\overrightarrow{A_0C_0}$$
$\therefore\ \overrightarrow{A_3B_3}=\overrightarrow{A_0B_3}-\overrightarrow{A_0A_3}$
$$=(t\text{の式})\times\overrightarrow{A_0B_0}+3t(1-t)(1-2t)\overrightarrow{A_0C_0}$$
$$\therefore\ t_3=\frac{1}{2}$$

さらに，$\overrightarrow{A_0A_4}=(1-t)\overrightarrow{A_0B_3}+t\overrightarrow{A_0C_3}$
$$=(t\text{の式})\times\overrightarrow{A_0B_0}+t(4-12t+12t^2-3t^3)\overrightarrow{A_0C_0}$$
$\overrightarrow{A_0B_4}=(1-t)\overrightarrow{A_0C_3}+t\overrightarrow{A_0A_3}$
$$=(t\text{の式})\times\overrightarrow{A_0B_0}+(1-t)(1-3t+3t^2+3t^3)\overrightarrow{A_0C_0}$$
$\therefore\ \overrightarrow{A_4B_4}=\overrightarrow{A_0B_4}-\overrightarrow{A_0A_4}$
$$=(t\text{の式})\times\overrightarrow{A_0B_0}+(1-8t+18t^2-12t^3)\overrightarrow{A_0C_0}$$
$$=(t\text{の式})\times\overrightarrow{A_0B_0}+(1-2t)(1-6t+6t^2)\overrightarrow{A_0C_0}$$
$$\therefore\ t_4=\frac{1}{2},\ \frac{3\pm\sqrt{3}}{6}$$

*　　　　　　　　*

解の方法でも，a_n，c_n についても漸化式を立てて求められるのですが，本問では不要なので，[解答例] に比べて計算が楽だという利点があります．

B 応募者の中には，t_2 や t_3 まで求めて，残りは同様にして $t_4=\frac{1}{2}$ としている人もいました．$t=\frac{1}{2}$ のとき，任意の n について $A_nB_n /\!/ A_0B_0$ となることは図形的にほとんど明らかですが，それ以外の t について $A_nB_n /\!/ A_0B_0$ とならないかどうかは明らかではないので，ちゃんと計算して調べなくてはなりません．該当した人は気をつけましょう．

C 図形を題材にした入試問題を紹介します．意欲的な人はチャレンジしてみましょう．

参考問題 空間の1点Oを通る4直線で，どの3直線も同一平面上にないようなものを考える．このとき，4直線のいずれともO以外の点で交わる平面で，4つの交点が平行四辺形の頂点になるようなものが存在することを示せ．　　（08 京大・理系）

図形的にイメージしづらいので，ベクトルを設定するところです．平行四辺形をベクトルでどう捉えるかが問題です．

解 問題の4直線を l_1，l_2，l_3，l_4 とする．l_k（$k=1$，2，3，4）上に O 以外の点 A_k をとる．どの3直線も同一平面上にないので， 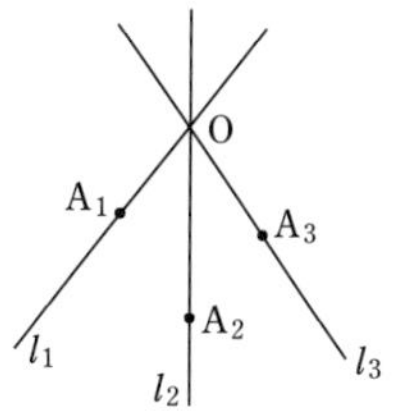
$$\overrightarrow{OA_4}=x\overrightarrow{OA_1}+y\overrightarrow{OA_2}+z\overrightarrow{OA_3}$$
（x，y，z は 0 でない実数）と表せる．
いま，$\overrightarrow{OB_1}=x\overrightarrow{OA_1}$，$\overrightarrow{OB_2}=y\overrightarrow{OA_2}$，$\overrightarrow{OB_3}=-z\overrightarrow{OA_3}$
となるように B_k（$k=1$，2，3）を定めると，B_k は l_k 上にあり，O 以外の点である．また，
$$\overrightarrow{OA_4}=\overrightarrow{OB_1}+\overrightarrow{OB_2}-\overrightarrow{OB_3}\quad\therefore\ \overrightarrow{OA_4}-\overrightarrow{OB_1}=\overrightarrow{OB_2}-\overrightarrow{OB_3}$$
$$\therefore\ \overrightarrow{B_1A_4}=\overrightarrow{B_3B_2}$$
であるから，4点 B_1，B_3，B_2，A_4 は平行四辺形の頂点になる．よって，平面 $B_1B_3B_2A_4$ が条件を満たす平面である．

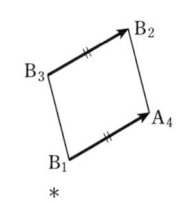

*　　　　　　　　*

幾何による解答も紹介しましょう．**河合進輔さん**よりいただいたものです．4直線を同一平面上においても同様の平行四辺形ができます．そして，2直線をその平面上から浮かせて考えたのが，次の解答です．

別解 4直線を l_1，l_2，l_3，l_4 とする．l_1，l_2 は交わる2直線だから，1平面 α を決定する．α と異なり，α と平行な平面を α' とする．

どの3直線も同一平面上にないので，α' は l_3，l_4 とそれぞれOとは異なる点 A，B で交わる．直線 AB を軸として α' を回転させた平面を β とする．l_1，l_3，l_4 は同一平面上にないので，直線 AB と l_1 は平行でない．同様に，直線 AB と l_2 は平行でない．よって，β が l_1，l_2 とそれぞれO以外の点 C，D で交わるようにとれる．l_1，l_2 は交わるので，回転によって線分 CD の長さは自由にとれ，CD=AB とすることができる．このとき，四角形 ABCD は平行四辺形である．

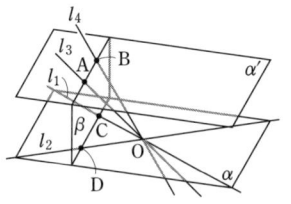

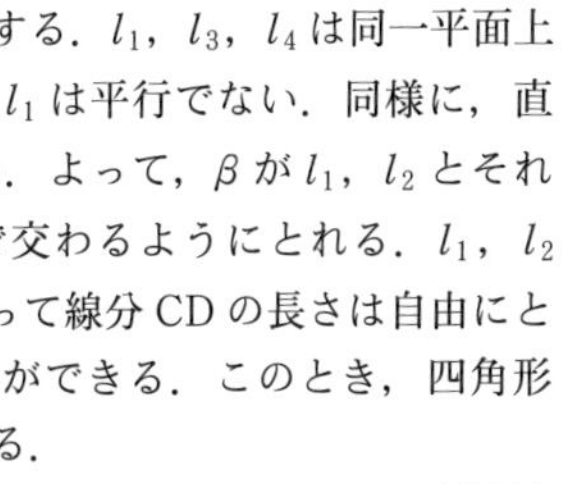

（山崎）

問題 14 AB=5，BC=4，CA=3 の △ABC がある．辺 AB と点 P で接し，半直線 AC にも接する円を C_A，その半径を R とする．また，辺 AB と点 Q で接し，半直線 BC にも接する円を C_B，その半径を r とする．
（1）線分 AP，BQ の長さを R，r で表せ．
（2）C_A と C_B が外接し，A，P，Q，B が辺 AB 上にこの順に並ぶとき，
　（ⅰ）R と r の間に成り立つ関係式を求めよ．
　（ⅱ）線分 PQ の長さが最大となるような R と r の値を求めよ．

（2005 年 7 月号）

平均点：17.5
正答率：36%（1）90%（2）（ⅰ）89%
時間：SS 14%，S 34%，M 31%，L 21%

（1）角の二等分線に着目しましょう．
（2）（ⅰ）PQ を R，r で表せば（1）が使えます．
（ⅱ）（ⅰ）の結果は相加・相乗平均が使えそうな形ですが，PQ≦（定数）とするためには？

解 （1）M，P′ を図のように定めると，AP′=AP で，AP′：R=AC：CM
AM は ∠A を 2 等分するから，BM：CM=AB：AC
∴ $CM = BC \cdot \dfrac{AC}{AB+AC} = \dfrac{3}{2}$
よって，$AP = \dfrac{R \cdot AC}{CM} = 2R$
同様に，右図で
$CN = AC \cdot \dfrac{BC}{BA+BC} = \dfrac{4}{3}$
よって，$BQ = \dfrac{r \cdot BC}{CN} = 3r$

（2）（ⅰ）$PQ^2 = (R+r)^2 - |r-R|^2 = 4Rr$
だから，AB の長さについて，
$2R + 3r + 2\sqrt{Rr} = 5$ ……①

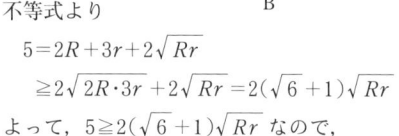

（ⅱ）相加・相乗平均の不等式より
$5 = 2R + 3r + 2\sqrt{Rr}$
$\geq 2\sqrt{2R \cdot 3r} + 2\sqrt{Rr} = 2(\sqrt{6}+1)\sqrt{Rr}$
よって，$5 \geq 2(\sqrt{6}+1)\sqrt{Rr}$ なので，
$PQ = 2\sqrt{Rr} \leq \dfrac{5}{\sqrt{6}+1} = \sqrt{6}-1$
等号は $2R=3r$ かつ①のとき成立し，PQ の最大値は $\sqrt{6}-1$ となる．そのとき，$4R + 2\sqrt{\dfrac{2}{3}R^2} = 5$
∴ $R = \dfrac{5}{4+2 \cdot \frac{\sqrt{2}}{\sqrt{3}}} = \dfrac{6-\sqrt{6}}{4}$，$r = \dfrac{2}{3}R = \dfrac{6-\sqrt{6}}{6}$

【解説】

A （1）は，tan の半角公式
$\tan^2 \dfrac{\theta}{2} = \dfrac{\sin^2 \frac{\theta}{2}}{\cos^2 \frac{\theta}{2}} = \dfrac{1-\cos\theta}{1+\cos\theta}$ を使うこともできます．

別解 （1）**解** の図のように P′ をおくと，
$\tan \dfrac{A}{2} = \sqrt{\dfrac{1-\cos A}{1+\cos A}} = \sqrt{\dfrac{1-\frac{3}{5}}{1+\frac{3}{5}}} = \dfrac{1}{2}$
と $R = AP' \tan \dfrac{A}{2}$ より，**AP = AP′ = 2R**
同様に，$\tan \dfrac{B}{2} = \sqrt{\dfrac{1-\cos B}{1+\cos B}} = \sqrt{\dfrac{1-\frac{4}{5}}{1+\frac{4}{5}}} = \dfrac{1}{3}$
より，**BQ = 3r**

B 本問は（2）（ⅱ）が問題です．**解** のように相加・相乗平均を使うのがうまいですが，誤った使い方も目立ちました．
誤答例『$PQ = 2\sqrt{Rr} \leq R+r$ ……②
だから，等号が成立する $R=r$ のとき最大になる．』
（解は 21%，上のような誤答は 27%）
　相加・相乗平均を使う例として，
『$x>0$ のとき，$x + \dfrac{1}{x} \geq 2\sqrt{x \cdot \dfrac{1}{x}} = 2$
等号は $x = \dfrac{1}{x}$ つまり $x=1$ のとき成り立つから，$x>0$ における $x + \dfrac{1}{x}$ の最小値は 2』
これは正しい使い方です．一方，
『$x \geq 0$ のとき，$x^2 + 1 \geq 2\sqrt{x^2 \cdot 1} = 2x$ ……③
だから，x^2+1（$x \geq 0$）は，等号成立する $x=1$ で最小値 2 をとる』
は明らかに間違っています．原因は「③の右辺の $2x$ は

x に依存すること」で，一般には，等号の成立と最大・最小には関係がありません．③は不等式としては正しいけれど，左辺の最小値を求めるには役に立たないのです．

重要なのは，「**定数で評価されている**」（さらに，**等号が成立しうる**）ことです．②も，$R+r$ は定数ではないので，等号成立と最大との間には関係がありません．

誤答例をもう1つ紹介しましょう．

『(2)(i)で得られた式を $2\sqrt{Rr} = 5-2R-3r$ とし，両辺平方して根号を解消すると，
$$4Rr = 4R^2 + 9r^2 + 12Rr - 20R - 30r + 25$$
よって，$8Rr = -4R^2 - 9r^2 + 20R + 30r - 25$
右辺を平方完成すると，
$$2PQ^2 = -4\left(R-\frac{5}{2}\right)^2 - 9\left(r-\frac{5}{3}\right)^2 + 25$$
従って，$2PQ^2 \leqq 25$ ……………………④
$\left(R=\dfrac{5}{2},\ r=\dfrac{5}{3}\ \cdots\cdots※\ \text{で等号成立}\right)$』

④の不等式は正しいのですが，R と r は(i)の関係式を満たさなければならないので，独立には動けません．実際には※になりえず，④の等号は成立しないので，④は上から評価しただけで，最大値を与えないのです．

[C] (2)(ii)の別解です．まず，逆手流のような解法．

別解 (2)(ii)　$PQ = 2\sqrt{Rr} = k$ とおくと，(i)の式は
$$2R + 3r + k = 5$$
これと $k^2 = 4Rr$ から R を消去すると，
$$k^2 = 2(5-3r-k)r \quad \cdots\cdots⑤$$
$$\therefore\ 6r^2 - 2(5-k)r + k^2 = 0 \quad \cdots\cdots⑥$$
これを r の方程式と見たときに実数解を持つことが必要だから，$D/4 = (5-k)^2 - 6k^2 \geqq 0$
$$\therefore\ 5(k^2+2k-5) \leqq 0$$
よって，$-1-\sqrt{6} \leqq k \leqq -1+\sqrt{6}$
一方，$k = -1+\sqrt{6}$ のとき，
$$r = (⑥の重解) = \frac{5-k}{6} = \frac{6-\sqrt{6}}{6}$$
$$\therefore\ R = \frac{1}{2}(5-3r-k) = \frac{6-\sqrt{6}}{4}$$
$r>0$，$R>0$ で(i)の関係式を満たすから，実現可能で，このとき，k は最大値 $-1+\sqrt{6}$ をとる．

*　　　　　　　　*

この解法は17%でした．R を消去して r の存在条件に帰着させることがポイントです．結果的に実数条件だけで出てしまいましたが，r のとりうる範囲は $0<r<\dfrac{5}{3}$ なので，これも考える必要があります．

さて，R，r には(i)の関係式があるので，一方を決めればもう一方も決まります（図形的にも明らかですね）．従って，$PQ = 2\sqrt{Rr}$ を，R，r の一方だけで表すことができます．実際には，⑤を k についての2次方程式
$$k^2 + 2rk + (6r^2 - 10r) = 0$$
と見て解いて，
$$k = -r + \sqrt{-5r^2 + 10r} \quad (\geqq 0)$$
$$\left(0<r<\frac{5}{3}\ \text{なので根号の中は正}\right)$$
これを $f(r)$ とおいて微分すると（数Ⅲの範囲），
$$f'(r) = -1 + \frac{-10r+10}{2\sqrt{-5r^2+10r}} \quad \cdots\cdots⑦$$
$$= \frac{5(1-r) - \sqrt{-5r^2+10r}}{\sqrt{-5r^2+10r}}$$
$$= \frac{30r^2 - 60r + 25}{\sqrt{-5r^2+10r}\,\{5(1-r)+\sqrt{-5r^2+10r}\}} \quad \cdots\cdots⑧$$
⑧の分子 $=0$ を解いて，その解を答えとしたいところですが，それでは増減が不明確なので，符号をきちんと議論しなければなりません．

『$r>1$ のときは，⑦より $f'(r)<0$ なので，$0<r<1$ のときを考えれば十分．このとき，⑧の分母は正だから，$f'(r)$ の符号は，分子
$$5(6r^2-12r+5) = 30\left(r-\frac{6+\sqrt{6}}{6}\right)\left(r-\frac{6-\sqrt{6}}{6}\right)$$
の符号と一致し，$0<r<\dfrac{6-\sqrt{6}}{6}$ で $f'(r)>0$
$$r>\frac{6-\sqrt{6}}{6}\ \text{で}\ f'(r)<0$$』

この解法は11%でした．分子の有理化をせず，無理不等式　$f'(r)>0 \iff 5(1-r) > \sqrt{-5r^2+10r}$ ……⑨
を解いてもよいですが，
$$⑨ \iff \underline{1-r>0\ \text{かつ}\ 25(1-r)^2 > -5r^2+10r}$$
というように，～～に注意が必要です．

(飯島)

問題15 正の実数 a, b, c が与えられているものとする.

(1) △ABC の外接円の中心を O とし,O から AB, BC, CA に下ろした垂線の足をそれぞれ D, E, F とする.OD=a,OE=b,OF=c,△ABC の外接円の半径を R,∠AOD=α,∠BOE=β,∠COF=γ とする.$\cos(\alpha+\beta)=-\cos\gamma$ を用いることによって,R が満たすべき3次方程式を求めよ.ただし,O が △ABC の内部にある場合のみを考えることにする.

(2) △JKL の内接円の中心を I とし,IJ=$\frac{1}{a}$,IK=$\frac{1}{b}$,IL=$\frac{1}{c}$,△JKL の内接円の半径を r とする.このとき,r が満たすべき3次方程式を求めよ.

(3) (1) の R と (2) の r の関係を求めよ.

(2005年10月号)

平均点:21.2
正答率:42% (1) 90% (2) 87%
時間:SS 16%,S 39%,M 30%,L 16%

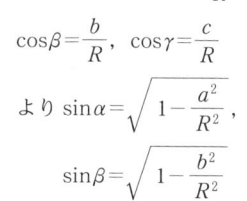

(1) $\cos(\alpha+\beta)=-\cos\gamma$ を使うのですから,(左辺を加法定理で分解したときに)必要なものを,a, b, c, R で表してみましょう.

(2) 方程式の作り方は(1)と同じです.

(3) (1)(2)の方程式を見比べると,係数が逆順になっていることに気付きます.

解 (1) $\cos\alpha=\dfrac{a}{R}$,$\cos\beta=\dfrac{b}{R}$,$\cos\gamma=\dfrac{c}{R}$

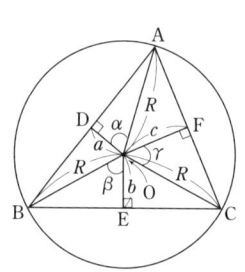

より $\sin\alpha=\sqrt{1-\dfrac{a^2}{R^2}}$,$\sin\beta=\sqrt{1-\dfrac{b^2}{R^2}}$

となるから,$\cos(\alpha+\beta)=-\cos\gamma$
すなわち $\cos\alpha\cos\beta-\sin\alpha\sin\beta=-\cos\gamma$

に代入すると,$\dfrac{a}{R}\cdot\dfrac{b}{R}-\sqrt{1-\dfrac{a^2}{R^2}}\sqrt{1-\dfrac{b^2}{R^2}}=-\dfrac{c}{R}$

両辺に R^2 をかけて,$ab+cR=\sqrt{R^2-a^2}\sqrt{R^2-b^2}$
平方して整理すると $R^4-(a^2+b^2+c^2)R^2-2abcR=0$
両辺を R (>0) で割り,答えは
$$R^3-(a^2+b^2+c^2)R-2abc=0$$

(2) 図のように α', β', γ' を定めると,

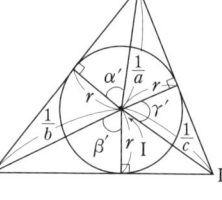

$\dfrac{1}{a}\cos\alpha'=r$,$\dfrac{1}{b}\cos\beta'=r$,$\dfrac{1}{c}\cos\gamma'=r$,

$\sin\alpha'=\sqrt{1-a^2r^2}$,$\sin\beta'=\sqrt{1-b^2r^2}$

$\alpha'+\beta'+\gamma'=180°$ より $\cos(\alpha'+\beta')=-\cos\gamma'$

となるから,$ar\cdot br-\sqrt{1-a^2r^2}\sqrt{1-b^2r^2}=-cr$

∴ $ar\cdot br+cr=\sqrt{1-a^2r^2}\sqrt{1-b^2r^2}$

平方して整理すると,$2abcr^3+(a^2+b^2+c^2)r^2-1=0$

(3) (2)の方程式の左辺を $f(r)$ とおくと,$r>0$ のとき $f(r)$ は単調増加で $f(0)=-1$ だから,$f(r)=0$ は正の実数解をちょうど1個もつ.これと

$f\left(\dfrac{1}{R}\right)=0 \iff \dfrac{2abc}{R^3}+\dfrac{a^2+b^2+c^2}{R^2}-1=0$
$\iff R^3-(a^2+b^2+c^2)R-2abc=0$

から,(1)の方程式も正の解 R をちょうど1個もつことがわかり,r との関係は $r=\dfrac{1}{R}$ すなわち $Rr=1$

【解説】

A (1)の R と (2)の r が,それぞれただ1つ存在することを前提とすれば(問題が保証しているとすれば),(3)は『(2)の r を $1/R$ にすると(1)の方程式に一致するから,$Rr=1$』で終わり(正解)です.しかし,「ただ1つ」であることが図形的に明らかとは言えないことから,複数の △ABC または △JKL が考えられるなら,そのすべてについて R と r の関係を求めなければなりません.そのため,(1)(2)の結果を見て答えがすぐにわかった,と言う人(の一部)には厳しい採点となっています.なお,$Rr=1$ が得られた答案は78%でした.

B (1)(2)は cos の関係式を次のように使うこともできます.

別解 (1) D, E はそれぞれ AB, AC の中点だから,
$DE^2=AF^2=R^2-c^2$

一方,△ODE に余弦定理を適用すると,
$DE^2=a^2+b^2-2ab\cos(\alpha+\beta)$
$=a^2+b^2-2ab\cdot(-\cos\gamma)=a^2+b^2+2ab\cdot\dfrac{c}{R}$

∴ $R^2-c^2=a^2+b^2+2ab\cdot\dfrac{c}{R}$ (以下略)

(2) 三平方の定理より,

$$JK = \sqrt{\frac{1}{a^2} - r^2} + \sqrt{\frac{1}{b^2} - r^2} \quad \cdots\cdots ①$$

△IJK に余弦定理を適用すると，

$$JK^2 = \frac{1}{a^2} + \frac{1}{b^2} - 2 \cdot \frac{1}{a} \cdot \frac{1}{b} \cdot \cos(\alpha' + \beta')$$

$$= \frac{1}{a^2} + \frac{1}{b^2} - 2 \cdot \frac{1}{a} \cdot \frac{1}{b} \cdot (-\cos\gamma') = \frac{1}{a^2} + \frac{1}{b^2} + \frac{2cr}{ab}$$

（以下略）

＊　　　　　＊　　　　　＊

（1）は **解** よりラクですが，（2）は①の2乗と等しいことから方程式を導くので少し面倒です．

（3）は「Rとrの関係はa, b, cに依らない」とはどこにも書かれていないので（もっとも，a, b, cに依らないきれいな関係があるから問題になっているのですが），次のような解法もよいでしょう．

別解 （3） $a^2+b^2+c^2$ について，

$$R^2 - \frac{2abc}{R} = -2abcr + \frac{1}{r^2}$$

$$\therefore R(R^2r^2-1) + 2abcr^2(Rr-1) = 0$$

$$\therefore (Rr-1)\{R(Rr+1) + 2abcr^2\} = 0$$

{ }>0 より，**Rr=1**

＊　　　　　＊　　　　　＊

abc を消去し $R^3 - (a^2+b^2+c^2)R = \frac{1}{r^3} - \frac{a^2+b^2+c^2}{r}$

とすると，$Rr=1$ 以外の解の排除が，やや面倒です．

C $Rr=1$ という関係を，図形的に説明してみましょう．以下，2つの方法でやってみますが，（1）の△ABCから（2）の△JKL を作る（またはその逆）というものなので，△JKL（または△ABC）がただ1つであることは言えません．

解の（2）で $r = \frac{1}{R}$ としてみると，$\cos\alpha = \cos\alpha'$，$\cos\beta = \cos\beta'$，$\cos\gamma = \cos\gamma'$ となっています．これは，（1）の外接円と（2）の内接円を一方を拡大して重ねると，頂点 A, B, C は △JKL と内接円の接点になることを意味しています（右図でAに対応する点をA'などとした）．

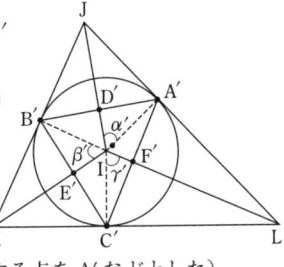

これを確かめてみましょう．（2）の△JKL が得られたとして，右上図のように A'〜F' を決めます．このとき，$ID' = IA'\cos\alpha' = r \cdot ra = r^2a$，$IE' = r^2b$，$IF' = r^2c$ となるので，$1/r^2$ 倍すれば（1）の△ABC が得られます．半径について，$r \cdot \frac{1}{r^2} = R$ です．

しかし，なぜ「逆数」にするとうまくいくのでしょうか？　これに答えるため，今度は「反転」という操作を使って（1）から（2）を作ってみます．

反転とは，原点O以外の点Pに対して，半直線OP上でOP・OQ=1 を満たす点Qを対応させる操作です．従って，2回反転させると元に戻ります．すると，反転の定義により，

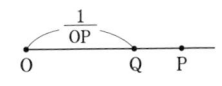

中心O，半径 r の円 ⇄ 中心O，半径 $1/r$ の円

また，$P(x, y)$, $Q(X, Y)$ とおくと，

$$\vec{OP} = \frac{1}{|\vec{OQ}|^2}\vec{OQ} \text{ より, } \begin{pmatrix} x \\ y \end{pmatrix} = \frac{1}{X^2+Y^2}\begin{pmatrix} X \\ Y \end{pmatrix} \cdots\cdots ②$$

なので，Pが直線 $x=t$（t は0以外の定数）を描くとき，②で $x=t$ として

$$\frac{X}{X^2+Y^2} = t \quad \therefore \left(X - \frac{1}{2t}\right)^2 + Y^2 = \left(\frac{1}{2t}\right)^2$$

よって，Q は円（O を除く）を描きます．

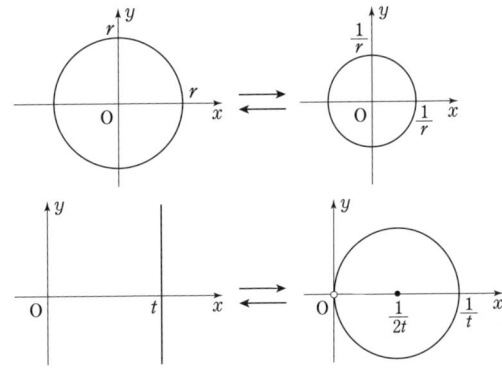

これを用いると，(1)の直線 AB, AC, BC および外接円を，O を中心に反転させたものは下図のようになることがわかります（Pを反転させたものを「Pの像」と呼びます．Aの像をA'のようにおきましたが，さきほどのA'などとは違います）．

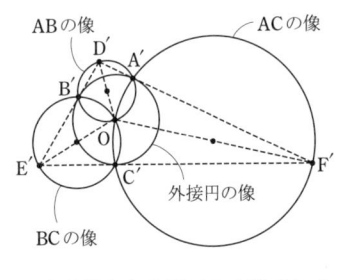

直線 AB の像は OD' を直径とする円（Oを除く）となることなどから，$\angle OA'D' = \angle OA'F' = 90°$ となり，D'F' は，A' で外接円の像と接していることがわかります．また，$OD' = \frac{1}{a}$, $OE' = \frac{1}{b}$, $OF' = \frac{1}{c}$ となるので，△JKL は △D'E'F' とすればよく，

$$r = OA' = \frac{1}{OA} = \frac{1}{R}$$

（飯島）

問題16 $AB=c$, $BC=a$, $CA=b$ の $\triangle ABC$ は，$\angle B=2\angle A$ を満たし，a, b, c を適当な順に並べると公差 1 の等差数列になるという．このとき，a, b, c の値を求めよ．

(2006年8月号)

平均点：22.2
正答率：55%
時間：SS 21%, S 37%, M 28%, L 14%

絶対に気づかなければならない，という式はありません．正弦定理，余弦定理，角の 2 等分線の性質など，辺の長さと角度とを結びつけて立式できれば，あとは等差数列の処理だけです．ここでは，$\angle A=\theta$ とおき，正弦定理により，b と c を a と θ で表してみます．

解 $\angle A=\theta$ とおく．$\angle C=\pi-3\theta>0$
より，$0<\theta<\dfrac{\pi}{3}$ ……①

正弦定理より $\dfrac{a}{\sin\theta}=\dfrac{b}{\sin 2\theta}$ …②

$\therefore\ \dfrac{a}{\sin\theta}=\dfrac{b}{2\sin\theta\cos\theta}$ ……③

$\therefore\ b=(2\cos\theta)a$ ………④

正弦定理より $\dfrac{a}{\sin\theta}=\dfrac{c}{\sin(\pi-3\theta)}$

右辺 $=\dfrac{c}{\sin 3\theta}=\dfrac{c}{3\sin\theta-4\sin^3\theta}$ だから，上式は，

$\dfrac{a}{\sin\theta}=\dfrac{c}{3\sin\theta-4\sin^3\theta}$

$\therefore\ c=(3-4\sin^2\theta)a=(4\cos^2\theta-1)a$

$\therefore\ c=(4\cos^2\theta-1)a$ ………⑤

ここで，①の範囲の θ を 1 つ固定する．このとき，④ $\iff$ ② $\iff$ $\sin\angle B=\sin 2\theta$ なので，$\angle B=2\theta$ or $\pi-2\theta$ であるが，$\angle B=\pi-2\theta$ とすると，$\angle C=\pi-\angle A-\angle B=\theta=\angle A$ より $a=c$ となり，公差 1 の等差数列となることに反する．従って，$\angle B=2\theta$ となり，$\angle B=2\angle A$ は保たれる．⑥
つまり，①④⑤を満たすことが $\angle B=2\angle A$ であるための必要十分条件である．

$\angle A<2\angle A=\angle B$ より，$a<b$ となるから，a, b, c の大小関係は，以下の 3 通り．

(i) $a<b<c$ のとき： a, b, c はこの順に等差数列を成すので，$2b=a+c$
④⑤とから，$2\cdot(2\cos\theta)a=a+(4\cos^2\theta-1)a$
$\therefore\ 4\cos^2\theta-4\cos\theta=0$ $\therefore\ \cos\theta=0,\ 1$
これは①に反する．

(ii) $a<c<b$ のとき： $2c=a+b$
$\therefore\ 2\cdot(4\cos^2\theta-1)a=a+(2\cos\theta)a$
$\therefore\ 8\cos^2\theta-2\cos\theta-3=0$
$\therefore\ (2\cos\theta+1)(4\cos\theta-3)=0$
①とから，$\cos\theta=\dfrac{3}{4}$ $\therefore\ b=\dfrac{3}{2}a$

公差は 1 だから $b=a+2$ となり，$\dfrac{3}{2}a=a+2$
$\therefore\ a=4$ $\therefore\ b=6,\ c=5$

(iii) $c<a<b$ のとき： $2a=c+b$
$\therefore\ 2a=(4\cos^2\theta-1)a+(2\cos\theta)a$
$\therefore\ 4\cos^2\theta+2\cos\theta-3=0$
①とから，$\cos\theta=\dfrac{-1+\sqrt{13}}{4}$ $\therefore\ b=\dfrac{-1+\sqrt{13}}{2}a$
$b=a+1$ とから，$\dfrac{-1+\sqrt{13}}{2}a=a+1$
$\therefore\ a=\dfrac{2}{\sqrt{13}-3}=\dfrac{\sqrt{13}+3}{2}$
$\therefore\ b=\dfrac{\sqrt{13}+5}{2},\ c=\dfrac{\sqrt{13}+1}{2}$

以上より，$(a,\ b,\ c)$ は，

$(4,\ 6,\ 5),\ \left(\dfrac{\sqrt{13}+3}{2},\ \dfrac{\sqrt{13}+5}{2},\ \dfrac{\sqrt{13}+1}{2}\right)$

【解説】

A 解法としては，**解**のように，正弦定理を用いて④⑤を得た後，$\cos\theta$ の値を求めているものが最も多く，全体の 36% いました．

まず，(i)(ii)(iii)の場合分け以後について．
「$2b=a+c$」などの形に④⑤を代入すれば早くに a が消去できて $\cos\theta$ だけの式になりますが，うまく式を処理できていない答案が目立ちました．たとえば，始めから場合分けをして，(i)なら $b=a+1$, $c=a+2$ を④⑤に代入し，a を消去する ……⑦
などです．結局，導かれる方程式は同じなので，遠回りせずに求めたいですね．

解では 3 通りに場合分けしていますが，$a<b$ に気づかずに 6 通り考えている人が全体の 6% いました．三角形では，辺の大小が対角の大小に一致します．当然の事実ですが，これを使わないと本問では手間が 2 倍かかってしまう，重要な性質です．知らなかった人は気をつけましょう．なお，右図より，

(i) $0<\theta<\dfrac{\pi}{5}$ のとき，
$\angle A<\angle B<\angle C \iff a<b<c$

(ii) $\dfrac{\pi}{5}<\theta<\dfrac{\pi}{4}$ のとき，
$a<c<b$

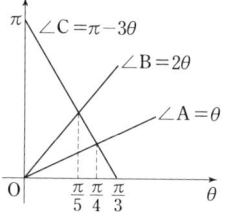

(iii) $\dfrac{\pi}{4}<\theta<\dfrac{\pi}{3}$ のとき，$c<a<b$

と場合分けしている人も多かったです．

B **解**のように正弦定理を使っても，θ でなく辺の長さを主体にした解法もありました．

別解1 余弦定理より，$a^2=b^2+c^2-2bc\cos\angle A$

④より，$\cos\angle A=\cos\theta=\dfrac{b}{2a}$ だから，

$$a^2=b^2+c^2-2bc\cdot\dfrac{b}{2a} \quad \therefore\ a^2-c^2=b^2\left(1-\dfrac{c}{a}\right)$$

a 倍して $a-c$ で割ると，$a(a+c)=b^2$ ……⑧

(i) $a<b<c$ のとき：$a=b-1$, $c=b+1$ を⑧に代入して，$(b-1)\cdot 2b=b^2$ $\therefore\ b=2$
このとき $(a,b,c)=(1,2,3)$ となるが，$a+b=c$ より三角形を成さないから，不適．

(ii) $a<c<b$ のとき：$a=b-2$, $c=b-1$ を⑧に代入して，$(b-2)(2b-3)=b^2$ $\therefore\ b^2-7b+6=0$
$\therefore\ b=6$ $\therefore\ (a,b,c)=(4,6,5)$

(iii) $c<a<b$ のとき：$a=b-1$, $c=b-2$ を⑧に代入して，$(b-1)(2b-3)=b^2$ $\therefore\ b^2-5b+3=0$
$b>2$ より，$b=\dfrac{5+\sqrt{13}}{2}$ （以下略）

別解2 ④より $\cos\theta=\dfrac{b}{2a}$，⑤より $\cos^2\theta=\dfrac{a+c}{4a}$

だから，$\left(\dfrac{b}{2a}\right)^2=\dfrac{a+c}{4a}$

$\therefore\ b^2=a(a+c)\Longleftrightarrow$⑧ （以下略）

* *

いずれも，**解**と比べて大差ないですが，辺の長さが直接求められるのがよいですね．

これらの方針でも，早い段階で場合分けしている答案が多かったですが，同じような式変形を何度も繰り返すなら，3つの場合に共通した⑧を導いてしまった方が，手間も省け，計算ミスも減るでしょう．

別解1, 別解2（⑦で $\cos\theta$ を消去する場合も含む）などの解法は，合わせて30%ありました．

C 正弦定理を用いず，余弦定理のみを用いると，次のようになります．

[解答例] $\cos\angle B=\cos 2\angle A=2\cos^2\angle A-1$
より，$\cos\angle B=2\cos^2\angle A-1$
余弦定理より，上式は，

$$\dfrac{c^2+a^2-b^2}{2ca}=2\left(\dfrac{b^2+c^2-a^2}{2bc}\right)^2-1 \quad\cdots\cdots⑨$$

(i) $b=a+1$, $c=a+2$ を代入して整理すると，
$(a-1)^2(a+3)=0$ $\therefore\ a=1$

(ii) $c=a+1$, $b=a+2$ を代入して整理すると，
$(a+3)(a-4)(2a+1)=0$ $\therefore\ a=4$

(iii) $c=a-1$, $b=a+1$ を代入して整理すると，
$(a+2)(2a-1)(a^2-3a-1)=0$ （以下略）

* *

実は，⑨を整理すると，
$(a+c)(a+b-c)(b+c-a)(b^2-a^2-ac)=0$
が得られ，$a+b>c$, $b+c>a$ から，$b^2-a^2-ac=0$
すなわち⑧が導けます．計算量が多くなるし，因数分解も大変になるので，余弦定理オンリーは避けたいですね．[解答例]を選択した人は全体の8%でした．

D 今まで触れてきませんでしたが，⑥について．
①④⑤(or ⑧) から (a,b,c) 2組が求められますが，⑥に相当する議論をせずに答えにしてしまってはいけません．「$\angle B=2\angle A\Longrightarrow$ ①④⑤」は真なのですが，逆は自明ではないからです．これは，**解**だけではなく，別解1, 別解2でも必要になります．

では，**C**の[解答例]ではどうでしょうか？ 立式は $\cos\angle B=\cos 2\angle A$ ですから，$0<\angle A<\pi$, $0<\angle B<\pi$ の範囲では，$\angle B=2\angle A$ の他に，$\angle B=2\pi-2\angle A$ の可能性があります．後者は
$\angle B=2(\pi-\angle A)=2(\angle B+\angle C)$ となり，不適ですね．

今回は十分性が確認されていなくとも減点はしませんでしたが，議論の方向性には常に気を配るようにしましょう．角の関係から導いた三角関数の関係を満たしても，元になる角の関係を満たしているとは限りません．

E 最後に幾何的な解法です．（全体の16%）

別解3 $\angle B$ の2等分線と
AC との交点を D とすると，
$\angle BDC=\angle A+\angle ABD=2\angle A$
より，$\triangle ABC\infty\triangle BDC$
$\therefore\ AC:BC=BC:DC$
$\therefore\ DC=\dfrac{BC^2}{AC}=\dfrac{a^2}{b}$

また，角の2等分線の性質より，
$DA:DC=BA:BC=c:a$ $\therefore\ DC=\dfrac{a}{a+c}b$

よって $\dfrac{a^2}{b}=\dfrac{a}{a+c}b$ だから，
$a(a+c)=b^2\Longleftrightarrow$⑧ （以下略）

* *

あっさり⑧が導けましたね．他にも，
$BD^2=AB\cdot BC-AD\cdot DC$ を使う解法などがあり，すっきり解けているものが多かったです．

（上原）

問題17 AB∥DC, ∠DAB=α（αは$0°<α<90°$を満たす定角）である台形ABCDが半径1の円に内接している．∠CAB=θとして $0°<θ<α$ の範囲でθを動かすとき，次の問いに答えよ．

（1）台形ABCDの面積の最大値M_Sが存在するのはαがどのような範囲にあるときか．また，そのとき，M_Sをsinαで表せ．

（2）台形ABCDの周の長さの最大値M_Lが存在するのはcosαがどのような範囲にあるときか．また，そのとき，M_Lをsinαで表せ．

(2007年6月号)

平均点：18.9
正答率：44%（1）70%（2）49%
時間：SS 13%, S 27%, M 36%, L 24%

各辺の長さは正弦定理からすぐに求まります．定義域が $0°<θ<α$ で，等号がついていないので，最大値の候補を与えるθが定義域に含まれるための条件を考えます．（2）は三角関数の合成（"内積と見る"も本質的に同じ）や（数Ⅲの）微分などで解けますが，最大値の候補を与えるθがαによって変わるぶん，（1）よりやりにくいでしょう．

解 ABCDは円に内接する台形なので等脚台形である．
よって∠ABC=αとなり，
∠ACB=180°−α−θ
また，∠DAC=α−θなので（外接円の半径が1であることに注意して）正弦定理から
AB=2sin(180°−α−θ)=2sin(α+θ)
BC=AD=2sinθ, CD=2sin(α−θ)

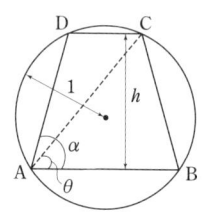

（1）直線ABと直線CDの距離をhとすると，
$h = AD\sinα = 2\sinθ\sinα$
よって，台形ABCDの面積Sは
$S = \frac{1}{2}h(AB+CD)$
$= \sinθ\sinα \cdot 2\{\sin(α+θ)+\sin(α−θ)\}$
$= \sinθ\sinα \cdot 2 \cdot 2\sinα\cosθ = 2\sin^2α\sin 2θ$ ……①

2θは $0°<2θ<2α$ の範囲を動くから，最大値が存在するのは $2θ=90°$ となりうるとき．（下図参照）

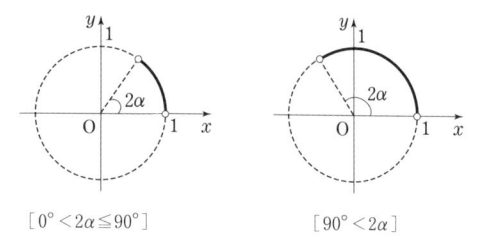

[$0°<2α≤90°$]　　[$90°<2α$]

よって，$90°<2α$ つまり $45°<α<90°$ のときにM_Sは存在し，$M_S = 2\sin^2α$

（2）（1）の～部の変形を用いると，周の長さLは，
$L = 2AD+(AB+CD) = 4\sinθ+4\sinα\cosθ$ ……②
$= 4\sqrt{1+\sin^2α}\cos(θ−β)$

ここでβは $\cosβ = \dfrac{\sinα}{\sqrt{1+\sin^2α}}$, $\sinβ = \dfrac{1}{\sqrt{1+\sin^2α}}$

つまり $\tanβ = \dfrac{1}{\sinα}$ ……③

を満たす鋭角である．$θ−β$ は $−β<θ−β<α−β$ の範囲を動くから，最大値が存在するのは $θ−β=0$ となりうるとき．（下図参照）

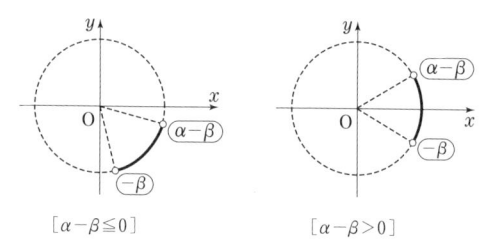

[α−β≤0]　　[α−β>0]

よって，$α−β>0$ つまり $β<α$ のときにM_Lは存在し，その条件は $\tanβ<\tanα$

これと③より，$\dfrac{1}{\sinα} < \dfrac{\sinα}{\cosα}$

∴ $\cosα < \sin^2α$　　∴ $\cos^2α+\cosα−1<0$

$\cosα>0$ とあわせて，$0<\cosα<\dfrac{-1+\sqrt{5}}{2}$

また，このとき $M_L = 4\sqrt{1+\sin^2α}$

【解説】

A 面積や周の長さを求めるにあたって，各辺の長さ（解法によっては対角線も）が必要になります．いくつかのやり方がありますが，機械的に正弦定理を適用してしまうのが一番でしょう．正弦定理を使って手早く求めていたのは全体の65%でしたが，三角形でなく四角形だったために気付きにくく感じた人もいたことと思います．

正弦定理は教科書では
　三角形ABCとその外接円（半径R）について
$$\frac{a}{\sin A} = \frac{b}{\sin B} = \frac{c}{\sin C} = 2R$$
が成立する

という形で書かれているのですが，この形よりも
$$（弦の長さ）＝2R×\sin（対応する円周角）$$
という捉え方（三角形は表に出てこない）をしておく方が応用範囲が広がることでしょう．

B （1）は比較的よくできていました．立式のやり方はいくつかありましたが，解やそれと本質的に同じものが多数派でした．次のようにやれば，解の①式が直接得られます．

別解 AC と BD の交点を P とする．∠APD$=\varphi$ とおくと，
$$S=\frac{1}{2}\text{AC}\cdot\text{BD}\cdot\sin\varphi$$
と表される（AC と BD で四角形 ABCD を 4 つに分けて求めて加えることで得られる．あるいは，問題 3 の解説 C を参照）．
正弦定理から AC$=$BD$=2\sin\alpha$ であり，$\varphi=\angle\text{PAB}+\angle\text{PBA}=2\theta$ なので，
$$S=\frac{1}{2}(2\sin\alpha)^2\cdot\sin 2\theta \quad \text{（以下略）}$$

C （1）では（$0°<\theta<\alpha$ という定義域を忘れれば）$\theta=45°$ で最大となりました．したがって，「$45°$ が定義域に含まれているか」がポイントとなったわけです．
　同じことを（2）でやろうとすると，最大値を与える θ の値が α によって変わることに気付くでしょう．そのぶん（1）よりも難しくなります．混乱してしまったのか，解の途中の $\cos\alpha<\sin^2\alpha$ からそのまま $0<\cos\alpha<\sin^2\alpha$（などの右辺にも α が残った形）を答えにしてしまっている人も散見されました．$\cos\alpha$ の範囲を求めよといわれて α が入った式を答えにするのは，設問に答えたことになりません．不等式を解いて具体的な数の形で答えよ，ということです．

D 解では三角関数の合成を用いましたが，他にもいくつかのアプローチができます．

別解 1（内積と見る．②に続く）
$$\vec{u}=\begin{pmatrix}\sin\alpha\\1\end{pmatrix}, \vec{v}=\begin{pmatrix}\cos\theta\\\sin\theta\end{pmatrix}$$ とし，両者のなす角を γ とおくと，
$$L=4\sin\theta+4\sin\alpha\cos\theta=4\vec{u}\cdot\vec{v}$$
$$=4|\vec{u}||\vec{v}|\cos\gamma=4\sqrt{1+\sin^2\alpha}\cos\gamma$$

ここで，$\vec{u}$ と x 軸のなす角 θ_1 は $\tan\theta_1=\dfrac{1}{\sin\alpha}$ を満たす定角．また，$\vec{v}$ は x 軸と角 θ をなし，θ は $0°<\theta<\alpha$ の範囲を動く．

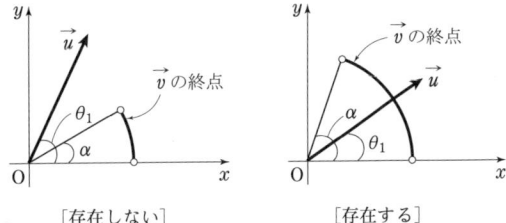

[存在しない] ／ [存在する]

上図より，M_L が存在する条件は θ_1 が $0°<\theta<\alpha$ に含まれることである．よって，
$$0<\tan\theta_1<\tan\alpha \quad \therefore\ \frac{1}{\sin\alpha}<\frac{\sin\alpha}{\cos\alpha} \quad \text{（以下略）}$$

* * *

解とほぼ同じ式変形になりましたね．というのは当たり前の話で，三角関数の合成と"内積と見る"は本質的に同じだからです（解の $\theta-\beta$ がなす角 γ に対応している）．

他に，数Ⅲの微分を用いる手もあります．

別解 2 $f(\theta)=4\sin\theta+4\sin\alpha\cos\theta$ とおくと，
$$f'(\theta)=4\cos\theta-4\sin\alpha\sin\theta$$
$$=-4\sqrt{1+\sin^2\alpha}\sin(\theta-\delta) \quad \cdots\cdots\text{④}$$

ここで，δ は $\cos\delta=\dfrac{\sin\alpha}{\sqrt{1+\sin^2\alpha}}$，$\sin\delta=\dfrac{1}{\sqrt{1+\sin^2\alpha}}$ を満たす鋭角である．

④より $f'(\theta)$ の符号は，$\theta=\delta$ の前後で正から負に変わる．よって，$0\leqq\theta\leqq\dfrac{\pi}{2}$ のもとでは $\theta=\delta$ で最大値をとるが（増減表は略），条件はこの δ が定義域に含まれていること，つまり $\delta<\alpha$
$$\therefore\ \tan\delta<\tan\alpha \quad \therefore\ \frac{1}{\sin\alpha}<\frac{\sin\alpha}{\cos\alpha} \quad \text{（以下略）}$$

* * *

このように解いた場合，$M_L=f(\delta)$ は，上記の $\cos\delta$ と $\sin\delta$ を代入して求めることになります．

　この解法では，$f'(\theta)$ の符号の考察がなされていない不備が散見されました（何の議論もなしに $f'(\theta)=0$ の解で最大とする）．$f'(\theta)=0$ の解であるというだけでは，極大なのか極小なのか，そもそも極値になっているのかすらわかりません．④のような $f'(\theta)$ の符号がわかる式変形は必須です（増減表そのものよりも，増減がわかる式変形の方が重要）．

　このように（2）で微分を利用した人は全体の 18％でした． （條）

問題 18 Oを中心とする半径1の円に内接する5角形ABCDEがある．△OAB＝△OBC＝△OCD＝△ODE＝△OEAのとき，5角形ABCDEの面積を求めよ． （2014年4月号）

平均点：12.8
正答率：10%
時間：SS 10%, S 34%, M 35%, L 20%

条件を満たすのは，もちろん正5角形だけではありません．正5角形と，正6角形が少し欠けた形だけでもありません．結論から言うと，条件を満たすような5角形ABCDEは3通りあります．抜け落ちがないように，∠AOBなどを設定して，しっかり考察していきましょう．

解 A，B，C，D，Eは，この順に反時計回りに並んでいるとしてよい．角度は反時計回りに測るものとして，∠AOB，∠BOC，∠COD，∠DOE，∠EOA（順に θ_1，θ_2，θ_3，θ_4，θ_5 とする）の中に π を超えるものがあるかどうかで場合分けをする．

（i）すべて π 以下のとき：5つの三角形の面積は $\frac{1}{2}\cdot 1\cdot 1\cdot \sin\theta_k$（$k=1, 2, \cdots, 5$）なので面積が等しい条件は，$\sin\theta_1=\sin\theta_2=\sin\theta_3=\sin\theta_4=\sin\theta_5$

よって，θ_k たちは，次のいずれかである：

（ア）すべて α（和は 5α）
（イ）4つが等しく α で，残り1つが $\pi-\alpha$
　　（和は $4\alpha+(\pi-\alpha)=\pi+3\alpha$）
（ウ）3つが等しく α で，残り2つが $\pi-\alpha$
　　（和は $3\alpha+2(\pi-\alpha)=2\pi+\alpha$）

$\theta_1+\theta_2+\theta_3+\theta_4+\theta_5=2\pi$ ……① より，

（ア）のとき，$5\alpha=2\pi$ から $\alpha=\frac{2}{5}\pi$

（イ）のとき，$\pi+3\alpha=2\pi$ から $\alpha=\frac{\pi}{3}$

（ウ）のとき，$2\pi+\alpha=2\pi$ から $\alpha=0$ となり，不適．

また，5角形ABCDEの面積は，$\frac{1}{2}\sin\alpha\times 5=\frac{5}{2}\sin\alpha$

（ア）$\beta=\frac{\pi}{5}$ とおくと，
$5\beta=\pi$ より $3\beta=\pi-2\beta$
よって $\sin 3\beta=\sin(\pi-2\beta)$
より $\sin 3\beta=\sin 2\beta$ なので
$3\sin\beta-4\sin^3\beta=2\sin\beta\cos\beta$
両辺を $\sin\beta$（$\ne 0$）で割ると，
$3-4\sin^2\beta=2\cos\beta$
∴ $3-4(1-\cos^2\beta)=2\cos\beta$
∴ $4\cos^2\beta-2\cos\beta-1=0$ ∴ $\cos\beta=\frac{1+\sqrt{5}}{4}$

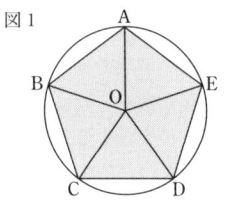

∴ $\sin\frac{2}{5}\pi=\sin\left(\frac{\pi}{2}-\frac{\pi}{10}\right)=\cos\frac{\pi}{10}=\cos\frac{\beta}{2}$
$=\sqrt{\frac{1+\cos\beta}{2}}=\sqrt{\frac{5+\sqrt{5}}{8}}=\frac{\sqrt{10+2\sqrt{5}}}{4}$

よって，5角形ABCDEの面積は，
$\frac{5}{2}\sin\frac{2}{5}\pi=\frac{5}{8}\sqrt{10+2\sqrt{5}}$

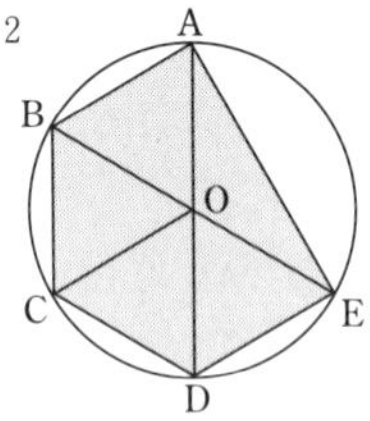

（イ）右図のようになるので，5角形ABCDEの面積は，
$\frac{5}{2}\sin\frac{\pi}{3}=\frac{5}{4}\sqrt{3}$

（ii）π を超えるものがあるとき：①よりそれは1つだけなので，θ_5 だとして良い．$\sin\theta_1=\sin\theta_2=\sin\theta_3=\sin\theta_4$ で，$0<\theta_k<\pi$（$k=1, \cdots, 4$）であるが，θ_k（$k=1, \cdots, 4$）の中に α と $\pi-\alpha$ のペアがあると，$\alpha+(\pi-\alpha)=\pi$，$\theta_5>\pi$ より，①に反する．よって，$\theta_1=\theta_2=\theta_3=\theta_4=\alpha$ とおける．このとき，△OAB＝△OEA より，$\sin\alpha=\sin 4\alpha$

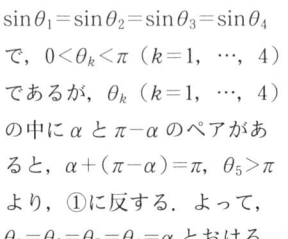

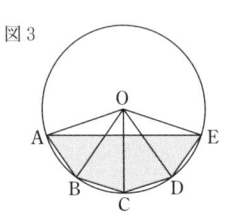

$4\alpha=2\pi-\theta_5<\pi$ より，$\alpha=\pi-4\alpha$ ∴ $\alpha=\frac{\pi}{5}$

よって，5角形ABCDEの面積は，
△OAB＋△OBC＋△OCD＋△ODE－△OEA
$=\frac{1}{2}\sin\alpha\times(4-1)=\frac{3}{2}\sin\frac{\pi}{5}$
$=\frac{3}{2}\sin\beta=\frac{3}{2}\sqrt{1-\cos^2\beta}=\frac{3}{2}\sqrt{1-\left(\frac{1+\sqrt{5}}{4}\right)^2}$
$=\frac{3}{2}\cdot\frac{\sqrt{10-2\sqrt{5}}}{4}=\frac{3}{8}\sqrt{10-2\sqrt{5}}$

【解説】

A 本問は，結論としては，条件を満たすような5角形ABCDEは3通りあるのですが，図2や図3の場合に気づいていない人が，たくさんいました．とくに，図3の，θ_1~θ_5 の中に π をこえるものがある場合を考えられていない人がとても多く，全体の75%にものぼりました．図1の正5角形の場合と，図2の場合を見つけて安心してしまった人もいるかもしれませんが，図3の場合を見落とすと，やはり大減点は免れません．該当した人は注意しましょう．中には，条件を満たすのは正5角形のみだと最初から思い込んでいた人も少なからずいましたが，それだと，ただの練習問題にしかならないので，もう少し疑ってかかるべきでしょう．

また，(i)(ウ)の場合は結果的に不適になってしまいますが，この場合もきちんと考察する必要があります．今回は，(i)(ウ)を考えていなくても答えは合いますが，それだと議論不足だと評価されても文句は言えません．考えられる全てのケースを考慮して，採点者に，自分はちゃんとわかっているんだということを，答案を通してしっかりアピールすることが大切です．

<u>B</u> 解答の中身を具体的に見ていきましょう．(i)のように，θ_k がすべて π 以下の場合は，条件から各 $\sin\theta_k$ の値がすべて等しくなります．このことから各 θ_k がすべて等しくなると早合点してはいけません．慌てる乞食は貰いが少ない．というのも，sin という関数は一般に非単調（より一般に，単射ではない）なので，sin の値が等しいからといって中身も等しいとはいえないのです．今回の場合だと，各 θ_k は0以上 π 以下なので，$\sin\theta_i = \sin\theta_j$ ならば，$\theta_i = \theta_j$ または $\theta_i = \pi - \theta_j$ のどちらかということになります（単位円上の動径が0以上 π 以下の部分で y 座標が等しいところを見ればより明快）．このことから，(i)では，各 θ_k は(ア)〜(ウ)のどれかのパターンになるということがわかります．これと①から各 θ_k を具体的に決めることができます．(ii)でも，やはり π より大きい θ_k 1つを除いて sin の値が等しくなるので，基本的な考え方は同じです．よく考えもせずに sin の値が等しいなら中身も等しいだろうと決めつけてしまった人は十分注意しましょう．

なお，参考程度ですが，一般に以下のことが成り立ちます．

m, n を整数として

$\sin x = \sin y$
$\iff x = y + 2m\pi$ または $x = -y + (2n+1)\pi$

$\cos x = \cos y$
$\iff x = y + 2m\pi$ または $x = -y + 2n\pi$

$\tan x = \tan y \iff x = y + m\pi$

<u>C</u> 題意をみたす5角形を決定した後その面積を求める部分では，いくつかの単純な（面積がすぐにわかる）三角形を足し引きすることにより求めます．複雑な形をした図形をいくつかの単純な図形に分割することにより考えやすくするというのは，算数でもよく行う方法ですが，高校数学でももちろん有効です．また，本問のような幾何の問題に限らず，積分で面積を求めるような問題でもこの考え方は大切です．適切な分割が見えるかどうかはセンスが試されますが，このセンスは練習を積むことである程度鍛えることができるものです．普段からどう分割すれば簡単になるか意識するようにしてみましょう．

<u>D</u> 解 の途中で $\cos\dfrac{\pi}{5}$ というものが出てきますが，これの求め方は 解 のように

$\sin\dfrac{3}{5}\pi = \sin\left(\pi - \dfrac{2}{5}\pi\right) = \sin\dfrac{2}{5}\pi$ を利用する以外にも有名な方法が2つあります．

[図形による求め方]

右図のように，
$\angle A = \theta = \dfrac{\pi}{5}$，$AB = AC = 1$
となる $\triangle ABC$ に対して，
辺 AC 上に $AD = DB$
となるような点Dをとる．
このとき，$DB = BC$ であり，
$\triangle ABC \backsim \triangle BCD$ より，

$AB : BC = BC : CD$
∴ $1 : x = x : (1-x)$
∴ $x^2 + x - 1 = 0$
∴ $x = \dfrac{-1+\sqrt{5}}{2}$

右図より $\cos 2\theta = \dfrac{x}{2}$ なので，

$2\cos^2\theta - 1 = \dfrac{-1+\sqrt{5}}{4}$

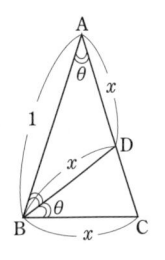

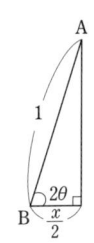

∴ $\cos^2\theta = \dfrac{3+\sqrt{5}}{8} = \left(\dfrac{1+\sqrt{5}}{4}\right)^2$

$\cos\theta > 0$ より，$\cos\theta = \dfrac{1+\sqrt{5}}{4}$

[複素数を利用した求め方]

$\theta = \dfrac{\pi}{5}$，$z = \cos\theta + i\sin\theta$ とおくと，$z^5 = -1$ より

$(z+1)(z^4 - z^3 + z^2 - z + 1) = 0$

$z \neq -1, 0$ より，

$z^2 - z + 1 - \dfrac{1}{z} + \dfrac{1}{z^2} = 0$

∴ $\left(z + \dfrac{1}{z}\right)^2 - \left(z + \dfrac{1}{z}\right) - 1 = 0$

$z + \dfrac{1}{z} = 2\cos\theta = w \ (>0)$ とおくと，

$w = \dfrac{1+\sqrt{5}}{2}$ ∴ $\cos\theta = \dfrac{w}{2} = \dfrac{1+\sqrt{5}}{4}$

（山崎）

問題19 曲線 $y=x^4+px^2+qx$ (p, q は実数の定数)は極大点と極小点を合わせて3個持つものとし,これらの3点を A,B,C とおく.

(1) y 軸に平行な軸を持ち,3点 A,B,C を通る放物線の方程式を p と q で表せ.

(2) A の x 座標を α とするとき,直線 BC の方程式を p と α で表せ.

（2005年9月号）

平均点：19.6
正答率：50％ （1）77％ （2）52％
時間：SS 17％, S 33％, M 26％, L 24％

(1) 求める放物線を $y=ax^2+bx+c$ とおき,A,B,C の x 座標を α, β, γ として,a, b, c を求めるという方針だと大変です.$f(x)=x^4+px^2+qx$ とおくと,$f(\alpha)$, $f(\beta)$, $f(\gamma)$ がそれぞれ α, β, γ の2次式(係数は共通)で表せればよいわけです.その際,$f'(\alpha)=0$ などを用いて次数下げしましょう.

(2) (1)の結果を利用しましょう.

解 $f(x)=x^4+px^2+qx$ とし,A,B,C の x 座標をそれぞれ α, β, γ とおく.

(1) $f'(x)=4x^3+2px+q$

より,$f(x)=\dfrac{x}{4}f'(x)+\dfrac{p}{2}x^2+\dfrac{3q}{4}x$

$f'(\alpha)=0$ なので,$f(\alpha)=\dfrac{p}{2}\alpha^2+\dfrac{3q}{4}\alpha$

同様に $f(\beta)=\dfrac{p}{2}\beta^2+\dfrac{3q}{4}\beta$, $f(\gamma)=\dfrac{p}{2}\gamma^2+\dfrac{3q}{4}\gamma$ …①

なので,3点 A,B,C は,$\boldsymbol{y=\dfrac{p}{2}x^2+\dfrac{3q}{4}x}$ ……②

上にある.

ここで,$p=0$ とすると,$f'(x)=0$ が3実解をもたず不適.よって $p\neq 0$ なので,②は確かに放物線である.また,異なる3点を通り y 軸に平行な軸をもつ放物線は一意に定まるので,②が求めるものである.

(2) ①より,直線 BC の傾きは

$$\dfrac{\dfrac{p}{2}\beta^2+\dfrac{3q}{4}\beta-\left(\dfrac{p}{2}\gamma^2+\dfrac{3q}{4}\gamma\right)}{\beta-\gamma}=\dfrac{p}{2}(\beta+\gamma)+\dfrac{3q}{4}$$

よって,直線 BC の方程式は,

$y=\left\{\dfrac{p}{2}(\beta+\gamma)+\dfrac{3q}{4}\right\}(x-\beta)+\dfrac{p}{2}\beta^2+\dfrac{3q}{4}\beta$

∴ $y=\left\{\dfrac{p}{2}(\beta+\gamma)+\dfrac{3q}{4}\right\}x-\dfrac{1}{2}p\beta\gamma$ …………③

$f'(x)=0$ の3解が α, β, γ なので,解と係数の関係より,$\alpha+\beta+\gamma=0$ ……④,$\alpha\beta+\beta\gamma+\gamma\alpha=\dfrac{p}{2}$ ……⑤

④より,$\beta+\gamma=-\alpha$

これを⑤より得られる $\beta\gamma+\alpha(\beta+\gamma)=\dfrac{p}{2}$ に代入して

$\beta\gamma=\alpha^2+\dfrac{p}{2}$

$f'(\alpha)=4\alpha^3+2p\alpha+q=0$ より,$q=-4\alpha^3-2p\alpha$ …⑥

これらを③に代入して,

$y=\left\{\dfrac{p}{2}\cdot(-\alpha)+\dfrac{3}{4}(-4\alpha^3-2p\alpha)\right\}x-\dfrac{1}{2}p\left(\alpha^2+\dfrac{p}{2}\right)$

∴ $\boldsymbol{y=(-3\alpha^3-2p\alpha)x-\dfrac{p}{2}\left(\alpha^2+\dfrac{p}{2}\right)}$

【解説】

A 本問で主に学んでほしいのは,(1)の**解**の方法です.「$f'(x)$ で割る」というのは唐突に感じるかもしれませんが,「$f(\alpha)$, $f(\beta)$, $f(\gamma)$ をそれぞれ α, β, γ の2次式で表す」という方針さえ立てば,自然に思えることでしょう.本質的には同じことですが,

『$f'(\alpha)=4\alpha^3+2p\alpha+q=0$ より,$\alpha^3=-\dfrac{p}{2}\alpha-\dfrac{q}{4}$

∴ $f(\alpha)=\alpha\cdot\alpha^3+p\alpha^2+q\alpha$
$=\alpha\left(-\dfrac{p}{2}\alpha-\dfrac{q}{4}\right)+p\alpha^2+q\alpha=\dfrac{p}{2}\alpha^2+\dfrac{3q}{4}\alpha$』

とすることもできます(次数下げ).

B 『$f(x)=x^3+3x^2+x+1$ の極値を求めよ』と言われたら,$f'(x)=3x^2+6x+1$ であり,

$f'(x)=0$ の解は $x=\dfrac{-3\pm\sqrt{6}}{3}$ ……………⑦

これを,$f(x)$ を $f'(x)$ で割って得られる式

$f(x)=\left(\dfrac{1}{3}x+\dfrac{1}{3}\right)f'(x)+\left(-\dfrac{4}{3}x+\dfrac{2}{3}\right)$ ……⑧

に代入します(⑦の x は $f'(x)=0$ を満たすので,〜〜〜は 0 になる).

この手法を図形的に見ると,⑧の余り $-\dfrac{4}{3}x+\dfrac{2}{3}$ は,極大点・極小点をともに通る直線の式(の右辺)を表していることになります($f'(x)=0$ を満たす x については $f(x)=-\dfrac{4}{3}x+\dfrac{2}{3}$ が成立しているから).

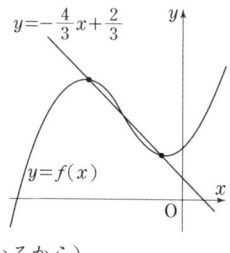

本問の(1)は，これの次数を1つ上げた場合，と言うことができますね（$f(x)$ ⇨ 4次式，$f'(x)$ ⇨ 3次式，余り ⇨ 2次式）．
　なお，(1)を⦿解のように $f'(x)$ で割り算して解いた人は全体の50%でした．

C　⦿解の方法に気付かなければ，$y=ax^2+bx+c$ とおいて a，b，c の方程式を解くことになり，とても大変です．最も重要なことは，「対称性を保ったまま変形する」ということで，さらに，本問の場合は，$f'(x)=0$ の解と係数の関係から $\alpha+\beta+\gamma=0$ なので，それを利用すると（$\alpha+\beta$ が出てきたら $-\gamma$ で置き換えるなど）手間がある程度削減できます．

D　(2)は，ほとんどの人が⦿解と同じ解法でした．立式の際に，$f(\beta)$，$f(\gamma)$ をもとの4次式のまま用いている人も目立ちましたが，ここは，(1)の2次式を用いてほしいところです．
　なお，⦿解では，④⑤を用いて $\beta+\gamma$，$\beta\gamma$ を α，p で表しましたが，⑥を先に用いると，
$$f'(x)=4x^3+2px+q=4x^3+2px-4\alpha^3-2p\alpha$$
$$=4(x-\alpha)(x^2+\alpha x+\alpha^2)+2p(x-\alpha)$$
$$=2(x-\alpha)(2x^2+2\alpha x+2\alpha^2+p)$$
となり，——=0の2解が β，γ であるから，
$$\beta+\gamma=-\alpha,\ \beta\gamma=\alpha^2+\frac{p}{2}$$
——とすることもできます．
　目立った不備としては，
- $\alpha\beta\gamma=-\frac{q}{4}$ から，$\beta\gamma=-\frac{q}{4\alpha}$ と無雑作に変形してしまうもの（$\alpha=0$ のときはまずい）
- 答えに q が残っているもの（問題文はしっかり読みましょう）

などがありました．

E　(2)も(1)と同様「割り算」を用いて解くことができます．
　(1)の答えを $y=g(x)$ とし，β，γ の満たす2次方程式を $h(x)=0$ として，$g(x)$ を $h(x)$ で割った商（定数）を Q，余りを $r(x)$ とおくと，$r(x)$ は1次または定数で，$g(x)=Qh(x)+r(x)$，$h(\beta)=0$ より，$g(\beta)=r(\beta)$ ですから，B$(\beta, g(\beta))=(\beta, r(\beta))$ は $y=r(x)$ 上にあります．

別解　(2)　$f'(\alpha)=0$ より $q=-4\alpha^3-2p\alpha$ ………⑨
だから，$f'(x)=4x^3+2px-4\alpha^3-2p\alpha$

$$=4(x-\alpha)\left(x^2+\alpha x+\alpha^2+\frac{p}{2}\right)$$
したがって，β，γ は，$x^2+\alpha x+\alpha^2+\frac{p}{2}=0$ ………⑩
の2解である．②の $\frac{p}{2}x^2+\frac{3q}{4}x$ を $g(x)$，⑩の左辺を $h(x)$ とおくと，
$$g(x)=\frac{p}{2}h(x)+\left(\frac{3q}{4}-\frac{p\alpha}{2}\right)x-\frac{p}{2}\left(\alpha^2+\frac{p}{2}\right)$$
$h(\beta)=0$ より，
$$g(\beta)=\left(\frac{3q}{4}-\frac{p\alpha}{2}\right)\beta-\frac{p}{2}\left(\alpha^2+\frac{p}{2}\right)$$
同様に，$g(\gamma)=\left(\frac{3q}{4}-\frac{p\alpha}{2}\right)\gamma-\frac{p}{2}\left(\alpha^2+\frac{p}{2}\right)$ なので，
2点B，Cは，$y=\left(\frac{3q}{4}-\frac{p\alpha}{2}\right)x-\frac{p}{2}\left(\alpha^2+\frac{p}{2}\right)$ …⑪
上にある．よって，⑪が直線BCであり，⑨を代入して
$$\boldsymbol{y=(-3\alpha^3-2p\alpha)x-\frac{p}{2}\left(\alpha^2+\frac{p}{2}\right)}$$
　＊　　　　　　＊
　ある程度の計算はどうしても必要で，⦿解と比べて極端にラクというわけではありませんが，うまいアイディアです．この解答は全体の8%でした．

F　⦿解の(1)と上の別解は，次のように考えれば，同じ発想にもとづくものだとわかります．
　曲線 $C：y=f(x)$ と，C 上の n 個の点
$(\alpha_1, f(\alpha_1)),\cdots,(\alpha_n, f(\alpha_n))$ について，
$$y=f(x)-q(x)\cdot(x-\alpha_1)\cdots(x-\alpha_n)\ \cdots\cdots⑫$$
$\qquad\qquad$ ($q(x)$ は任意の関数)
は，C と同じく $(\alpha_1, f(\alpha_1)),\cdots,(\alpha_n, f(\alpha_n))$ を通る曲線になります．
　ここで，$f(x)$ が多項式の場合，$f(x)$ を $(x-\alpha_1)\cdots(x-\alpha_n)$ で割った商を $q(x)$ とおけば，⑫の右辺は，$(x-\alpha_1)\cdots(x-\alpha_n)$ より低次の（つまり n 次未満の）多項式になります．
(1)では，$n=3$，$(\alpha_1, \alpha_2, \alpha_3)=(\alpha, \beta, \gamma)$
(2)では，$n=2$，$(\alpha_1, \alpha_2)=(\beta, \gamma)$ としています．
$\hfill$（條）

問題 20 $y=x^3-3x$ のグラフを C とし,$y=x^3-3x^2+3$ のグラフを D とする.C と D は 2 点 P,Q で交わる.
(1) C と D の囲む領域 W の面積を求めよ.
(2) 線分 PQ は,(1)の領域 W を 2 つの領域に分けることを示せ.また,その 2 つの領域の面積比を求めよ.   (2013 年 4 月号)

平均点:19.8
正答率:46% (1) 91% (2) 45%
時間:SS 18%, S 43%, M 27%, L 12%

(1) 3 次関数どうしですが,差をとると x^3 が消えて 2 次式になり,$\int_\alpha^\beta p(x-\alpha)(x-\beta)dx$ 型になります.

(2) 前半の示す部分は,曲線と直線の関係は単純ではないので,「図より」で済ますのは不十分です.数式を用いて説明しましょう.

解 $f(x)=x^3-3x$,$g(x)=x^3-3x^2+3$ とおく.

(1) $g(x)-f(x)=-3(x^2-x-1)\geqq 0$ を解けば,
$$\frac{1-\sqrt{5}}{2}\leqq x\leqq \frac{1+\sqrt{5}}{2}$$

$\dfrac{1-\sqrt{5}}{2}=\alpha$,$\dfrac{1+\sqrt{5}}{2}=\beta$

とおくと,$g(x)-f(x)$ は
$$-3(x-\alpha)(x-\beta)$$
と書けるので,求める面積は,
$$\int_\alpha^\beta \{g(x)-f(x)\}dx=\int_\alpha^\beta\{-3(x-\alpha)(x-\beta)\}dx$$
$$=\frac{3}{6}(\beta-\alpha)^3=\frac{1}{2}\cdot(\sqrt{5})^3=\frac{5\sqrt{5}}{2}\quad\cdots\cdots\cdots ①$$

(2) 直線 PQ を $y=mx+n$ とおく.
$f(x)=mx+n$ つまり $x^3-3x-(mx+n)=0$ ……②
は α,β を解に持つから,他の解を γ とおくと,解と係数の関係より,$\alpha+\beta+\gamma=0$
$\alpha+\beta=1$ より,$\gamma=-1$
$-1<\alpha$ であり,②の左辺は
$$(x+1)(x-\alpha)(x-\beta)$$
と書けるから,$\alpha<x<\beta$ では,(②の左辺)<0 ∴ $f(x)<mx+n$ ……③
$g(x)=mx+n$ つまり $x^3-3x^2+3-(mx+n)=0$ …④
の α,β 以外の解を δ とおくと $\alpha+\beta+\delta=3$ ∴ $\delta=2$
$\beta<2$ であり,④の左辺は
$$(x-\alpha)(x-\beta)(x-2)$$
と書けるから,$\alpha<x<\beta$ では,(④の左辺)>0
  ∴ $g(x)>mx+n$ ……⑤

③⑤から,線分 PQ は領域 W を 2 つの領域に分ける.

C と線分 PQ によって囲まれた部分の面積を S とすれば

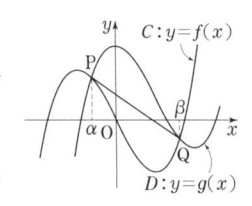

$$S=\int_\alpha^\beta\{(mx+n)-f(x)\}dx=\int_\alpha^\beta\{-(②の左辺)\}dx$$
$$=\int_\alpha^\beta\{-(x+1)(x-\alpha)(x-\beta)\}dx$$

(1)の過程より,$(x-\alpha)(x-\beta)=x^2-x-1$ だから,
$$S=\int_\alpha^\beta\{-(x+1)(x^2-x-1)\}dx$$
$$=\int_\alpha^\beta(-x^3+2x+1)dx=\left[-\frac{x^4}{4}+x^2+x\right]_\alpha^\beta$$
$$=-\frac{\beta^4-\alpha^4}{4}+(\beta^2-\alpha^2)+(\beta-\alpha)$$
$$=-\frac{(\beta^2+\alpha^2)(\beta^2-\alpha^2)}{4}+(\beta^2-\alpha^2)+(\beta-\alpha)$$

ここで,$\beta-\alpha=\sqrt{5}$,$\beta^2-\alpha^2=\sqrt{5}$,$\beta^2+\alpha^2=3$
だから,$S=-\dfrac{3\cdot\sqrt{5}}{4}+\sqrt{5}+\sqrt{5}=\dfrac{5\sqrt{5}}{4}$

これは①の半分だから,求める比は,**1 : 1**

【解説】

A (1)について

$f(x)$,$g(x)$ を微分して増減を調べていたり,$g(x)-f(x)$ を微分して増減を調べることで,$f(x)$ と $g(x)$ の大小関係を述べる答案もありました.欲しいのは「グラフの概形」ではなく「大小関係」ですので,差の符号にだけ着目すればよいわけです.微分してしまった人は,気をつけましょう.

また面積計算については,解では
$g(x)-f(x)=-3(x-\alpha)(x-\beta)$ という因数分解に気づくことで「6 分の 1 公式」

$-\int_\alpha^\beta(x-\alpha)(x-\beta)dx=\dfrac{1}{6}(\beta-\alpha)^3$ を適用し,楽に処理しています.面積計算では,因数分解を利用できないか,常にアンテナを張っておくとよいでしょう.

(1)は正答率こそ高いですが,面倒なことをしていなかったか,今一度振り返って欲しいと思います.

B (2)について

前半の示す部分が問題です.図を描いてみれば大体わかるように,D が線分 PQ より上側,C が線分 PQ より下側にあることを言えばよいのです.**解**では,これを

$f(x)<mx+n<g(x)$ として捉えました．**解**の「$-1<\alpha$，$\beta<2$」の部分を述べていない答案もありましたが，直線PQとC，Dが$\alpha<x<\beta$において交点を持たないことが大事なので，ここは述べて欲しいところです．

また，$f(x)$，$g(x)$の増減を調べて図を描き，「図より」としてダメなのは，右図のような場合があるかもしれないからです．数式で証明するのがあらゆる状況において最善手であるとは限りませんが，今回は数式を用いた方がまぎれがありません．

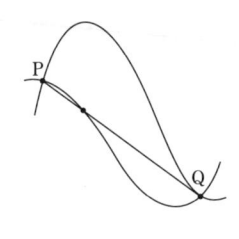

C　3次関数のグラフ

一般に，3次関数のグラフは点対称です．実際，$h(x)=ax^3+bx^2+cx+d$として，曲線$E: y=h(x)$をx方向に$\dfrac{b}{3a}$平行移動すると，

$$y=a\left(x-\dfrac{b}{3a}\right)^3+b\left(x-\dfrac{b}{3a}\right)^2+c\left(x-\dfrac{b}{3a}\right)+d$$

これはx^2の項が消えて$y=ax^3+px+q$の形になり，さらにy方向に$-q$平行移動すると$y=ax^3+px$ ……⑥
⑥は奇関数のグラフで原点に関して対称だから，Eも点対称です．なお，対称の中心は$\left(-\dfrac{b}{3a},\ h\left(-\dfrac{b}{3a}\right)\right)$です．

これは数Ⅲで出てくる変曲点（凹凸の変わり目）で，$h''(x)=0$から得られます．

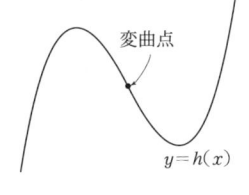

このことに注意すると，(2)の面積比が1:1になるのが偶然ではないことがわかります．

別解　$g(x)=(x-1)^3-3(x-1)+1=f(x-1)+1$より，$C$を$x$軸方向に1，$y$軸方向に1だけ平行移動したものが$D$である．一方，$C$は原点Oに関して対称だから，$D$は点A(1, 1)に関して対称．したがって，$C$と$D$はOAの中点$L\left(\dfrac{1}{2},\ \dfrac{1}{2}\right)$に関して対称（☞注）．PとQの$x$座標の平均は1/2だから，PとQはLに関して対称．よって線分PQはLを通るから，領域Wは線分PQによって二等分される．

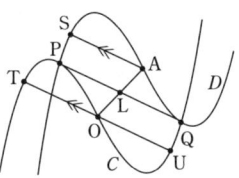

☞注　D上の任意の点Sに対して，上図の弧ASと弧OTは合同（平行移動），弧OTと弧OUも合同（対称性）だから弧ASと弧OUは合同になる．

したがって，CとDはOAの中点に関して対称です．

* * *

10%の応募者が対称性を見抜いていました．素晴らしい洞察力です．

面積の問題で対称性を利用する典型例は，右図のように直線が変曲点を通るときに，網目部と打点部の面積が等しくなるというものですが，

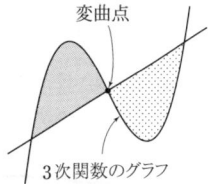

> **例題**　aを実数とする．xy平面上の2つの曲線$C_1: y=x^3$と$C_2: y=2x^2-ax$を考える．C_1，C_2が異なる3つの交点をもち，C_1とC_2で囲まれる2つの部分の面積が等しくなるようなaの値を求めよ．　　　（14　東北大・理－後，一部略）

のように3次関数のグラフの相手が曲線になると，話は少々変わってきます．

C_1の対称の中心は原点で，C_2は常に原点を通りますが，いつも面積が等しくなるわけではありません．C_1ではなく，**C_1とC_2の差**に着目しましょう．3つの交点のx座標をα，β，γ（$\alpha<\beta<\gamma$）とおくと，C_1とC_2で囲まれる2つの部分の面積は，それぞれ

$$\int_{\alpha}^{\beta}|x^3-(2x^2-ax)|dx,\ \int_{\beta}^{\gamma}|x^3-(2x^2-ax)|dx$$

ですが，これらは，$y=x^3-(2x^2-ax)$とx軸で囲まれる部分の面積に他なりません．これなら，相手が直線なので，対称性が利用できます．

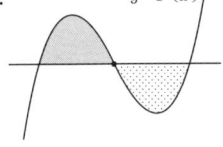

$F(x)=x^3-2x^2+ax$とおくと，$F'(x)=3x^2-4x+a$，$F''(x)=6x-4$より，$y=F(x)$は

変曲点$\left(\dfrac{2}{3},\ F\left(\dfrac{2}{3}\right)\right)=\left(\dfrac{2}{3},\ \dfrac{2}{3}a-\dfrac{16}{27}\right)$ …⑦

に関して対称なので，面積が等しくなるのは，⑦がx軸上にあるとき．よって，$\dfrac{2}{3}a-\dfrac{16}{27}=0$より $\boldsymbol{a=\dfrac{8}{9}}$

* * *

3次関数のグラフでは，対称性に加え，極値があるときグラフが右図のようになることに着目すると，最大・最小を考えるときなどに便利です．これは，3次関数を$h(x)$，極値をcとして，3次方程式$h(x)=c$の解と係数の関係（3解の和）から導きます．

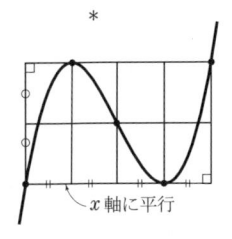

（伊藤）

問題21 多項式で表される関数 $f(x)$ と定数 c が
$\frac{1}{2}(1+x)\int_{-x}^{x} f(t)dt = -f(x)+x^4+c$ を満たしているとする.
$g(x)=\int_{-x}^{x} f(t)dt$ として以下の問いに答えよ.
(1) $g(x)$ は奇関数であることを示せ.
(2) $g(x)$ の次数は3以下であることを示せ.
(3) $f(x)$ と c の組が存在するならば求めよ.

(2008年9月号)

平均点:13.3
正答率:27%
　(1) 90% (2) 25% (3) 35%
時間:SS 15%, S 36%, M 30%, L 19%

(1) $g(-x)=-g(x)$ を示します.

(2) $f(x)=x^4+c-\frac{1}{2}(1+x)g(x)$ ……Ⓐ と
$g(x)=\int_{-x}^{x} f(t)dt$ から,次数の関係を考えます. $g(x)$ が $2n+1$ 次だとして,$n\geq 2$ のときはⒶから $f(x)$ が $2n+2$ 次と決まるので,背理法で示しましょう.

(3) (1)(2)をもとに $g(x)$ を設定しましょう.

解 (1) $g(x)=\int_{-x}^{x} f(t)dt$ ……①

より,$g(-x)=\int_{x}^{-x} f(t)dt=-\int_{-x}^{x} f(t)dt=-g(x)$

よって,$g(x)$ は奇関数.

(2) (1)より $g(x)$ の次数は奇数なので,$g(x)$ の次数を $2n+1$ とおく.

$n\geq 2$ と仮定して矛盾を導く.与式より,
$$\frac{1}{2}(1+x)g(x)=-f(x)+x^4+c$$
$$\therefore f(x)=x^4+c-\frac{1}{2}(1+x)g(x) \cdots ②$$

ここで,～～の次数は $2n+2$ であり,$n\geq 2$ のとき $2n+2>4$ なので,$f(x)$ の次数は $2n+2$
よって $f(x)=px^{2n+2}+(2n+1$ 次以下$)$ $(p\neq 0)$ とおくと,①より,$g(x)=\int_{-x}^{x}\{pt^{2n+2}+(2n+1$ 次以下$)\}dt$
$=\left[\frac{p}{2n+3}t^{2n+3}+(2n+2$ 次以下$)\right]_{-x}^{x}$
$=\frac{2p}{2n+3}x^{2n+3}+(2n+2$ 次以下$)$

となるので,$g(x)$ が $2n+3$ 次式となって,$g(x)$ の次数を $2n+1$ とおいたことに矛盾.

以上から $n\leq 1$ なので,$g(x)$ の次数は $2n+1\leq 3$

(3) (1)(2)より,$g(x)$ は3次以下の奇関数なので,
$$g(x)=ax^3+bx \quad \cdots ③$$
とおける.このとき,②から
$$f(x)=x^4+c-\frac{1}{2}(1+x)(ax^3+bx)$$
$$=\left(1-\frac{a}{2}\right)x^4-\frac{a}{2}x^3-\frac{b}{2}x^2-\frac{b}{2}x+c \cdots ④$$

よって①から,
$$g(x)=\int_{-x}^{x} f(t)dt$$
$$=\int_{-x}^{x}\left\{\left(1-\frac{a}{2}\right)t^4-\frac{a}{2}t^3-\frac{b}{2}t^2-\frac{b}{2}t+c\right\}dt$$
$$=2\int_{0}^{x}\left\{\left(1-\frac{a}{2}\right)t^4-\frac{b}{2}t^2+c\right\}dt$$
$$=\frac{2}{5}\left(1-\frac{a}{2}\right)x^5-\frac{b}{3}x^3+2cx \quad \cdots ⑤$$

③⑤の係数を比較して,$0=1-\frac{a}{2}$,$a=-\frac{b}{3}$,$b=2c$

よって,$a=2$,$b=-6$,$c=-3$

④に代入して,$\boldsymbol{f(x)=-x^3+3x^2+3x-3}$,$\boldsymbol{c=-3}$

【解説】

Ⓐ　まず,奇関数と偶関数の定義を確認しておきましょう.
- 任意の x について $H(-x)=-H(x)$ のとき,$H(x)$ は奇関数(グラフは原点に関して対称)
- 任意の x について $H(-x)=H(x)$ のとき,$H(x)$ は偶関数(グラフは y 軸に関して対称)

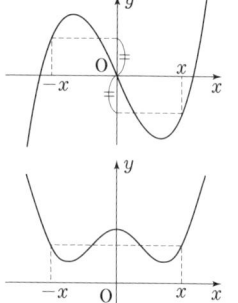

多項式でなくても,例えば $\sin x$ は奇関数,$\cos x$ は偶関数です.中には,全ての関数が奇関数と偶関数のどちらかに分かれると勘違いした人もいましたが,$x+1$ や $\sin x+\cos x$ は奇関数でも偶関数でもありません.

(1)で,$f(x)=a_m x^m+a_{m-1}x^{m-1}+\cdots+a_1 x+a_0$ のように設定して $\int_{-x}^{x} f(t)dt$ を計算した人がしばしば見られますが,解のように定義に従えば計算不要です.

Ⓑ　(2)は次数に関する誤りが多かったです.代表的なものとしては,①から,

㋐ $(g(x)$ の次数$)=(f(x)$ の次数$)$
㋑ $(g(x)$ の次数$)=(f(x)$ の次数$)+1$
㋒ ㋐㋑のどちらかしかあり得ないとする

があります．どれかに該当した人は50%でした．

㋑は，積分したから次数が上がると早合点したものですが，$f(t)$ の不定積分 $F(t)$ で次数が上がっても，$g(x)=F(x)-F(-x)$ で最高次が消えてしまうかもしれません．そのときは㋐かな？と思いたくなりますが，例えば $f(x)=x^3+1$ のとき，$g(x)=\left[\dfrac{t^4}{4}+t\right]_{-x}^{x}=2x$ で，㋐にはなりません．$f(x)=a_m x^m+a_{m-1}x^{m-1}+\cdots$ とおいたとき，$a_{m-1} \neq 0$ とは限らないのです．

ここはとても間違いやすいところです．試験でこういうミスに家に帰ってから気づいたりしても，翌日の科目に引きずらないで頭を切り替えていきましょう．

$f(x)$ の次数を m とおいて，上記の誤りをした人が多かったですが，正しくは次のようになります．

[解答例] $f(x)$ の次数を m とする．

(i) m が偶数のとき：$\displaystyle\int_{-x}^{x}t^m dt=\dfrac{2}{m+1}x^{m+1}$ より，

$g(x)=\displaystyle\int_{-x}^{x}f(t)dt$ は $m+1$ 次式となる．

$m \geq 4$ と仮定して矛盾を導く．

$$\dfrac{1}{2}(1+x)g(x)=-f(x)+x^4+c \quad \cdots\cdots ⑥$$

において，左辺は $m+2$ 次式．右辺は，$m \geq 4$ より m 次以下．よって，⑥の両辺の次数が一致しないので不適．

以上より m は2以下の偶数となるので，
$(g(x)$ の次数$)=m+1 \leq 3$ が示された．

(ii) m が奇数のとき：$f(x)$ の偶数次の項のうち，次数が最大のものを $a_j x^j$ $(a_j \neq 0)$ とする．

$\displaystyle\int_{-x}^{x}t^{2k+1}dt=0$ より $g(x)=\displaystyle\int_{-x}^{x}f(t)dt$ の次数は $j+1$

$j \geq 4$ と仮定して矛盾を導く．⑥の左辺は $j+2$ 次式．⑥の右辺は，$m>j \geq 4$ より m 次．$j+2$ は偶数，m は奇数だから，⑥の両辺の次数が一致しないので不適．

よって j は2以下の偶数となるので，
$(g(x)$ の次数$)=j+1 \leq 3$ が示された．

     *   *

偶奇に着目するところがポイントです．m が奇数の場合を正しくこなすのは，やや難しいです．

C (2)は，少数派でしたが，数Ⅲの範囲の別解もありますので，簡単に紹介します．

別解 $\dfrac{1}{2}(1+x)g(x)=-f(x)+x^4+c \quad \cdots\cdots ⑦$

で x を $-x$ で置き換えて，

$$\dfrac{1}{2}(1-x)g(-x)=-f(-x)+(-x)^4+c$$

$g(-x)=-g(x)$ より，上式は
$$\dfrac{1}{2}(x-1)g(x)=-f(-x)+x^4+c \quad \cdots\cdots ⑧$$

⑦+⑧より，
$$xg(x)=-\{f(x)+f(-x)\}+2x^4+2c \quad \cdots\cdots ⑨$$

一方，$g(x)=\displaystyle\int_{-x}^{x}f(t)dt=\displaystyle\int_{0}^{x}f(t)dt-\displaystyle\int_{0}^{-x}f(t)dt$

より，

$g'(x)=f(x)-f(-x)\cdot(-x)'=f(x)+f(-x)$ $\cdots$⑩

よって，⑨は，$xg(x)=-g'(x)+2x^4+2c$

     *   *

後は，$g(x)$ の次数が4以上だとすると矛盾が導けます．

⑩を導くところでは，$\dfrac{d}{dx}\displaystyle\int_{a}^{x}f(t)dt=f(x)$（$a$ は定数）と，合成関数の微分法を組み合わせた

$$\dfrac{d}{dx}\int_{a}^{h(x)}f(t)dt=f(h(x))\cdot h'(x) \text{（a は定数）}$$

を用いました．$g(x)=\displaystyle\int_{-x}^{x}f(t)dt$ のまま微分しようとして $g'(x)=f(x)-f(-x)$ のように間違えた人もいましたが，自信がなければ，$f(x)$ の原始関数の一つを $F(x)$ として，$g(x)=\displaystyle\int_{-x}^{x}f(t)dt=F(x)-F(-x)$

∴ $g'(x)=F'(x)-F'(-x)\cdot(-x)'=f(x)+f(-x)$

のようにやるのも，一つの手です．

D (3)は，②③から $f(x)$ が4次以下であることがわかります．もし $f(x)$ が x^4 の項を持てば，①より $g(x)$ に x^5 が残るので，$f(x)$ が3次以下であることがわかります．このような考察をして，
$f(x)=px^3+qx^2+rx+s$ とおき，

$\dfrac{1}{2}(1+x)\displaystyle\int_{-x}^{x}f(t)dt=-f(x)+x^4+c$ に代入して両辺の係数を比較してもできます．

また，(3)で $g(x)$ が3次以下の奇関数だということを利用する際に，$g(x)$ の次数で場合分けしている人も多くいました．

Ⓐ $g(x)=ax^3+bx$ $(a \neq 0)$
Ⓑ $g(x)=bx$ $(b \neq 0)$

のように場合分けすることになりますが，$g(x)=bx$ は $g(x)=ax^3+bx$ ……⑪ の $a=0$ の場合なので，$a \neq 0$ という制限をつけなければ⑪だけで用は足ります．よくある考え方なので，しっかり身につけましょう．

(藤田)

問題 22 3次方程式 $3x^3+4x^2+ax-a=0$ (a は実数の定数)は虚数解 z をもち,kz^2 (k は 0 でない実数)もこの方程式の z と異なる解であるという.このとき,a, k, z の組を求めよ.

平均点:19.1
正答率:45%
時間:SS 13%, S 34%, M 34%, L 19%

(2005 年 6 月号)

kz^2 も解なので,まず代入してみたくなりますが,それだけでは式は 2 本で,3 つの未知数 (a, k, z) を決められるとは思えません.本問では a が実数であることがポイントです.実数係数の 3 次方程式の解について言えることは?

解 実数係数の 3 次方程式
$$3x^3+4x^2+ax-a=0 \quad \cdots\cdots\cdots ①$$
が虚数 z を解にもつので,①の残りの 2 つの解は $\bar{z}$ と実数である.

(i) kz^2 が実数,すなわち z が純虚数 qi (q は実数で $q \neq 0$)のとき:$3(qi)^3+4(qi)^2+a(qi)-a=0$
より,$-4q^2-a+(-3q^3+aq)i=0$
$\therefore -4q^2-a=0, -3q^3+aq=0$

$q \neq 0$ なので $a=-4q^2, a=3q^2$ であるが,このとき $-4q^2=3q^2$ より $q=0$ となるので不適.

(ii) $kz^2=\bar{z}$ のとき:
$z=p+qi$ (p, q は実数で $q \neq 0$)とおくと,
$kz^2=\bar{z} \Longleftrightarrow k\{(p^2-q^2)+2pqi\}=p-qi$
$\Longleftrightarrow k(p^2-q^2)=p \cdots\cdots ②$ かつ $2kpq=-q \cdots\cdots ③$

③と $q \neq 0$ より $p=-\dfrac{1}{2k}$ なので,②に代入して
$$k\left(\dfrac{1}{4k^2}-q^2\right)=-\dfrac{1}{2k} \quad \therefore q^2=\dfrac{3}{(2k)^2}$$

よって,$z=-\dfrac{1}{2k}\pm\dfrac{\sqrt{3}}{2k}i \cdots\cdots\cdots ④$
$\bar{z}=-\dfrac{1}{2k}\mp\dfrac{\sqrt{3}}{2k}i$ (複号同順)

①の虚数解が $z, \bar{z}$ になるから,残りの実数解を r とすれば,解と係数の関係より,
$$z+\bar{z}+r=-\dfrac{4}{3}, \quad z\bar{z}+zr+\bar{z}r=\dfrac{a}{3}, \quad z\bar{z}r=\dfrac{a}{3}$$

$z+\bar{z}=-\dfrac{1}{k}, z\bar{z}=\dfrac{1}{k^2}$ を代入すると,
$$-\dfrac{1}{k}+r=-\dfrac{4}{3} \cdots\cdots\cdots ⑤$$
$$\dfrac{1}{k^2}-\dfrac{1}{k}r=\dfrac{a}{3} \cdots\cdots ⑥, \quad \dfrac{1}{k^2}r=\dfrac{a}{3} \cdots\cdots\cdots ⑦$$

⑥⑦より,$\dfrac{1}{k^2}-\dfrac{1}{k}r=\dfrac{1}{k^2}r$

これに,⑤から得られる $r=\dfrac{1}{k}-\dfrac{4}{3} \cdots\cdots\cdots ⑧$

を代入すると,$\dfrac{1}{k^2}-\dfrac{1}{k}\left(\dfrac{1}{k}-\dfrac{4}{3}\right)=\dfrac{1}{k^2}\left(\dfrac{1}{k}-\dfrac{4}{3}\right)$

整理して,$4k^2+4k-3=0$
$\therefore (2k-1)(2k+3)=0 \quad \therefore k=\dfrac{1}{2}, -\dfrac{3}{2}$

$k=\dfrac{1}{2}$ のとき,④より $z=-1\pm\sqrt{3}i$

⑧より $r=2-\dfrac{4}{3}=\dfrac{2}{3}$,⑦より,$a=3\cdot\dfrac{r}{k^2}=8$

$k=-\dfrac{3}{2}$ のとき,④より $z=\dfrac{1}{3}\pm\dfrac{1}{\sqrt{3}}i$

⑧より $r=-\dfrac{2}{3}-\dfrac{4}{3}=-2$,⑦より,$a=3\cdot\dfrac{r}{k^2}=-\dfrac{8}{3}$

以上より,(a, k, z) は
$$\left(8, \dfrac{1}{2}, -1\pm\sqrt{3}i\right), \left(-\dfrac{8}{3}, -\dfrac{3}{2}, \dfrac{1}{3}\pm\dfrac{1}{\sqrt{3}}i\right)$$

【解説】

A まず,問題を整理してみましょう.2 つの条件が与えられています.
Ⓐ ①の解が $x=z, kz^2$ で,$z \neq kz^2$
Ⓑ a, k が実数,z は虚数

冒頭で「a が実数であることがポイント」と書きましたが,Ⓑはどれも重要で,1 つでも欠けると a, k, z の値は決まりません.k が複素数でよいなら,a を勝手に決めたあと,①の解 z と複素数 k をうまく選んで kz^2 も①の解とすることができます($z \neq 0$ なら kz^2 はどのような複素数にもできるので当然です).また,z が実数の場合は,Ⓐは「①が異なる実数解を(少なくとも)2 つもつ」(このとき,①の解はすべて実数になります)となるので,計算すると a は「ある範囲の実数」になります.従って,値が有限個に決まることはありません.

複素数の問題では,実数という条件は特に重要です.そこを通り過ぎてしまって「条件不足で解けないのでは?」と思った人は,細かい条件にも注意を払うようにして下さい.なお,k が実数で z が虚数なら常に $z \neq kz^2$ が成立するので(なぜなら $z=kz^2$ とすると $z=0$ または $1=kz$),「z と kz^2 は異なる」という条件は不要です(ただし,そのことが問題文に明記されていなければ,答案では $z=kz^2$ の場合にも言及しなければなりません).

B 本問でカギとなる定理を一般的な形で述べておくことにします。

> $f(x)$ を実数係数の多項式，z を複素数とするとき，
> $$f(z)=0 \Longleftrightarrow f(\bar{z})=0$$

z が実数なら明らかなので，通常は虚数とします（なお，複素数＝虚数 というイメージがある人もいると思いますが，複素数とは実数と虚数を合わせたものです）．証明は，一般の場合も同様なので，$f(x)=3x^3+4x^2+ax-a$（本問の場合）で確かめておくことにします．

$$f(\bar{z})=3\bar{z}^3+4\bar{z}^2+a\bar{z}-a \quad \cdots\cdots\text{⑨}$$
$$=3\overline{z^3}+4\overline{z^2}+a\overline{z}-a \quad \cdots\cdots\text{⑩}$$
$$=\overline{3z^3}+\overline{4z^2}+\overline{az}-\bar{a} \quad \cdots\cdots\text{⑪}$$
$$=\overline{3z^3+4z^2+az-a}=\bar{0} \quad (\because\ f(z)=0)$$
$$=0$$

⑨から⑩では，
$$\bar{z}\cdot\bar{w}=\overline{zw} \text{（左辺は共役を先に，右辺は積を先に計算）}$$
を，⑩から⑪では，さらに
$$r \text{ が実数のとき，} \bar{r}=r$$
を用いています（実数係数であることを，そこで使っています）．

さて，$f(x)$ が3次（一般には奇数次）なら，$f(x)=0$ は少なくとも1つの実数解を持ちます．このことは，（3次の係数が正のとき）$y=f(x)$ のグラフが上のどちらかの形になることから，（x 軸と少なくとも1つの交点を持つことが）感覚的にわかれば十分です．

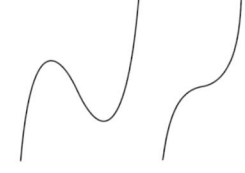

なお，kz^2 も虚数と思い込んでしまったためか，**解**の(i)の場合を忘れている人が16％いました．

C **解**では，実部と虚部を文字でおいて処理しましたが，この方法は計算が煩雑になりがちです（そのような解法が多数を占めました）．そこで，実部と虚部を設定せずに複素数のまま処理する方法を紹介します．

別解1（(ii)の部分）$\bar{z}=kz^2$ の両辺の共役をとると
$$z=k\bar{z}^2$$
従って，$z=k(kz^2)^2 \quad\therefore\ z=k^3z^4$
$z\neq 0$ だから，$1=k^3z^3 \quad\therefore\ (kz)^3=1$
$$\therefore\ (kz-1)\{(kz)^2+kz+1\}=0$$
z は虚数なので $kz-1\neq 0$

よって，$(kz)^2+kz+1=0 \quad\therefore\ kz=-\dfrac{1}{2}\pm\dfrac{\sqrt{3}}{2}i$

$$\therefore\ z=\dfrac{1}{k}\left(-\dfrac{1}{2}\pm\dfrac{\sqrt{3}}{2}i\right),\ \bar{z}=\dfrac{1}{k}\left(-\dfrac{1}{2}\mp\dfrac{\sqrt{3}}{2}i\right)$$
（複号同順）

$z,\bar{z}$ を2解とする2次方程式は
$$g(x)=x^2+\dfrac{1}{k}x+\dfrac{1}{k^2}=0 \quad\cdots\cdots\text{⑫}$$

なので，①の左辺 $3x^3+4x^2+ax-a$ は $g(x)$ で割り切れる．実際に割り算すると，①の左辺は
$$g(x)\left(3x+4-\dfrac{3}{k}\right)+\left(a-\dfrac{4}{k}\right)x-a-\dfrac{4}{k^2}+\dfrac{3}{k^3}$$

従って，$a-\dfrac{4}{k}=0,\ -a-\dfrac{4}{k^2}+\dfrac{3}{k^3}=0$ （以下略）

*　　　　　　　*

これが一般性のある解き方ですが，本問では $k^3z^3=1$ であるため，次のようにもできます．

別解2（⑫に続く）虚数 z が満たす方程式の1つは
$$g(z)=z^2+\dfrac{1}{k}z+\dfrac{1}{k^2}=0 \quad\cdots\cdots\text{⑬}$$

一方，①で $x=z$ とした $3z^3+4z^2+az-a=0$ において $z^3=\dfrac{1}{k^3}$ だから，$\dfrac{3}{k^3}+4z^2+az-a=0$

$$\therefore\ z^2+\dfrac{a}{4}z+\dfrac{1}{4}\left(-a+\dfrac{3}{k^3}\right)=0 \quad\cdots\cdots\text{⑭}$$

⑬と⑭は同じ方程式なので（そうでなければ，辺々引くことで実数 z が得られるか，または矛盾する），
$$\dfrac{1}{k}=\dfrac{a}{4},\ \dfrac{1}{k^2}=\dfrac{1}{4}\left(-a+\dfrac{3}{k^3}\right) \quad \text{（以下略）}$$

*　　　　　　　*

別解1，2のような，複素数のまま処理した答案は4％ありました．

（飯島）

問題23 実数 t が $1 \leq t \leq \sqrt{2}$ を満たすとき，3次方程式 $x^3-tx^2-t^2x+2-t^2=0$ の最も大きい実数解の最大値と最小値を求めよ．

（2014年9月号）

平均点：18.6
正答率：39%
時間：SS 10%, S 31%, M 39%, L 21%

まずは t を固定したときに最大の解がどのような範囲にあるかを調べましょう．その後は，その解が t について単調増加になることを示す方法や，解の配置に帰着する方法などがあります．

解 $f_t(x)=x^3-tx^2-t^2x+2-t^2$ とおく．これを x で微分すると $f_t'(x)=3x^2-2tx-t^2=(3x+t)(x-t)$
よって $f_t(x)$ は $x \geq t$ で単調増加であり，
$$f_t(t)=-t^3-t^2+2 \leq 0 \;(\because\; t \geq 1)$$
であることから $y=f_t(x)$ のグラフは右図のようになり，$f_t(x)=0$ は $x \geq t\;(\geq 1)$ においてただ一つ実数解を持ち，これが最大の解となる．この解を $\alpha(t)$ とおく．

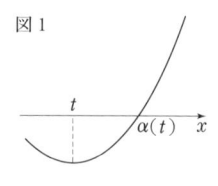

図1

ここで，x を $x_0\;(\geq 1)$ に固定したとき
$$f_t(x_0)=x_0^3-tx_0^2-t^2x_0+2-t^2$$
$$=-(x_0+1)t^2-x_0^2t+x_0^3+2$$
の t^2, t の係数は負だから，$f_t(x_0)$ は $1 \leq t \leq \sqrt{2}$ において t について単調減少である．
すなわち，各 $x\;(\geq 1)$ について見たとき $y=f_t(x)$ のグラフは右図のように t が増加するにつれて下がっていくので，$\alpha(t)$ は t が増加するにつれて右に動いていく．

$u<v$ のとき

図2

よって $\alpha(t)$ は t について単調増加であるので $t=1$ で最小値をとり $t=\sqrt{2}$ で最大値をとる．

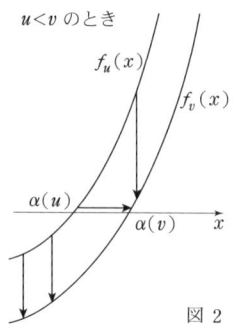

$f_1(x)=0 \iff x^3-1\cdot x^2-1^2\cdot x+2-1^2=0$
$\iff x^3-x^2-x+1=0 \iff x=1$（重解），$-1$
より $\alpha(1)=1$ であり，
$f_{\sqrt{2}}(x)=0 \iff x^3-\sqrt{2}x^2-(\sqrt{2})^2x+2-(\sqrt{2})^2=0$
$\iff x^3-\sqrt{2}x^2-2x=0 \iff x=0, \dfrac{\sqrt{2}\pm\sqrt{10}}{2}$
より $\alpha(\sqrt{2})=\dfrac{\sqrt{2}+\sqrt{10}}{2}$ である．

よって求める**最大値**は $\dfrac{\sqrt{2}+\sqrt{10}}{2}$，**最小値**は 1

【解説】

A 方針について

まずは，$f_t(x)=0$ がどのような解を持つのかを知るために増減を調べ，最大の解 $\alpha(t)$ のおよその範囲を調べましょう．すると，$\alpha(t)\;(\geq t)\geq 1$ であるとわかるので，$x \geq 1$ の範囲で考えればよくなります．

そして，次が意外に気づきにくい点なのですが，x がこの範囲にあれば $f_t(x)$ は t について単調減少になります．これを表したのが**解**の図2ですが，この絵がイメージできれば $\alpha(t)$ が単調増加であることもすぐにわかるでしょう．

B $\alpha(t)$ の単調性の別証：その1

しかし，グラフを用いた解法はイメージしにくい，厳密性に欠ける，などと感じる人もいるかもしれません．その場合は，以下のように式を用いて示す方法もあります．

［別証1］ $1 \leq u < v \leq \sqrt{2}$ ならば $\alpha(u)<\alpha(v)$ であることを示す．

x を $\alpha(v)$ に固定したとき，$f_t(x)$ は t について単調減少であるので $f_v(\alpha(v))<f_u(\alpha(v))$
また，$f_v(\alpha(v))=0=f_u(\alpha(u))$ であるので
$$f_u(\alpha(u))<f_u(\alpha(v)) \quad \cdots\cdots\cdots\text{①}$$
ここで，$f_u(x)$ は x について $x \geq u$ の範囲で単調増加であり，$\alpha(u) \geq u$, $\alpha(v) \geq v > u$ であるので，①と合わせて $\alpha(u)<\alpha(v)$ が成り立つ．

C $\alpha(t)$ の単調性の誤証

$\alpha(t)$ が t について単調増加であることを示す部分で多く見られた飛躍は，
「極小値の $f_t(t)=-t^3-t^2+2$ は t について単調減少であるから，グラフ全体も t が増加するにつれて右図のように右下に下がり，$\alpha(t)$ は右に動く，すなわち増加する」とするものです．

この場合，**解**のように各 x を固定したとき $f_t(x)$ が t について単調減少であるとは言えていないので，極小値以外の値は増加してしまうかもしれず，例えば $f_t(x)$

のグラフが右図のように変化したとすると t が増加しても $\alpha(t)$ も増加しません．

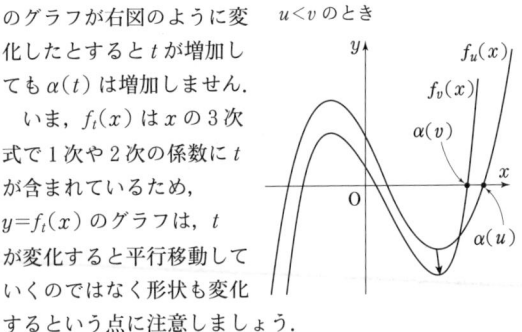

いま，$f_t(x)$ は x の3次式で1次や2次の係数に t が含まれているため，$y=f_t(x)$ のグラフは，t が変化すると平行移動していくのではなく形状も変化するという点に注意しましょう．

このように，解の方針で $\alpha(t)$ の単調性を示す議論に不備のあった人は全体の31%でした．

D $\alpha(t)$ の単調性の別証：その2

微分を用いて示す方法もあります（数Ⅲの範囲）．

[別証2] $\alpha(t)$ は $f_t(x)=0$ の解であるから，
$$\alpha(t)^3-t\{\alpha(t)\}^2-t^2\alpha(t)+2-t^2=0$$
これを t で微分して，
$$3\{\alpha(t)\}^2\alpha'(t)-\{\alpha(t)\}^2-2t\alpha(t)\alpha'(t)$$
$$-2t\alpha(t)-t^2\alpha'(t)-2t=0$$
式を整理して，
$$\{3\alpha(t)+t\}\{\alpha(t)-t\}\alpha'(t)=\{\alpha(t)\}^2+2t\alpha(t)+2t$$
ここで，解と同様にして $\alpha(t)\geq t$ が示せ，特に $t>1$ では $f_t(t)<0$ より $\alpha(t)>t$ が成り立つので $3\alpha(t)+t>0$，$\alpha(t)-t>0$ で，
$$\alpha'(t)=\frac{\{\alpha(t)\}^2+2t\alpha(t)+2t}{\{3\alpha(t)+t\}\{\alpha(t)-t\}}>0$$
よって $\alpha(t)$ は $t>1$ で単調増加である．

*　　　　　　　*

解より少し計算量が増えますが，実践的な解法でしょう．

E $f_t(x)$ を t の2次式とみて解の配置に帰着する方法もあります．

別解1 $f_t(x)=0$ が $x\geq t$ でただ一つ解を持つことを示すところまでは解と同様．

以下では $x\geq 1$ とする．

$f_t(x)=0$ より，$(x+1)t^2+x^2t-(x^3+2)=0$

これが $1\leq t\leq\sqrt{2}$ かつ $t\leq x$ に解を持つ条件を考える．この左辺を t の2次式とみて，$g_x(t)$ とおく．

$g_x(t)$ は $t\geq 1$ において単調増加である．

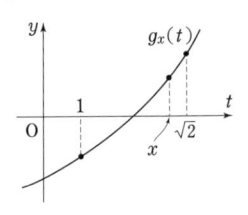

また，$x\geq 1$ では
$$g_x(1)=-x^3+x^2+x-1$$
$$=-(x-1)^2(x+1)\leq 0$$
であるから，求める条件は，

$g_x(\sqrt{2})\geq 0$ かつ $g_x(x)\geq 0$

すなわち，$2(x+1)+\sqrt{2}x^2-x^3-2\geq 0$ かつ
$$(x+1)x^2+x^2\cdot x-x^3-2\geq 0$$
$\iff x(x^2-\sqrt{2}x-2)\leq 0$ かつ
$$(x-1)\{(x+1)^2+1\}\geq 0$$
$\iff$ 『$x\leq\dfrac{\sqrt{2}-\sqrt{10}}{2}$ または $0\leq x\leq\dfrac{\sqrt{2}+\sqrt{10}}{2}$』 かつ
$$x\geq 1$$
$\iff 1\leq x\leq\dfrac{\sqrt{2}+\sqrt{10}}{2}$

よって，求める**最大値**は $\dfrac{\sqrt{2}+\sqrt{10}}{2}$，**最小値**は1

*　　　　　　　*

これも比較的自然な発想の解法で，この解法をとっている人も多かったです．

F 「同次式は割ってみる」の定石に従うと「定数は分離せよ」に持ち込めます（三田好文さんの解答）．

別解2 $x^3-tx^2-t^2x+2-t^2=0$ ……②

$t\neq 0$ なので，②の両辺を t^3 で割り，$X=\dfrac{x}{t}$ ……③

とすると，② $\iff X^3-X^2-X=\dfrac{t^2-2}{t^3}$

$\dfrac{t^2-2}{t^3}=g(t)=k$ として，Xy 平面上の曲線 $y=f(X)=X^3-X^2-X$ と，直線 $y=k$ の共有点を考える．t を $1\leq t\leq\sqrt{2}$ で固定すると，③より $x=tX$ だから，②の最大の実数解 x には，共有点のうち X 座標が最大のものが対応する．

$\dfrac{dk}{dt}=\dfrac{2t\cdot t^3-(t^2-2)\cdot 3t^2}{t^6}=\dfrac{6-t^2}{t^4}>0$ より，k は t の増加関数で，$g(1)=-1$，$g(\sqrt{2})=0$

よって，k の範囲は $-1\leq k\leq 0$

また，$f(X)=0$ のとき，$X=0$，$\dfrac{1\pm\sqrt{5}}{2}$
$$f'(X)=3X^2-2X-1=(3X+1)(X-1)$$

したがって，$y=f(X)$ かつ $y=k$（$-1\leq k\leq 0$）の最大の実数解を $X=\alpha$ とすると，右図のようになる．

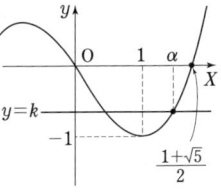

以上をまとめると

t	1	↗	$\sqrt{2}$
k	-1	↗	0
α	1	↗	$\dfrac{1+\sqrt{5}}{2}$
$t\alpha$	$1\cdot 1$	↗	$\sqrt{2}\cdot\dfrac{1+\sqrt{5}}{2}$

最大の実数解 $x=t\alpha$ の
最大値は $\dfrac{\sqrt{2}+\sqrt{10}}{2}$，
最小値は1　（一山）

問題 24 実数 x_1, x_2, x_3, x_4 に対する不等式

$$x_4\sum_{k=1}^{4}x_k+\sum_{k=1}^{3}\left\{(x_{k+1}+\alpha x_k)\sum_{i=1}^{k}x_i\right\}\geqq 0 \quad \cdots\cdots ①$$ を考える.

(1) $\alpha=1$ のとき,すべての実数 x_1, x_2, x_3, x_4 に対して①が成り立つことを示せ.

(2)(i) すべての実数 x_1, x_2, x_3, x_4 に対して①が成り立つような,実数の定数 α の値の範囲を求めよ.

(ii) α が(i)の範囲に含まれるとき,①の等号成立条件を求めよ.

(2013年8月号)

平均点:18.5
正答率:35%
 (1) 96% (2)(i) 45% (ii) 57%
時間:SS 17%, S 38%, M 30%, L 15%

(1) ①の左辺は平方の形になります.

(2)(i) (1)のときの左辺が現れるように,①の左辺を変形しましょう.$\alpha\geqq 1$ なら OK であること(十分性)はすぐにわかりますが,$\alpha\geqq 1$ でなければならないこと(必要性)についても,きちんと議論しなければなりません.

(ii) $\alpha=1$ と $\alpha>1$ で少し違います.

解 ①を具体的に書き下すと,

$x_4(x_1+x_2+x_3+x_4)+(x_2+\alpha x_1)x_1$
$+(x_3+\alpha x_2)(x_1+x_2)+(x_4+\alpha x_3)(x_1+x_2+x_3)\geqq 0$

$\therefore \left.\begin{array}{l}\alpha(x_1^2+x_2^2+x_3^2)+x_4^2\\+(1+\alpha)(x_1x_2+x_1x_3+x_2x_3)\\+2(x_1x_4+x_2x_4+x_3x_4)\end{array}\right\}\geqq 0 \quad\cdots\cdots ①'$

(1) $\alpha=1$ のとき,①′の左辺は,

$x_1^2+x_2^2+x_3^2+x_4^2$
$\quad +2(x_1x_2+x_1x_3+x_2x_3+x_1x_4+x_2x_4+x_3x_4)$
$=(x_1+x_2+x_3+x_4)^2\geqq 0$

となる.よって,示された.

(2)(i) ①′の左辺は,

$x_1^2+x_2^2+x_3^2+x_4^2$
$+2(x_1x_2+x_1x_3+x_2x_3+x_1x_4+x_2x_4+x_3x_4)$
$+(\alpha-1)(x_1^2+x_2^2+x_3^2+x_1x_2+x_1x_3+x_2x_3)$

$=\underbrace{(x_1+x_2+x_3+x_4)^2}_{②}$
$\quad+\underbrace{\dfrac{\alpha-1}{2}\{(x_1+x_2)^2+(x_2+x_3)^2+(x_3+x_1)^2\}}_{③}\Bigg\}\cdots④$

$\alpha\geqq 1$ のとき,④は必ず 0 以上.

$\alpha<1$ のときは,例えば $x_1=x_2=0$, $x_3=1$, $x_4=-1$ とすると ④$=\alpha-1<0$ となるので①は不成立.

以上より,答えは $\alpha\geqq 1$

(ii) $\alpha=1$ のとき,③$=0$ より,②$=0$ が等号成立条件なので,$x_1+x_2+x_3+x_4=0$

$\alpha>1$ のとき,②$=0$ かつ ③$=0$,すなわち,

$x_1+x_2+x_3+x_4=0$ かつ $x_1+x_2=0$ かつ $x_2+x_3=0$ かつ

$x_3+x_1=0$ が等号成立条件なので,

$\boldsymbol{x_1=x_2=x_3=x_4=0}$

【解説】

A 本問の最大の難関の(2)(i)ですが,まずは,(1)に倣って,①の左辺を④の形に変形することが第1のポイントです.これについては多くの人ができていました.あとは,$\alpha\geqq 1$ の十分性と必要性を言えばよいのですが(十分性については,ほとんど明らか),応募者の中には,"④がすべての実数 x_1, x_2, x_3, x_4 について成り立つ条件は $\alpha\geqq 1$ である" とだけ書いていて,$\alpha<1$ では不適なこと($\alpha\geqq 1$ の必要性)が言えていない人がたくさんいました(全体の35%).

④がすべての実数 x_1, x_2, x_3, x_4 について成り立つ条件が $\alpha\geqq 1$ であることは明らかとは言えません.これは,

例題 1 すべての実数 x, y に対して

$$x^2+y^2+\alpha(x+y)^2\geqq 0 \quad\cdots\cdots⑤$$

が成り立つための α の条件を求めよ.

の答えを $\alpha\geqq 0$ とするのと五十歩百歩です.正しくはどうなるか,以下を読む前に考えてみましょう.

* *

$\alpha=-\dfrac{1}{2}$ でも,⑤の左辺は

$$x^2+y^2-\dfrac{1}{2}(x+y)^2=\dfrac{1}{2}(x-y)^2$$

となるので,⑤は成り立ちます.正しくは,

解 $x=y=1$ のときも⑤が成り立たなければならないから,$1^2+1^2+\alpha(1+1)^2\geqq 0$ $\therefore \alpha\geqq -\dfrac{1}{2}$

でなければならない.逆に,$\alpha\geqq -\dfrac{1}{2}$ のとき,

$(⑤の左辺)=\dfrac{1}{2}(x-y)^2+\left(\alpha+\dfrac{1}{2}\right)(x+y)^2\geqq 0$

となるから,⑤はすべての実数 x, y に対して成り立つ.

よって，求める条件は $\alpha \geqq -\dfrac{1}{2}$

* *

となります．

ギロンに不備があった人は注意しましょう．

B $\alpha<1$ で不適なことを言うには，解のように具体的な x_1, x_2, x_3, x_4 の値を与えて考えてやってもよいし，④を x_4 についての2次関数と見ると，最小値が③であることから，③$\geqq 0$，すなわち $\alpha \geqq 1$ だとするのでもかまいません（$\alpha<1$ とすると $x_1+x_2 \neq 0$ のとき ③<0 となり不適）．いずれにせよ，必要性と十分性がしっかりわかっていることがちゃんと伝わるように，答案を書くべきです．

C Aの例題1の話に戻りますが，$x=y=1$ という特別な (x, y) に対して不等式が成り立つための α のみたすべき条件を求め（必要条件），そのとき常に与えられた不等式が成り立つことを示す（十分条件）という方法で解くことができました．では，本問でも同じやり方でできるのかというと，上手くはいきません．実際，①' で $x_1=x_2=x_3=x_4=1$ としてみると
$$3\alpha+1+3(1+\alpha)+6 \geqq 0$$
$$\therefore \alpha \geqq -\dfrac{5}{3} \quad \cdots\cdots\cdots\cdots⑥$$
となりますが，これは（2）(ⅰ)の答えと違います（⑥は必要条件ではあるが十分条件ではない）．

ではどのような場合にうまくいくのかが気になるところですが，答えは簡単で，**与えられた不等式がすべての文字について対称であるときだけ同じ値を代入する方法**が通用します（①は x_4 だけ仲間外れで左辺は対称式ではないが，⑤の左辺は x, y についての対称式）．本問のように対称でない場合は機械的な作業では済まず，対称の場合より難しいので，難関大学で出題されるならこちらのパターンが多いと思います．

以下の例題2は，例題1にほんの少し手を加えて対称性を崩しただけですが，すぐに対処はできますか？

例題2. すべての実数 x, y に対して
$$x^2+2y^2+\alpha(x+2y)^2 \geqq 0 \quad \cdots\cdots\cdots⑦$$
が成り立つための α の条件を求めよ．

解 ⑦を x について整理すると
$$(1+\alpha)x^2+4\alpha xy+2(1+2\alpha)y^2 \geqq 0 \quad \cdots\cdots\cdots⑧$$
$\alpha=-1$ のときは，⑦で $x=y=1$ とすると $3-9 \geqq 0$ となり成り立たないので不適．

$\alpha \neq -1$ のとき，⑧がすべての実数 x に対して成り立つための条件は
$$(2\alpha y)^2-(1+\alpha)\cdot 2(1+2\alpha)y^2 \leqq 0$$
$$\text{かつ } 1+\alpha>0$$
$$\therefore -2(3\alpha+1)y^2 \leqq 0 \text{ かつ } 1+\alpha>0$$
これがすべての実数 y について成り立つための α の条件は，$3\alpha+1 \geqq 0$ かつ $1+\alpha>0$ より $\alpha \geqq -\dfrac{1}{3}$ となり，これが答えである．

* *

2次式の扱いに慣れている人なら難しくは感じないでしょう．しかし，不等式が必ず2次式（もっと言うと多項式）とは限りません．以下のような場合はどうしますか？

例題3. すべての正の実数 x, y に対して
$$\sqrt{x}+\sqrt{y} \leqq k\sqrt{2x+y}$$
が成り立つための k の条件を求めよ．

解 与不等式の両辺を $\sqrt{2x+y}$ でわった
$$\dfrac{\sqrt{x}+\sqrt{y}}{\sqrt{2x+y}} \leqq k$$
がすべての正の実数 x, y に対して成り立つような k の条件を求めればよい．それは，左辺の最大値を M とすると，$k \geqq M$ である．

一般に，正の実数 a, b, u, v に対して
$$(au+bv)^2 \leqq (a^2+b^2)(u^2+v^2) \quad \cdots\cdots⑨$$
（コーシー・シュワルツの不等式）

が成り立つことを用いる（証明略）．等号は $\dfrac{b}{a}=\dfrac{v}{u}$ のとき成り立つ．

⑨で $a=\dfrac{1}{\sqrt{2}}, b=1, u=\sqrt{2x}, v=\sqrt{y}$ とすると，
$$(\sqrt{x}+\sqrt{y})^2 \leqq \dfrac{3}{2}(2x+y)$$
$$\therefore \dfrac{\sqrt{x}+\sqrt{y}}{\sqrt{2x+y}} \leqq \sqrt{\dfrac{3}{2}}=\dfrac{\sqrt{6}}{2}$$

等号は，$\dfrac{1}{\frac{1}{\sqrt{2}}}=\dfrac{\sqrt{y}}{\sqrt{2x}}$ すなわち $y=4x$ のとき成り立つ．

よって，$M=\dfrac{\sqrt{6}}{2}$ なので答えは $k \geqq \dfrac{\sqrt{6}}{2}$

* *

不等式の問題では，決まった解法があるというわけではなく，アドリブをきかす必要のある分野といえるでしょう．

（山崎）

問題 25 関数 $f(x)=ax^2+bx+c$（a, b, c は実数）は次の条件（*）を満たすとする.

（*） $-1\leq x\leq 1$ のとき $|f(x)|\leq 1$ が成り立つ.

（1） $f'(x)=pf(-1)+qf(0)+rf(1)$ を満たす p, q, r を x を用いて表せ.

（2） $-1\leq x\leq 1$ のときの $|f'(x)|$ の最大値を $M(a,b,c)$ とおく. a, b, c を（*）を満たすように動かすとき，$M(a,b,c)$ の最大値を求めよ. （2006年12月号）

平均点：20.6
正答率：57%（1）92%（2）57%
時間：SS 18%, S 30%, M 27%, L 25%

（1） $2a$, b を $f(-1)$, $f(0)$, $f(1)$ で表しましょう.

（2） $y=f'(x)$ のグラフは直線になるので，$-1\leq x\leq 1$ において，$|f'(x)|$ は $x=-1$ か $x=1$ で最大になります．$|A+B|\leq |A|+|B|$ を用いて $|f'(-1)|$ と $|f'(1)|$ を評価しましょう．ただし，$M(a,b,c)\leq k$（k は定数）と評価できても，等号が成り立たないと，k が最大値だとは言えません．

解 （1） $f'(x)=2ax+b$
$$f(-1)=a-b+c \quad \cdots\cdots ①$$
$$f(0)=c \quad \cdots\cdots ②$$
$$f(1)=a+b+c \quad \cdots\cdots ③$$
①+③−2×② より，$2a=f(-1)+f(1)-2f(0)$
（③−①）÷2 より，$b=\dfrac{f(1)-f(-1)}{2}$ だから，
$$f'(x)=\{f(-1)+f(1)-2f(0)\}x+\dfrac{f(1)-f(-1)}{2}$$
$$=\left(x-\dfrac{1}{2}\right)f(-1)-2xf(0)+\left(x+\dfrac{1}{2}\right)f(1) \quad \cdots ④$$
$$\therefore\ \boldsymbol{p=x-\dfrac{1}{2},\ q=-2x,\ r=x+\dfrac{1}{2}}$$

（2） $f'(x)=2ax+b$ は1次関数または定数なので，$-1\leq x\leq 1$ において，端点の $x=\pm 1$ で $f'(x)$ は最大，最小となる．よって，$x=1$ または $x=-1$ で $|f'(x)|$ は最大となるので，
$$M(a,b,c)=\{|f'(-1)| と |f'(1)| の大きい方\}$$
ここで，④と条件（*）より，
$$|f'(-1)|=\left|-\dfrac{3}{2}f(-1)+2f(0)-\dfrac{1}{2}f(1)\right| \quad \cdots\cdots ⑤$$
$$\leq \left|-\dfrac{3}{2}f(-1)\right|+|2f(0)|+\left|-\dfrac{1}{2}f(1)\right| \quad \cdots\cdots ⑥$$
$$=\dfrac{3}{2}|f(-1)|+2|f(0)|+\dfrac{1}{2}|f(1)|$$
$$\leq \dfrac{3}{2}+2+\dfrac{1}{2}=4$$
同様に，$|f'(1)|=\left|\dfrac{1}{2}f(-1)-2f(0)+\dfrac{3}{2}f(1)\right|$
$$\leq \dfrac{1}{2}|f(-1)|+2|f(0)|+\dfrac{3}{2}|f(1)|\leq 4$$

よって $M(a,b,c)\leq 4$ ……⑦

一方，$f(x)=2x^2-1$ とすると，右図より $f(x)$ は（*）を満たし，$|f'(1)|=4$ だから，⑦の等号は成立する．

以上より，求める最大値は **4**

【解説】

A （1）は，

『$f'(x)=pf(-1)+qf(0)+rf(1)$
$=p(a-b+c)+qc+r(a+b+c)$
$=(p+r)a+(-p+r)b+(p+q+r)c$ ……⑧』

が，$f'(x)=2ax+b$ ……⑨

に一致することから，
$$p+r=2x,\ -p+r=1,\ p+q+r=0$$
$$\therefore\ p=x-\dfrac{1}{2},\ r=x+\dfrac{1}{2},\ q=-2x \text{』}$$

のようにして解く人が多かったです．⑧＝⑨を a, b, c の恒等式と思っていいか疑問に思う人もいるでしょうが，本問では，「a, b, c によらないような，p, q, r を x で表す式」を見つければ良いので，問題ありません．

B （2）は，$|f'(x)|$ の最大値しか問題になっていないので，**解**では $x=\pm 1$ しか調べていません．このようにして解いた人は54%でした．

定義域が $t\leq x\leq u$ の1次関数（または定数関数）$g(x)$ では，端点 $x=t$, u での値が最大値や最小値になります．1次関数に絶対値がついた $|g(x)|$ でも，最大値は端点のみを調べれば十分です（最小値は 0 の可能性もあります）．この手法は，しっかり身につけておきましょう．

これに対して，$-1\leq x\leq 1$

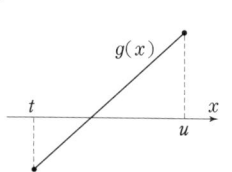

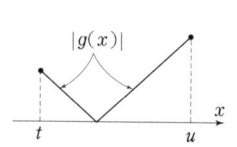

の x すべてを相手にすると，次のようになります．

[解答例] 条件（∗）と（1）より，
$$|f'(x)| = |pf(-1)+qf(0)+rf(1)|$$
$$\leq |pf(-1)|+|qf(0)|+|rf(1)| \leq |p|+|q|+|r|$$
$$= \left|x-\frac{1}{2}\right|+|2x|+\left|x+\frac{1}{2}\right| \quad \cdots\cdots\text{⑩}$$

これを $h(x)$ とおくと，$h(x)$ のグラフは折れ線で，端点と折れ目は，$h(-1)=4$
$h\left(-\frac{1}{2}\right)=2$, $h(0)=1$
$h\left(\frac{1}{2}\right)=2$, $h(1)=4$
よって，右図のようになり，
$h(x)\leq 4$ （以下略）

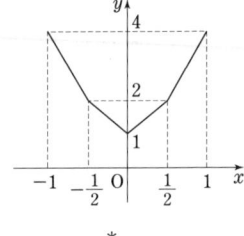

∗   ∗

$h(x)$ は1次関数をつないだものなので，グラフが折れ線になることから，端点と折れ目を調べるだけで済ませましたが，正直に x で場合分けして

$-1\leq x\leq -\frac{1}{2}$ のとき，$h(x)=-4x$

$-\frac{1}{2}\leq x\leq 0$ のとき，$h(x)=-2x+1$

$0\leq x\leq \frac{1}{2}$ のとき，$h(x)=2x+1$

$\frac{1}{2}\leq x\leq 1$ のとき，$h(x)=4x$

としたりすると，もう一手間増えます．[解答例]あるいは上記のようにした人は15%でした．なお，⑩のまま評価しようとすると，

$\left|x-\frac{1}{2}\right|\leq \frac{3}{2}$, $|2x|\leq 2$, $\left|x+\frac{1}{2}\right|\leq \frac{3}{2}$ から，⑩≤ 5

という不等式しか作れず，等号は同時には成り立たないので，失敗です．

一方，11%の人は（1）を無視していました．（∗）から出る $-1\leq f(-1)\leq 1$, $-1\leq f(0)\leq 1$, $-1\leq f(1)\leq 1$ から a, b, c についての不等式を出し，$f(x)$ の頂点の位置で場合分けして最大値を求めていくなどの解法ですが，かなり大変です．

a, b, c より，$f(-1)$, $f(0)$, $f(1)$ に注目する方が，（∗）の条件が使いやすくなるので楽なわけです．

C 解 や解答例では，絶対値に関する不等式を用いました．下からの評価も一緒に書いておくと，
$$||A|-|B|| \leq |A+B| \leq |A|+|B|$$

これは，A, B が複素数やベクトルのときも成り立ちます（数Ⅲの複素数平面で扱いま

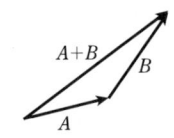

すが，$A=x+yi$ のとき，
$|A|=\sqrt{x^2+y^2}=$（原点と A の距離）です．
$|A+B|\leq |A|+|B|$ の B を $B+C$ とすると，
$|A+B+C|\leq |A|+|B+C| \leq |A|+|B|+|C|$
∴ $|A+B+C|\leq |A|+|B|+|C|$ ………⑪

となります．解 の ⑤⇨⑥ では，$A=-\frac{3}{2}f(-1)$,

$B=2f(0)$, $C=-\frac{1}{2}f(1)$ としました．

D どの解法にしろ，$|f'(x)|\leq 4$ を出しただけでは，（$|f'(x)|$ の最大値）の最大値が4だとは言えません．最大値が4と言うには，$|f'(x)|\leq 4$ で，なおかつ**等号が成立することがある**ことを言わないとダメです．例えば，x が実数のとき，$-x^2\leq 1$ というのは正しい不等式ですが，もちろん，$-x^2$ の最大値は1ではありません．

一般に，関数 $F(x)$ の最大値が M であるとは，
任意の x に対して $F(x)\leq M$，かつ，
$F(x)=M$ となるような x が存在する

ということです．不等式で評価して最大値や最小値を求めるときは，等号が成立するかどうかの確認を忘れないようにしましょう．

なお，A, B, C が実数のとき，⑪の等号成立条件は，『A, B, C が同符号（0も含む）』です．解 では，

$|f'(-1)|\leq 4$ の等号成立
$\iff -\frac{3}{2}f(-1)$, $2f(0)$, $-\frac{1}{2}f(1)$ が同符号で
$|f(-1)|=|f(0)|=|f(1)|=1$

$|f'(1)|\leq 4$ の等号成立
$\iff \frac{1}{2}f(-1)$, $-2f(0)$, $\frac{3}{2}f(1)$ が同符号で
$|f(-1)|=|f(0)|=|f(1)|=1$

となり，いずれの場合も，
$f(-1)=\pm 1$, $f(0)=\mp 1$, $f(1)=\pm 1$ （複号同順）
これから，$M(a,b,c)=4$ となる $f(x)$ は，
$f(x)=\pm(2x^2-1)$ の2つだけです．

E 本問の $f(x)$ を一般の n 次式に変えると，$|f'(x)|$ の最大値は n^2 になります（証明は難しい．本問は $n=2$ の場合）．

これは，チェビシェフ多項式というものの性質です．『多項式と，絶対値の最大値』を組み合わせた問題は，チェビシェフ多項式を背景として持つものが少なくありません．

（藤田）

問題 26 不等式 $x^2-xy+y^2\leq 1$ を満たす xy 平面内の領域を D とする．また，$F=x^3+y^3+2(x^2+y^2)+x+y$ とする．
(1) $s=x+y$, $t=xy$ とするとき，F を s, t を用いて表せ．
(2) 点 $P(x,y)$ が領域 D を動くとき，F に最大値と最小値は存在するか．存在するならば，それらを求めよ． (2006年7月号)

平均点：16.7
正答率：40%
時間：SS 11%, S 37%, M 33%, L 18%

(2) 類題の経験がないと少し大変かもしれません．文字が複数出てきたときは，1文字ずつ動かして（残りの文字は固定して定数と見る）考えていくのが定石です．s と t の範囲にも注意しましょう．

解 (1) $F=(x+y)^3-3xy(x+y)$
$\qquad\qquad +2\{(x+y)^2-2xy\}+x+y$
$\quad =s^3-3ts+2(s^2-2t)+s$
$\quad =-(3s+4)t+s^3+2s^2+s$ ……①

(2) まず，s を固定して t を動かす．このときの t の範囲を考える．
$x^2-xy+y^2\leq 1$ より，$(x+y)^2-3xy\leq 1$
$\therefore\ s^2-3t\leq 1$ ……②
x,y は実数であり，X の方程式 $X^2-sX+t=0$ ……③ の2解（重解を含む）だから，x,y が実数になるための条件は，(③の判別式)$=s^2-4t\geq 0$ ……④
②④より，t の範囲は，$\dfrac{s^2-1}{3}\leq t\leq \dfrac{s^2}{4}$ ……⑤
これを満たす実数 t が存在するための条件は，
$\dfrac{s^2-1}{3}\leq \dfrac{s^2}{4}$ $\therefore\ s^2\leq 4$ $\therefore\ -2\leq s\leq 2$ ……⑥

⑤⑥のもとで①の最大・最小を考える．
s を固定すると，①は t の1次関数（または定数）だから，区間⑤の端点 $t=\dfrac{s^2-1}{3},\ \dfrac{s^2}{4}$ で最大・最小となる．よって，$t=\dfrac{s^2-1}{3},\ \dfrac{s^2}{4}$ の場合を考えれば十分．

(i) $t=\dfrac{s^2-1}{3}$ のとき：
①$=-(3s+4)\cdot\dfrac{s^2-1}{3}+s^3+2s^2+s=\dfrac{2}{3}s^2+2s+\dfrac{4}{3}$
$\quad =\dfrac{2}{3}\left(s+\dfrac{3}{2}\right)^2-\dfrac{1}{6}$ ……⑦

⑥の範囲では，⑦は
$s=2$ のとき最大値 8
$s=-\dfrac{3}{2}$ のとき最小値 $-\dfrac{1}{6}$

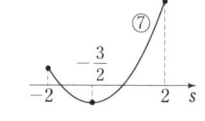

(ii) $t=\dfrac{s^2}{4}$ のとき：
①$=-(3s+4)\cdot\dfrac{s^2}{4}+s^3+2s^2+s=\dfrac{1}{4}s^3+s^2+s$ ……⑧

これを $f(s)$ とおくと，

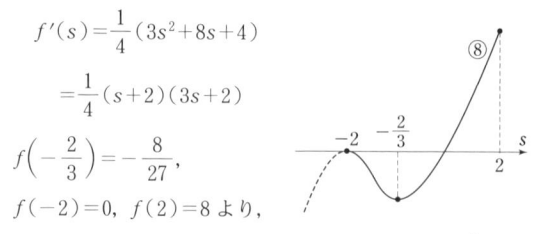

$f'(s)=\dfrac{1}{4}(3s^2+8s+4)$
$\quad =\dfrac{1}{4}(s+2)(3s+2)$
$f\left(-\dfrac{2}{3}\right)=-\dfrac{8}{27}$,
$f(-2)=0, f(2)=8$ より，
⑥の範囲では，$f(s)$ の最大値は 8，最小値は $-\dfrac{8}{27}$

(i)(ii)より，求める**最大値は 8，最小値は** $-\dfrac{8}{27}$

【解説】
A 本問は，x,y の対称式を $x+y, xy$ （基本対称式）で表した後に，一文字を固定して最大・最小を考えるという問題でした．文字が複数ある問題は苦手な人も多いようで，出来はあまりよくありませんでした．

本問で最もやってはいけない誤りは，④を忘れることです（全体の18%）．一般に，文字を消去したときは，**消える文字の条件を残った文字にすべて反映**させなければなりません．昔から，次の格言があります：
虎は死して皮を残し，変数は死して変域を残す
$x^2-xy+y^2\leq 1$ のように問題文に与えられた条件を無視するのは論外ですが，忘れがちなのは実数条件です．本問では，D は xy 平面内の領域なので，x,y は実数です．一方，$s=x+y, t=xy$ のとき，x,y が実数ならば s,t も実数ですが，逆に，**s,t が実数でも x,y が実数になるとは限りません**．例えば，$s=0, t=1$ のとき，$x+y=0, xy=1$ より，$(x,y)=(\pm i, \mp i)$ となって，x,y は実数になりません．

1次式を置き換えるときは，特に意識しなくても実数条件は保存されますが，そうでないとき（本問では $xy=t$）は要注意です．

実数条件を忘れる誤りは，一度引っかかっておくと二度目以降は防げるミスなので，今回引っかかった人は，今のうちに間違えてよかったと考えていいでしょう．もっとも，④を忘れると最大値も最小値もなくなるので，「怪しい」と感じてほしいものです．

B 解では，F において，まず，s を固定して t の1次

関数（または定数）と見て処理しました．これだと，区間の端点で最大・最小が起こるのでラクですが，t を固定して s の関数と見ると，s の3次関数となり，微分した式に文字定数 t が残るので，極めて厄介です．

一般に，変数が複数個あって，とりあえず1個だけ動かすときは，**簡単なものから動かす**のが原則です．本問では，t については1次，s については3次だから，t から動かすのが得策です．

文字が複数個ある不等式の問題を紹介しましょう．2000年に慶大・理工で出題されたものです．

> **参考問題** 実数 a, b, c に対し $g(x) = ax^2 + bx + c$ を考え，$u(x)$ を $u(x) = g(x)g\left(\dfrac{1}{x}\right)$ で定義する．
> （1）$u(x)$ は $y = x + \dfrac{1}{x}$ の整式 $v(y)$ として表せることを示しなさい．
> （2）上で求めた $v(y)$ は $-2 \leq y \leq 2$ の範囲のすべての y に対して $v(y) \geq 0$ であることを示しなさい．

解答は後の D に書きますので，みなさんもチャレンジしてみましょう．

C 解 では，t を動かしたとき，$t = \dfrac{s^2-1}{3}$ のときの⑦と，$t = \dfrac{s^2}{4}$ のときの⑧のどちらが最大，最小かということは無視しました．いずれにせよ，⑦と⑧の最大値の大きい方が F の最大値，⑦と⑧の最小値の小さい方が F の最小値になります．13%の人が，このように処理していました．

もちろん，傾きの正負で場合分けしても結構です．①で s を固定し，t を⑤の範囲で動かすと，

（ア）$-(3s+4) > 0$ つまり $-2 \leq s < -\dfrac{4}{3}$ のとき，①のグラフは傾き正の直線なので，
$$t = \dfrac{s^2-1}{3} \text{ で最小，} t = \dfrac{s^2}{4} \text{ で最大．}$$

（イ）$-(3s+4) = 0$ つまり $s = -\dfrac{4}{3}$ のとき，①は一定．

（ウ）$-(3s+4) < 0$ つまり $-\dfrac{4}{3} < s \leq 2$ のとき，①のグラフは傾き負の直線なので，
$$t = \dfrac{s^2}{4} \text{ で最小，} t = \dfrac{s^2-1}{3} \text{ で最大．}$$

——本問では t の1次関数（または定数）なので，上記のように場合分けしても，解 と比べて手間はあまり変わりませんが，2次関数，3次関数などになると，どんなときに最大，最小かを細かく考えるよりも，解のように最大値・最小値の候補を抜き出して比べる方が，手っ取り早いケースが少なくありません．

なお，$3s+4 > 0$ と暗黙のうちに思い込んでいる人（上記で（ウ）の場合しか考えないなど）が17%見られました．文字がらみの関数や不等式などを扱うときは，このような思い込みをしないように，正負を十分意識して慎重に解きましょう．

D 参考問題の解答

（2）$v(y) = acy^2 + (ab+bc)y + a^2+b^2+c^2-2ac$
となり，問題文は（1）からの流れで y の関数として表示していますが，どの文字についての式と見ることも自由です．どれから動かすか？ 次数は y, a, b, c のどれについても2次なので，$-2 \leq y \leq 2$ というよけいな条件のついている y は真っ先に除外されます．さらに，a〜c の中で，1次の係数が簡単な b を動かしましょう．

解 （1）$u(x) = (ax^2+bx+c)\left(\dfrac{a}{x^2}+\dfrac{b}{x}+c\right)$
$= ac\left(x^2+\dfrac{1}{x^2}\right) + (ab+bc)\left(x+\dfrac{1}{x}\right) + a^2+b^2+c^2$
$= ac\left\{\left(x+\dfrac{1}{x}\right)^2 - 2\right\} + (ab+bc)\left(x+\dfrac{1}{x}\right) + a^2+b^2+c^2$

より，題意は成り立つ．

（2）$v(y) = acy^2 + (ab+bc)y + a^2+b^2+c^2-2ac$
を b について整理すると，
$v(y) = b^2 + y(a+c)b + acy^2 + a^2+c^2-2ac$
$= \left\{b + \dfrac{y(a+c)}{2}\right\}^2 - \dfrac{y^2(a+c)^2}{4} + acy^2 + (a-c)^2$
$= \left\{b + \dfrac{y(a+c)}{2}\right\}^2 - \dfrac{y^2}{4}(a-c)^2 + (a-c)^2$
$= \left\{b + \dfrac{y(a+c)}{2}\right\}^2 + \left(1 - \dfrac{y^2}{4}\right)(a-c)^2$

$-2 \leq y \leq 2$ より，$1 - \dfrac{y^2}{4} \geq 0$ だから，$v(y) \geq 0$

*　　　　　　　　　　*

a の関数，あるいは c の関数と見ても，計算の手間は増えますが，同様に平方完成で処理できます．一方，問題文につられて y の関数と見ると，かなり厄介なことになります．

（藤田）

問題 27 $\begin{cases} \cos x + \sin y = 1 \\ \sin x + \cos y = k \end{cases}$, $0 \leq x \leq \pi$, $0 \leq y < 2\pi$ を満たす x, y が存在するような k の範囲を求めよ． （2009 年 9 月号）

平均点：15.0
正答率：48%
時間：SS 23%, S 34%, M 24%, L 18%

いろいろな解法がありますが，y は x と違って $0 \leq y < 2\pi$ を動けるので，$\sin y$, $\cos y$ が $\sin^2 y + \cos^2 y = 1$ ……※ を満たせば $0 \leq y < 2\pi$ を満たす y が存在します．そこで，※を用いて y を消去する解法をとってみます．

解 $\cos x + \sin y = 1$ かつ $\sin x + \cos y = k$
$\iff \sin y = 1 - \cos x$ かつ $\cos y = k - \sin x$ ……①
よって，$(1-\cos x)^2 + (k-\sin x)^2 = 1$ ……②
逆に②のとき，①を満たす y ($0 \leq y < 2\pi$) がとれるから，②を満たす x ($0 \leq x \leq \pi$) が存在するような k の範囲を考えればよい．

$② \iff k^2 + 2 - 2\cos x - 2k \sin x = 1$
$\iff \cos x + k \sin x = \dfrac{k^2+1}{2}$ ……③

よって，$f(x) = \cos x + k \sin x$ として，$0 \leq x \leq \pi$ における $f(x)$ の最大値を M，最小値を m とおくと，k の満たすべき条件は，$m \leq \dfrac{k^2+1}{2} \leq M$

$\vec{a} = \begin{pmatrix} 1 \\ k \end{pmatrix}$, $\vec{u} = \begin{pmatrix} \cos x \\ \sin x \end{pmatrix}$, $\vec{a}$ と $\vec{u}$ のなす角を θ とおくと，$f(x) = \vec{a} \cdot \vec{u} = |\vec{a}||\vec{u}|\cos\theta = \sqrt{1+k^2}\cos\theta$
よって，θ が小さいほど $f(x)$ は大きくなる．

（i） $k \geq 0$ のとき：$f(x)$ は $\vec{a}$ と $\vec{u}$ が同じ向きのとき最大だから，$M = \sqrt{1+k^2}$
$\vec{u} = \begin{pmatrix} -1 \\ 0 \end{pmatrix}$ のとき最小だから，$m = -1$
よって $-1 \leq \dfrac{k^2+1}{2} \leq \sqrt{1+k^2}$

ここで，$-1 \leq \dfrac{k^2+1}{2}$ は常に成り立つ．

$\dfrac{k^2+1}{2} \leq \sqrt{1+k^2}$ を $\sqrt{1+k^2}$ で割り，2 倍すると，
$\sqrt{k^2+1} \leq 2$ ∴ $k^2+1 \leq 4$ ∴ $0 \leq k \leq \sqrt{3}$

（ii） $k < 0$ のとき：$f(x)$ は $\vec{u} = \begin{pmatrix} 1 \\ 0 \end{pmatrix}$ のとき最大で $M = 1$，$\vec{a}$ と $\vec{u}$ が逆向きのとき最小で $m = -\sqrt{1+k^2}$
よって $-\sqrt{1+k^2} \leq \dfrac{k^2+1}{2} \leq 1$

ここで，$-\sqrt{1+k^2} \leq \dfrac{k^2+1}{2}$ は常に成り立つ．

$\dfrac{k^2+1}{2} \leq 1$ より，$k^2 \leq 1$ ∴ $-1 \leq k < 0$

（i）（ii）より答えは，$\boldsymbol{-1 \leq k \leq \sqrt{3}}$

【解説】

A **解** では y を消去して②を導きました（②を導いたのは全体の 29%）．冒頭や解の中でも述べたように，②さえ満たせば，①と $0 \leq y < 2\pi$ を満たす y が取れるから，y については考える必要はなくなります．

一方，$\sin x = k - \cos y$, $\cos x = 1 - \sin y$ から，$(k - \cos y)^2 + (1 - \sin y)^2 = 1$ ……④
として x を消去すると，$0 \leq x \leq \pi$ より $\sin x \geq 0$ なので，
$k - \cos y \geq 0$ ……⑤
という条件も必要になって，厄介です．ちなみに，④，つまり $\sin y + k \cos y = \dfrac{k^2+1}{2}$ からは $-\sqrt{3} \leq k \leq \sqrt{3}$ が得られますが，⑤からわかる $k \geq \cos y \geq -1$ を加えて $-1 \leq k \leq \sqrt{3}$ ……⑥ としても，⑥のとき④かつ⑤を満たす実数 y が存在するかどうかはよく分からないので，⑥の範囲の k をすべて取り得るかどうかは不明で，答えは合っているものの解答としては誤りです．

B 同様に，x と y が存在するかどうかに無頓着な，次のような誤りが 29% ありました：
$\cos x + \sin y = 1$ ……⑦, $\sin x + \cos y = k$ ……⑧
を平方して加え，
$(\cos x + \sin y)^2 + (\sin x + \cos y)^2 = 1 + k^2$ ……⑨
∴ $2 + 2(\cos x \sin y + \sin x \cos y) = 1 + k^2$
よって，$\sin(x+y) = \dfrac{k^2-1}{2}$ だから，$-1 \leq \dfrac{k^2-1}{2} \leq 1$
∴ $-\sqrt{3} \leq k \leq \sqrt{3}$ （以下略）

＊　　　　　　　　　＊

これに，⑧と $0 \leq x \leq \pi$ から得られる $k \geq \cos y \geq -1$ を続けても不十分なのは **A** で述べたとおりですが，さらに，⑧⑨が成り立っても⑦が成り立つとは限りません（$\cos x + \sin y = -1$ かもしれない）．

範囲を求める問題で，等式や不等式を組み合わせて解くときは，本当に取り得るのかどうかを意識せず，無造作に不等式を導くと，実際には取り得ないものまで紛れ込んでしまう危険があります．

C ③以降は，三角関数の合成も人気が高かったです．

別解 1 (③に続く) ③の両辺を $\sqrt{k^2+1}$ で割り,
$$\frac{1}{\sqrt{k^2+1}}\cos x+\frac{k}{\sqrt{k^2+1}}\sin x=\frac{\sqrt{k^2+1}}{2}$$
$\cos\alpha=\dfrac{k}{\sqrt{k^2+1}}$, $\sin\alpha=\dfrac{1}{\sqrt{k^2+1}}$ となる α
$(0<\alpha<\pi)$ をとると, $\sin(x+\alpha)=\dfrac{\sqrt{k^2+1}}{2}$
$0\le x\le\pi$ より, $\alpha\le x+\alpha\le\pi+\alpha$

(ⅰ) $k\ge 0$ のとき:
$0<\alpha\le\dfrac{\pi}{2}$ だから,
$\sin(x+\alpha)$ の範囲は
$\sin(\pi+\alpha)\le\sin(x+\alpha)\le\sin\dfrac{\pi}{2}$
∴ $-\dfrac{1}{\sqrt{k^2+1}}\le\sin(x+\alpha)\le 1$ 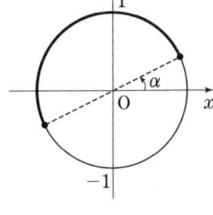
よって, $-\dfrac{1}{\sqrt{k^2+1}}\le\dfrac{\sqrt{k^2+1}}{2}\le 1$ より, $0\le k\le\sqrt{3}$

(ⅱ) $k\le 0$ のとき:
$\dfrac{\pi}{2}\le\alpha<\pi$ だから,
$\sin(x+\alpha)$ の範囲は
$\sin\dfrac{3}{2}\pi\le\sin(x+\alpha)\le\sin\alpha$
∴ $-1\le\sin(x+\alpha)\le\dfrac{1}{\sqrt{k^2+1}}$ 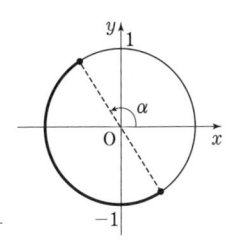
よって, $-1\le\dfrac{\sqrt{k^2+1}}{2}\le\dfrac{1}{\sqrt{k^2+1}}$ より, $-1\le k\le 0$

(ⅰ)(ⅱ) より答えは, $-1\le k\le\sqrt{3}$

D 数Ⅲの範囲になりますが, 正解者の中で最も選んだ人が多かったのは, 微分によるものでした. 計算は少々メンドウですが, 論理的な難しさが少なくなるので, 無難であると言えます.

別解 2 $\cos x+\sin y=1$ から,
$\cos^2 y=1-\sin^2 y=1-(1-\cos x)^2$
よって, $k=\sin x+\cos y=\sin x\pm\sqrt{1-(1-\cos x)^2}$
$t=\cos x$ とおくと, $0\le x\le\pi$ より, $-1\le t\le 1$ で,
$\sin x=\sqrt{1-\cos^2 x}=\sqrt{1-t^2}$
∴ $k=\sqrt{1-t^2}\pm\sqrt{1-(1-t)^2}=\sqrt{1-t^2}\pm\sqrt{2t-t^2}$
($\sqrt{}$ の中身)≥ 0 より, $0\le t\le 1$

● $k=\sqrt{1-t^2}+\sqrt{2t-t^2}$ ($=g(t)$ とおく) の場合:
$0<t<1$ のとき,
$g'(t)=\dfrac{-t}{\sqrt{1-t^2}}+\dfrac{1-t}{\sqrt{2t-t^2}}=\dfrac{1-t}{\sqrt{2t-t^2}}-\dfrac{t}{\sqrt{1-t^2}}$

$\dfrac{1-t}{\sqrt{2t-t^2}}$ と $\dfrac{t}{\sqrt{1-t^2}}$ は正だから, $g'(t)$ の符号は, そ

れぞれの平方の差である次式の符号と一致する:
$$\dfrac{(1-t)^2}{2t-t^2}-\dfrac{t^2}{1-t^2}=\dfrac{(1-t)^2(1-t^2)-t^2(2t-t^2)}{(2t-t^2)(1-t^2)}$$
$$=\dfrac{1-2t}{(2t-t^2)(1-t^2)}$$
よって $t=\dfrac{1}{2}$ で極大かつ最大となり, $g\left(\dfrac{1}{2}\right)=\sqrt{3}$,
$g(0)=1$, $g(1)=1$ より, $1\le g(t)\le\sqrt{3}$

● $k=\sqrt{1-t^2}-\sqrt{1-(1-t)^2}$ ($=h(t)$ とおく) の場合:
$0\le t\le 1$ で $1-t^2$ は減少, $1-(1-t)^2$ は増加なので,
$h(t)$ は減少. よって $h(1)\le k\le h(0)$ ∴ $-1\le k\le 1$
以上より答えは, $-1\le k\le\sqrt{3}$

E $(\cos x, \sin x)$, $(\sin y, \cos y)$ を円周上の点と見て図形的に処理する上手い解法を紹介します (13%の人が選んだ解法).

別解 3 $A(\cos x, \sin x)$, $B(\sin y, \cos y)$ として,
$\vec{OC}=\vec{OA}+\vec{OB}$, $C(X, Y)$
とする. x を固定して y を
$0\le y<2\pi$ で動かすと, C
の軌跡 C_x は, A を中心と
する半径1の円となる.

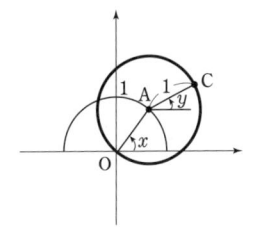

さらに, x を $0\le x\le\pi$ で
動かすと, A は単位円の上
半分 (右下図太線) を描くか
ら, $0\le x\le\pi$, $0\le y<2\pi$ で
の C の存在範囲は, C_x の通
過範囲として, 右図網目部.
$X=\cos x+\sin y=1$ のと 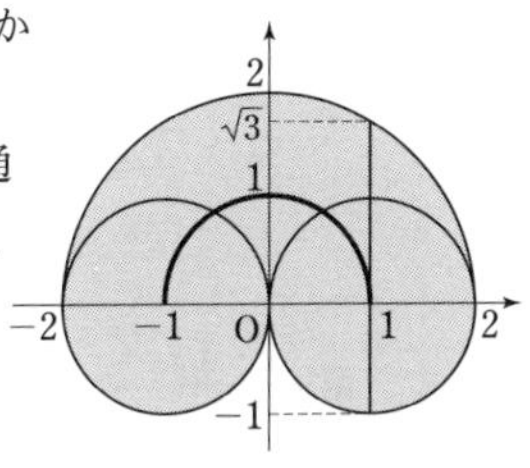
き, $Y=\sin x+\cos y=k$ の
範囲は, $-1\le k\le\sqrt{3}$

* *

C の範囲がこのようになることはもっと説明が必要だと思う人もいるでしょうが, 上記の説明で十分です. 手元に10円玉を用意して, 中心が半円上にあるようにしてぐるっと半周させるというイメージです.

(藤田)

問題 28 次のような数列がある.

$$\underbrace{\frac{1}{1}}_{\text{第1群}}, \underbrace{\frac{1}{2}, \frac{2}{2}}_{\text{第2群}}, \underbrace{\frac{1}{3}, \frac{2}{3}}_{\text{第3群}}, \underbrace{\frac{1}{4}, \frac{2}{4}, \frac{3}{4}}_{\text{第4群}}, \underbrace{\frac{1}{5}, \frac{2}{5}, \frac{3}{5}}_{\text{第5群}}, \cdots$$

第 m 群には分母が m で分子が $1, 2, \cdots$ の分数が順に,第 m 群の数の和 S_m が初めて1以上になるまで並んでいる.たとえば,$\frac{1}{5}+\frac{2}{5}=\frac{3}{5}$, $\frac{1}{5}+\frac{2}{5}+\frac{3}{5}=\frac{6}{5}$ より,第5群には $\frac{3}{5}$ まで並ぶ.

(1) r を自然数とする.ちょうど r 個の項からなる群は第何群から第何群までか.

(2) この数列の第2009項を求めよ.

(3) 自然数 k に対して,S_{2k^2-k}, S_{2k^2}, S_{2k^2+k}, S_{2k^2+2k} の大小を比較せよ.

(2009年5月号)

平均点:21.0
正答率:50%
　　(1) 82% (2) 64% (3) 73%
時間:SS 10%, S 32%, M 37%, L 20%

(1) 規則性を見つけるだけでは不十分です(☞A).「初めて1以上になる」はどのように式に表せるでしょう?

(2) 同じ個数の項からなる群をまとめて扱います.ケアレスミスに注意!

(3) 各群が何項からなるのか,(1)を用いるなどして判定しましょう.

解 (1) まず $r \geq 2$ とする.第 m 群がちょうど r 個の項からなるとは,第 m 群の $r-1$ 項めまでの和が1未満であり,r 項めまでの和が1以上であること.つまり,

$$\frac{1}{m}+\frac{2}{m}+\cdots+\frac{r-1}{m}<1\leq \frac{1}{m}+\frac{2}{m}+\cdots+\frac{r}{m} \quad \cdots\cdots ①$$

$$\therefore \frac{1}{m}\cdot\frac{(r-1)r}{2}<1\leq \frac{1}{m}\cdot\frac{r(r+1)}{2}$$

$$\therefore \frac{(r-1)r}{2}<m\leq \frac{r(r+1)}{2}$$

よって,第 $\frac{(r-1)r}{2}+1$ 群から第 $\frac{r(r+1)}{2}$ 群まで.
($r=1$ のときもこれでよい)

(2) ちょうど r 個の項からなる群をまとめて第 r グループと呼ぶ.第 r グループは $\frac{r(r+1)}{2}-\frac{(r-1)r}{2}=r$ 個の群からなるため,$r\cdot r=r^2$ 個の項からなる.

$\sum_{r=1}^{17} r^2 = \frac{1}{6}\cdot 17\cdot 18\cdot 35 = 1785$ であり,

$2009-1785=224<18^2$ なので,第2009項は第18グループの224項めである.$224=12\times 18+8$ より,それは第18グループの13群めの8項め.第17グループまでには $1+2+\cdots+17=153$ 群あるので,答えは

$$\frac{8}{153+13}=\frac{8}{166}$$

(3) (1)より,第 $2k-1$ グループの最後は第 $\frac{(2k-1)\cdot 2k}{2}=2k^2-k$ 群であり,同様に,第 $2k$ グループの最後は第 $2k^2+k$ 群,第 $2k+1$ グループの最後は第 $2k^2+3k+1$ 群.

● S_{2k^2-k}, S_{2k^2+k} について: これらはグループの最後の群.①の右側の不等式で等号が成り立ち,

$$S_{2k^2-k}=S_{2k^2+k}=1$$

● S_{2k^2} について: $2k^2-k<2k^2<2k^2+k$ より,第 $2k^2$ 群は第 $2k$ グループに属し,

$$S_{2k^2}=\frac{1+2+\cdots+2k}{2k^2}=\frac{1}{2k^2}\cdot\frac{2k(2k+1)}{2}=\frac{2k+1}{2k}>1$$

● S_{2k^2+2k} について: $2k^2+k<2k^2+2k<2k^2+3k+1$ より,第 $2k^2+2k$ 群は第 $2k+1$ グループに属し,

$$S_{2k^2+2k}=\frac{1+2+\cdots+(2k+1)}{2k^2+2k}$$
$$=\frac{1}{2k^2+2k}\cdot\frac{(2k+1)(2k+2)}{2}=\frac{2k+1}{2k}$$

以上から,答えは $S_{2k^2-k}=S_{2k^2+k}<S_{2k^2}=S_{2k^2+2k}$

【解説】

A 群数列の問題です.小問ごとに注意すべき点について解説します.

(1)ではほぼ全員が正しい答えを出していましたが,以下のような解答もありました.

[解?] 具体的に調べると,<u>1個の項からなる群は1個,2個の項からなる群は2個</u>,…となり,<u>r 個の項からなる群は r 個ある</u>.(以下略)

波線部が推測にすぎず不十分です.下線部の記述だけからでは,3個の項からなる群が10個あるかもしれず,数学的には何も言えません.数学では規則性を見つけるだけでは不十分で,その根拠を明示することが大切なのです.

推測にすぎないのか，きちんと根拠を記したのか，はっきりしない答案もありました．本問に限りませんが，自分がきちんと理解できていることをアピールする答案を心がけましょう．

なお，波線部は次のように考えれば直接わかります：
$r-1$ 個の項からなる群の数の和は，（約分しなければ）分子が $1+2+\cdots+(r-1)$（$=A$ とおく）である．よって，最後は第 A 群．

一方，r 個の項からなる群の数の和は，分子が $1+2+\cdots+(r-1)+r$（$=B$ とおく）である．よって，最後は第 B 群．

したがって，$B-A=r$ 個の群がある．

B （2）では，同じ個数の項からなる群をまとめて考える（**解**では「グループ」と呼んだ）必要があり，いわば二重の群構造になっています．答えの分母を $17+13$ とするなどの，混乱が生じている答案もありましたが，ケアレスミスを除けば概ねよくできていました．

なお，最も目立ったケアレスミスは，分母を一つずらして $\dfrac{8}{153+12}$ としてしまうものでした．気をつけてくださいね．

C （3）では，与えられた4つの群が何項からなるのか考えることになります．たとえば
$S_{2k^2} = \dfrac{1}{2k^2} + \dfrac{2}{2k^2} + \cdots + \dfrac{\boxed{}}{2k^2}$ の形となりますが，$\boxed{}$ の値がわからないと，当然 S_{2k^2} も求まりません．そこで，（1）の出番となります．（1）の結論は，大まかには「r 個の項からなるのは第 $\dfrac{r^2}{2}$ 群の周辺」ということです．一方，（3）で考えるのは第 $2k^2$ 群の周辺ですから，$\dfrac{r^2}{2}=2k^2$ を解いて $r=2k$ の周辺を考えればよいことになります（なお，このような考察を答案に書く必要はありません）．

ここでも，（1）と同様，推測にすぎない不十分解が散見されました．$k=1, 2, 3$ などでの結果から推測しただけのものです．

逆に，（論証自体はできているのに）細かい計算ミスがある答案も見受けられました．中には和が1未満になっているものまでありましたが，群の作られ方から，これは明らかに変です．小さい k の値で確認して検算する癖をつけましょう．

D 入試問題を紹介します．（2010年　群馬大・医）

問題 2つの数 a, b を用いてできる数列
$a, b, 2a, a+b, 2b, 3a, 2a+b, a+2b, 3b,$
$4a, 3a+b, 2a+2b, a+3b, 4b, \cdots\cdots$
を $\{c_n\}$ とする．
（1）c_{100} の値を a, b を用いて表せ．
（2）$\sum_{n=1}^{100} c_n$ の値を a, b を用いて表せ．
（3）$a=2, b=5$ とする．上の数列 $\{c_n\}$ から，前に出てきた項より小さい項をすべて取り除いてできる新しい数列を $\{d_n\}$ とするとき，$\{d_n\}$ の初項から第 $2n$ 項までの和を求めよ．

群数列では，各群の項数をもとに群の最後の項がもとの数列の第何項かを捉えるのが第一歩です．
（3）ある群の最後と次の群の後ろの方を比べましょう．

解（1）a と b の係数の和が同じものを群とする：
$\underbrace{a, b}_{\text{第1群}} \mid \underbrace{2a, a+b, 2b}_{\text{第2群}} \mid \underbrace{3a, 2a+b, a+2b, 3b}_{\text{第3群}} \mid$

第 k 群には $k+1$ 個の項があるから，第 n 群の最後は，
$\{c_n\}$ の第 $\sum_{k=1}^{n}(k+1) = \dfrac{2+(n+1)}{2}\cdot n = \dfrac{1}{2}n(n+3)$ 項．

ここで，$\dfrac{1}{2}\cdot 12 \cdot 15 = 90$, $\dfrac{1}{2}\cdot 13 \cdot 16 = 104$

だから，c_{100} は第13群の $100-90=10$ 番目．第13群は $13a, 12a+b, 11a+2b, \cdots$ なので，答えは **$4a+9b$**

（2）$\sum_{n=1}^{100} c_n =$（第12群までの和）$+ c_{91} + c_{92} + \cdots + c_{100}$

第 k 群の和は $(1+2+\cdots+k)(a+b) = \dfrac{1}{2}k(k+1)(a+b)$

だから，第12群までの和は，$\dfrac{1}{2}(a+b)\sum_{k=1}^{12}k(k+1)$

$= \dfrac{1}{2}(a+b)\sum_{k=1}^{12}\{k(k+1)(k+2)-(k-1)k(k+1)\}\dfrac{1}{3}$

$= \dfrac{1}{2}(a+b)\cdot 12 \cdot 13 \cdot 14 \cdot \dfrac{1}{3} = 364(a+b)$

また，$c_{91} + c_{92} + \cdots + c_{100}$
$= (13+12+\cdots+4)a + (1+2+\cdots+9)b = 85a + 45b$

答えは，$364(a+b) + 85a + 45b = \mathbf{449a + 409b}$

（3）$a < b$ より，各群の中では単調増加．また，
第 k 群の最後は $kb = 5k$
第 $k+1$ 群は，後ろから並べると，$(k+1)b = 5k+5$,
$a+kb = 5k+2$（$> 5k$），$2a+(k-1)b = 5k-1$（$< 5k$）
だから，各群の中で，最後の2項が $\{d_n\}$ の項となる（第1群についても成り立つ）．よって，求める和は，

$\sum_{k=1}^{n}\{(a+(k-1)b)+kb\} = \sum_{k=1}^{n}(10k-3)$

$= 5n(n+1) - 3n = \mathbf{n(5n+2)}$

（條）

問題 29 $\{a_n\}$ を初項が 19 の等差数列とし,$S_n = \sum_{k=1}^{n} a_k$ とする.$|S_n|$($n=1, 2, \cdots$)のうち小さいほうから 2 つは 10,11 であり,$|S_n|=10$ を満たす n は一つしか存在しないものとする.このとき,a_n を求めよ.

（2006 年 11 月号）

平均点：18.5
正答率：40%
時間：SS 9%, S 27%, M 38%, L 27%

珍しいタイプの問題です.S_n は n の 2 次関数なので,グラフを考えると,$S_n \leq 11$ となる n において S_n は単調減少になり,$|S_n|=10$ を満たす n と $|S_n|=11$ を満たす n は隣り合うことがわかります.

解 公差を d とおくと,$a_n = 19+(n-1)d$ ……①
$d \geq 0$ だと $S_n \geq S_1 = a_1 = 19$ となり,$|S_n|=10$ とはなりえないので,$d<0$

よって,S_n は n の 2 次関数で n^2 の係数は負であり,$S_1=19>11$ より,S_n のグラフは下図のいずれかになるから,$S_n \leq 11$ となる n において,S_n は単調減少.

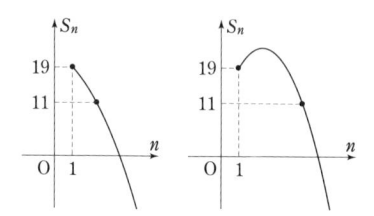

よって,$|S_n|=10$ を満たす n と $|S_n|=11$ を満たす n は隣り合うから,以下の（ⅰ）～（ⅳ）の場合が考えられる.

（ⅰ）$S_m=11$,$S_{m+1}=10$ のとき：
$$a_{m+1}=S_{m+1}-S_m=10-11=-1$$
より,$S_{m+1}=\dfrac{a_1+a_{m+1}}{2}\cdot(m+1)=\dfrac{19-1}{2}\cdot(m+1)$
$$=9(m+1) \quad \cdots\cdots②$$
これが 10 に等しいので,$9(m+1)=10$
このとき,m が整数とならず不適.

（ⅱ）$S_m=11$,$S_{m+1}=-10$ のとき：
上と同様に,$a_{m+1}=-10-11=-21$
より,$S_{m+1}=\dfrac{19+(-21)}{2}\cdot(m+1)=-(m+1)$ …③
これが -10 に等しいので,$m=9$ ∴ $a_{10}=-21$
①とから,$a_{10}=19+9d=-21$ ∴ $d=-\dfrac{40}{9}$
また,$S_9=11$,$S_{10}=-10$ であり,
$$S_{11}=S_{10}+a_{11}=S_{10}+a_{10}+d=-10-21-\dfrac{40}{9}<-11$$
これらと上図より,$n \leq 8$ のとき $S_n>11$,$n \geq 11$ のとき $S_n<-11$ だから,
$|S_n|$ の小さい方から 2 つは 10,11 ……④

という条件を満たす.

（ⅲ）$S_m=10$,$S_{m+1}=-11$ のとき：
$a_{m+1}=-11-10=-21$ だから,S_{m+1} は③に等しく,これが -11 に等しいので,$-(m+1)=-11$
∴ $m=10$ ∴ $a_{11}=-21$
①とから,$a_{11}=19+10d=-21$ ∴ $d=-4$
また,$S_{10}=10$,$S_{11}=-11$ であり,
$$S_9=S_{10}-a_{10}=S_{10}-(a_{11}-d)=10+21-4>11$$
これらと左下図より,$n \leq 9$ のとき $S_n>11$,$n \geq 12$ のとき $S_n<-11$ だから,④を満たす.

（ⅳ）$S_m=-10$,$S_{m+1}=-11$ のとき：
$a_{m+1}=-11-(-10)=-1$ だから S_{m+1} は②に等しく,これが -11 に等しいので,$9(m+1)=-11$
このとき,m が整数とならず不適.

以上（ⅱ）,（ⅲ）より,答えは
$$a_n=19+(n-1)\cdot\left(-\dfrac{40}{9}\right)=-\dfrac{40}{9}n+\dfrac{211}{9}$$
または,$a_n=19+(n-1)\cdot(-4)=-4n+23$

【解説】

A S_n の最大や最小を考える問題は頻出ですが,$|S_n|$ の最小についての問題は,あまり見かけません.このように,見たことのないタイプの問題に出会ったら,例えば,S_n のグラフの概形といった,わかることを 1 つずつ書き出して,題意を出来るだけわかり易くすることを心掛けましょう.

$\{a_n\}$ は等差数列ですから,S_n は n についての 2 次以下の関数になります.さらに,**解**で示したように,$|S_n|=10$ となる n があることと $S_1=19$ から公差 d が負であることがわかり,S_n のグラフは**解**の図の 2 通り（S_n が単調減少かどうかで場合分けした）のいずれかになります.いずれの場合も,

$S_n \leq 11$ となる n において,S_n は単調減少 ………⑤

になります.また,

$|S_n|$ のうち小さいほうから 2 つは 10,11

$|S_n|=10$ を満たす n は一つしか存在しない

という条件から,数列 $\{S_n\}$ は 10 と -10 のいずれか一方が現れ,他の項の絶対値は 11 以上です.したがって,$\{S_n\}$ は次の 4 タイプに絞られます（±10,±11 のうち,

どれが初めて現れるかで場合分けしました）．
(11より大きい項)，11，10，(−11以下の項)
(11より大きい項)，11，−10，(−11以下の項)
(11より大きい項)，10，−11，(−11より小さい項)
(11より大きい項)，−10，−11，(−11より小さい項)

したがって，$|S_n|=10$ を満たす n と $|S_n|=11$ を満たす n は隣り合い，㊣の(ⅰ)～(ⅳ)の場合を調べればよいことになります．

（ⅰ）と（ⅳ）は，m が整数にならず排除されましたが，（ⅱ）と（ⅲ）は，m，d を出したあと，一般項を求めてオシマイ，では不十分です．$S_m=11$，$S_{m+1}=-10$ や，$S_m=10$，$S_{m+1}=-11$ であっても，＿＿＿＿ が満たされてるという保証がないからです（------については，グラフより必ず成立）．条件の一部から値を得た（必要性）ときは，その値が，すべての条件を満たしているかどうか（十分性）の確認を忘れないようにしましょう．

なお，⑤を，
$$S_n=\frac{a_1+a_n}{2}\cdot n=\frac{19+\{19+(n-1)d\}}{2}\cdot n$$
$$=\frac{38+(n-1)d}{2}\cdot n \quad \cdots\cdots ⑥$$
$$=\frac{d}{2}\left(n+\frac{38-d}{2d}\right)^2-\frac{(38-d)^2}{8d}$$

として，軸の位置で場合分けをして示した答案も結構見られました．これでももちろん問題ありませんが，㊣のようにグラフを考えれば一目瞭然ですね．

B 例えば(ⅱ)のとき，$S_m=11$，$S_{m+1}=-10$ と⑥より，
$$\frac{38+(m-1)d}{2}\cdot m=11,\ \frac{38+md}{2}\cdot (m+1)=-10$$
という連立方程式が得られます．これを解いても m，d の組が得られます．2式を d について整理すると，
$$\frac{1}{2}m(m-1)d=-19m+11 \quad \cdots\cdots ⑦$$
$$\frac{1}{2}m(m+1)d=-19m-29 \quad \cdots\cdots ⑧$$
⑦×$(m+1)$ と ⑧×$(m-1)$ から d を消去して，
$$(-19m+11)(m+1)=(-19m-29)(m-1)$$
$$\therefore\ 2m=18\ \therefore\ m=9$$
――これでも十分ですが，㊣のようにやると，$a_{m+1}=S_{m+1}-S_m$ から a_{m+1} がわかり，すると，
$S_{m+1}=\dfrac{a_1+a_{m+1}}{2}\cdot (m+1)$ から S_{m+1} が m の式で表せるので，m がラクに求まります．ここでも，$|S_n|=10$ を満たす n と $|S_n|=11$ を満たす n は隣り合うということが役立っていますね．

C 多かった誤答を2つ紹介します．
- （ⅰ），（ⅳ）の場合分けを抜かす．
S_m と S_{m+1} が異符号であると思い込み，（ⅰ），（ⅳ）を抜かしてしまった答案が，全体の25％ありました．㊣のグラフを見れば，確かに題意を満たさない感じはしますが，これを明らかと済ませることは出来ません．
- 整数問題だと勘違いする．例えば，
（ⅰ）で，$a_{m+1}=-1$ のあと，①より
$$-1=19+md\ \therefore\ md=-20$$
となりますが，ここで，m，20 が整数であることから，d も整数であると思い込んでしまう．
（ⅲ）で，$S_m=10$ のとき，⑥から
$m\{38+(m-1)d\}=20$ としたあと，"$38+(m-1)d$ が整数なので m は20の約数" としてしまう．

これらのような答案が，全体の12％もの割合でありました．これでは，やるべきことが大幅に変わってしまうので，大減点も，やむを得ません．該当した人は十分に反省して下さい．

（吉田）

問題 30 n を自然数とする．数列 $\{a_n\}$ に対して，$S_n = \sum_{k=1}^{n} a_k$ とおく．この数列が次を満たす．
$$a_2 = 1,\ a_8 = 1,\ S_n = \frac{(n-1)^2(n-4)}{4}a_{n+1}$$
（1） 一般項 a_n を求めよ．
（2） $T_n = \sum_{k=1}^{n} S_k$ とおく．T_n を求めよ．

(2014 年 7 月号)

平均点：21.5
正答率：61%（1）78%（2）65%
時間：SS 14%, S 39%, M 32%, L 16%

（1） 第 n 項までの和から，次の項 a_{n+1} が決まるという，あまり見ない形をしていますが，$S_n - S_{n-1} = a_n \cdots $Ⓐ を用いると，二項間漸化式が得られます．Ⓐは $n=1$ では使えませんが，他にも，変形の過程で両辺を文字式で割ったりするので，漸化式が使える n の範囲に気をつけて下さい．

（2） $\dfrac{(k-4)(k-1)}{(k-3)(k-2)}$ の和が必要になります．分子を分母で割って，分子を低次にしましょう．

解　（1） $S_n = \dfrac{(n-1)^2(n-4)}{4}a_{n+1}$ ……①

$n \geq 2$ のとき，$a_n = S_n - S_{n-1}$
$$= \frac{(n-1)^2(n-4)}{4}a_{n+1} - \frac{(n-2)^2(n-5)}{4}a_n$$

∴ $a_n = \dfrac{(n-1)^2(n-4)}{4}a_{n+1} - \dfrac{(n-2)^2(n-5)}{4}a_n$

整理して $(n-1)^2(n-4)a_{n+1} = (n^3 - 9n^2 + 24n - 16)a_n$

∴ $(n-1)^2(n-4)a_{n+1} = (n-1)(n-4)^2 a_n$ …②

ここで $n \geq 5$ のとき，$(n-1)(n-4) \neq 0$ なので，②の両辺を $(n-1)(n-4)$ で割り，

$(n-1)a_{n+1} = (n-4)a_n$ ……③

∴ $(n-3)(n-2)(n-1)a_{n+1} = (n-4)(n-3)(n-2)a_n$

従って，$n \geq 5$ で，$\{(n-4)(n-3)(n-2)a_n\}$ は定数列になるから，$(n-4)(n-3)(n-2)a_n = 4 \cdot 5 \cdot 6 \cdot a_8$

$a_8 = 1$ より，$a_n = \dfrac{120}{(n-4)(n-3)(n-2)}$

また，①で $n=1$ として，$a_1 = S_1 = 0$
これと $a_2 = 1$ より，$S_2 = 0 + 1 = 1$
一方，①より $S_2 = \dfrac{1^2 \cdot (-2)}{4}a_3$ なので，$a_3 = -2$
$S_3 = 0 + 1 - 2 = -1$ と $S_3 = \dfrac{2^2 \cdot (-1)}{4}a_4$ より，$a_4 = 1$
以上から，$\boldsymbol{a_1 = 0,\ a_2 = 1,\ a_3 = -2,\ a_4 = 1}$
$$\boldsymbol{a_n = \frac{120}{(n-4)(n-3)(n-2)}\ (n \geq 5)}$$

（2） $n \geq 4$ のとき，$a_{n+1} = \dfrac{120}{(n-3)(n-2)(n-1)}$

①に代入して，

$S_n = \dfrac{(n-1)^2(n-4)}{4} \cdot \dfrac{120}{(n-3)(n-2)(n-1)}$
$= \dfrac{30(n-4)(n-1)}{(n-3)(n-2)}$

また，$S_1 = 0,\ S_2 = 1,\ S_3 = -1$
従って，$n \geq 4$ のとき，

$T_n = S_1 + S_2 + S_3 + \sum_{k=4}^{n} S_k$

$= 0 + 1 - 1 + \sum_{k=4}^{n} \dfrac{30(k-4)(k-1)}{(k-3)(k-2)}$

$= 30 \sum_{k=4}^{n} \dfrac{k^2 - 5k + 4}{(k-3)(k-2)} = 30 \sum_{k=4}^{n} \left\{1 - \dfrac{2}{(k-3)(k-2)}\right\}$

$= 30 \sum_{k=4}^{n} \left\{1 - 2\left(\dfrac{1}{k-3} - \dfrac{1}{k-2}\right)\right\}$

$= 30 \left\{(n-3) - 2 \sum_{k=4}^{n} \left(\dfrac{1}{k-3} - \dfrac{1}{k-2}\right)\right\}$

$= 30 \left\{(n-3) - 2\left(\dfrac{1}{1} - \dfrac{1}{n-2}\right)\right\}$

$= 30 \left\{(n-3) - 2 \cdot \dfrac{n-3}{n-2}\right\} = \dfrac{30(n-3)(n-4)}{n-2}$ ……④

また，$T_1 = 0,\ T_2 = 0 + 1 = 1,\ T_3 = 0 + 1 - 1 = 0$ で，$n=3$ のときも④を満たす．以上から，

$$\boldsymbol{T_1 = 0,\ T_2 = 1,\ T_n = \frac{30(n-3)(n-4)}{n-2}\ (n \geq 3)}$$

【解説】

A 本問では，第 n 項までの和と，その次の項との関係式が与えられています．第 n 項まで分かれば，その和から次の項が計算できるので，基本的には，初項が与えられれば，それ以降は次々と求められる形になりますが，$n = 1,\ 4$ のときは①の右辺が 0 となり，次の項が計算できなくなってしまうので，$a_2 = 1,\ a_8 = 1$ と 2 つの条件が与えられています．

あまり見かけない形かもしれませんが，計算していくと二項間漸化式が出てきます．$a_n = S_n - S_{n-1}$ ……⑤ とするのは，自然な発想でしょう．

また，漸化式が成立する n の範囲に注意して下さい．⑤で $n = 1$ とすると S_0 が現れてしまうので，⑤は

$n=1$ では使えません．さらに，②の両辺を $(n-1)(n-4)$ で割るので，$n=4$ もダメです．一方，他の n なら OK なので，③が使えるのは，$n=2, 3$ および $n\geq 5$ のときです．**解**では，①から a_3, a_4 を求めましたが，

③で $n=2$ として，$a_3=-2a_2$ ∴ $a_3=-2$
③で $n=3$ として，$2a_4=-a_3$ ∴ $a_4=1$

としても，もちろん結構です．

B ③を解くとき，**解**では定数列を作りましたが，a_n を a_{n-1} で表し，さらにそれを a_{n-2} で表し，… という方針で解くこともできます．

別解（③に続く）$n\geq 5$ のとき，

$(n-1)a_{n+1}=(n-4)a_n$ より，$a_{n+1}=\dfrac{n-4}{n-1}a_n$

従って，$n\geq 8$ のとき，

$$a_n=\frac{n-5}{n-2}a_{n-1}=\frac{n-5}{n-2}\cdot\frac{n-6}{n-3}a_{n-2}$$
$$=\cdots=\frac{n-5}{n-2}\cdot\frac{n-6}{n-3}\cdots\frac{2}{5}\cdot\frac{1}{4}a_5 \quad\cdots\cdots⑥$$
$$=\frac{3\cdot 2\cdot 1}{(n-2)(n-3)(n-4)}a_5 \quad\cdots\cdots⑦$$

∴ $a_8=\dfrac{3\cdot 2\cdot 1}{6\cdot 5\cdot 4}a_5$

これと $a_8=1$ より，$a_5=20$

⑦に代入して，$a_n=\dfrac{120}{(n-2)(n-3)(n-4)}$

$a_6=\dfrac{1}{4}a_5=5$, $a_7=\dfrac{2}{5}a_6=2$ より，上式は $n=5, 6, 7$ でも成立.

（以下，**解**と同じ）

*   *   *

漸化式は，**解**のように，等差数列や等比数列（定数列を含む），階差数列などを作って解いたり，別解のように直接代入していって解いたりすることもできます．

なお，別解では，$n=5, 6, 7$ のときは，⑥の分母・分子に掛ける数が 2 つ以下で，厳密には $n\geq 8$ のときのような ⑥⇒⑦ の約分はできないので，分けて書いておきました．

C （2）では，$n\geq 4$ のとき，$S_k=\dfrac{30(k-4)(k-1)}{(k-3)(k-2)}$

の和を求めることになります．これは，分母・分子とも 2 次式です．このように，（分子の次数）≧（分母の次数）のときは，分子を分母で割ってやると，分子が身軽になって，見やすくなることが多いです．実際，

$(k-4)(k-1)$ を $(k-3)(k-2)$ で割ると，結局は $\dfrac{1}{(k-3)(k-2)}$ の和を計算すればよいことが分かります．これなら，よく見る，部分分数分解を使うやつですね．

一般に，分数式 $\dfrac{f(x)}{g(x)}$（$f(x), g(x)$ は多項式）において，$f(x)$ を $g(x)$ で割った商を $q(x)$，余りを $r(x)$ とおくと，（$r(x)$ の次数）<（$g(x)$ の次数）であり，$f(x)=g(x)q(x)+r(x)$ より，

$$\frac{f(x)}{g(x)}=q(x)+\frac{r(x)}{g(x)}$$

なので，多項式 $q(x)$ と，分子が分母よりも低次な $\dfrac{r(x)}{g(x)}$ を相手にすればよくなります．

分数式は分子を低次に

というのは重要手法で，整数問題や数Ⅲの積分でも活躍します．

また，**解**では S_n は，a_{n+1} との関係式①から出しましたが，実際に a_k を足して求めようとすると，$n\geq 5$ のとき，$S_n=a_1+a_2+a_3+a_4+\sum_{k=5}^{n}\dfrac{120}{(k-4)(k-3)(k-2)}$

となり，$\dfrac{1}{(k-4)(k-3)(k-2)}$ $\cdots\cdots⑧$

の和を計算することになります．このように，分母が m 個の連続した数の積なら，

$⑧=\dfrac{1}{2}\left\{\dfrac{1}{(k-4)(k-3)}-\dfrac{1}{(k-3)(k-2)}\right\}$ と，連続する $m-1$ 個と $m-1$ 個に分解してやれば和が求まります．和を求めるだけなら，$\dfrac{1}{2}\left(\dfrac{1}{k-4}-\dfrac{2}{k-3}+\dfrac{1}{k-2}\right)$ のように 1 つ 1 つにまで分解する必要はないですね．

（石城）

問題 31 $a_1=3$, $a_2=200$, $a_{n+2}=-|a_{n+1}|+|a_n|$ ($n=1, 2, \cdots$) で定まる数列 $\{a_n\}$ がある.

(1) $a_n=0$ となることはあるか. また, あるならば, そのうち最小の n を求めよ.

(2) $S_n=\sum_{k=1}^{n}a_k$ とおく. S_n の最大値を求めよ. (2011年5月号)

平均点:16.1
正答率:24%(1)48%(2)29%
時間:SS 16%, S 32%, M 36%, L 16%

(1) 漸化式が簡単には解けそうにありませんが,最初の何項かを求めてみると,
$$a_1=3, a_2=200, a_3=-197$$
$$a_4=3, a_5=194, a_6=-191$$
$$a_7=3, a_8=188, a_9=-185$$
となり,規則性が見えてきます.

(2) 漸化式の形をうまく利用してやりましょう.

解 (1) $k=0, 1, 2, \cdots, 33$ について,
$a_{3k+1}=3$, $a_{3k+2}=200-6k$, $a_{3k+3}=6k-197$ ………①
であることを帰納法で示す.

[I] $k=0$ のとき:$a_1=3$, $a_2=200$ であり,漸化式から $a_3=-|a_2|+|a_1|=-200+3=-197$
よって,①は成り立つ.

[II] $k=m$ ($0\leq m\leq 32$) で成り立つと仮定すると,
$a_{3m+1}=3$, $a_{3m+2}=200-6m$, $a_{3m+3}=6m-197$
$0\leq m\leq 32$ より, $a_{3m+2}>0$, $a_{3m+3}<0$ である.
ここで, $k=m+1$ のときを考えると,漸化式から
$a_{3m+4}=-|a_{3m+3}|+|a_{3m+2}|=a_{3m+3}+a_{3m+2}$
$=(6m-197)+(200-6m)=3$
$a_{3m+5}=-|a_{3m+4}|+|a_{3m+3}|=-3-a_{3m+3}$
$=-3-(6m-197)=194-6m$ (>0)
$a_{3m+6}=-|a_{3m+5}|+|a_{3m+4}|=-a_{3m+5}+3$
$=-(194-6m)+3=6m-191$
よって, $k=m+1$ のときも①は成り立つ.

[I], [II] から①は示された.
①から, $1\leq n\leq 102$ では $a_n\neq 0$ であり,
$a_{101}=a_{3\cdot 33+2}=200-6\cdot 33=2$
$a_{102}=a_{3\cdot 33+3}=6\cdot 33-197=1$
より, $a_{103}=-1+2=1$, $a_{104}=-1+1=0$

以上より, $a_n=0$ となることはあり,そのうち最小の n は $\boldsymbol{n=104}$

(2) $S_1=a_1=3$, $S_2=a_1+a_2=203$
また, $n\geq 3$ のとき,
$S_n=a_1+a_2+\sum_{k=3}^{n}a_k$
$=a_1+a_2+\sum_{k=3}^{n}(-|a_{k-1}|+|a_{k-2}|)$ (∵ 漸化式より)
$=a_1+a_2-|a_{n-1}|+|a_1|=206-|a_{n-1}|\leq 206$ ………②

(1)より $a_{104}=0$ なので, $n=105$ なら②の等号が成り立つ. よって, S_n の最大値は **206** である.

【解説】

A 冒頭でも述べましたが,本問のように,漸化式がよくわからない形をしている場合は,試しに最初の何項かを求めてみると手がかりやヒントが得られることが多いです.今回は,ある程度の n までは①のように a_n が予想できるので,それを帰納法で示せばよいです.

中には,最初の何項かを求めて,すぐに①が成り立つと結論づけている人もいましたが,それでは予想したに過ぎないので注意しましょう.

また,①は, $a_{3k+1}=3$, $a_{3k+2}>0$, $a_{3k+3}<0$ のもとで漸化式の絶対値を外して得られるものなので, n がある程度大きくなって $a_{3k+2}<0$ や $a_{3k+3}>0$ になると,①は成り立たなくなることにも注意が必要です.

B (2)では,与えられた漸化式の形を見ると,ちょうど,数列 $\{-|a_{n-2}|\}$ ($n=3, 4, \cdots$) の階差数列が $\{a_n\}$ になっていることがわかるので,これを利用して S_n を a_{n-1} だけで表せました.こうすると,②の等号成立の部分で,(1)で求めた $a_{104}=0$ が上手く使えるので,非常に良い解法だと言えます.(2)を**解**のように解いた人は,全体の 6% でした.

しかし,**解**のような方法が必ずしも思い浮かぶとはいえません.以下のように,実際に S_n を求めるのも,十分実戦的な解法でしょう.

別解 (2) $a_{105}=0+1=1$, $a_{106}=-1+0=-1$
$a_{107}=-1+1=0$, $a_{108}=0+1=1$
よって, $a_{107}=a_{104}$, $a_{108}=a_{105}$
であり,与えられた漸化式から, a_n は前の2項から決まるため, a_{104} 以降は 0, 1, -1 の繰り返しになる.

①より, $a_{3k+1}+a_{3k+2}+a_{3k+3}=6$ ($0\leq k\leq 33$)
なので, $0\leq k\leq 33$ で,
$S_{3k+1}=S_{3k}+a_{3k+1}=6k+3$
$S_{3k+2}=S_{3k+1}+a_{3k+2}=(6k+3)+(200-6k)=203$
$S_{3k+3}=6(k+1)$
よって, $0\leq k\leq 33$ での S_{3k+1}, S_{3k+2}, S_{3k+3} の最大値

はそれぞれ 201, 203, 204 なので, $1\leqq n\leqq 102$ での S_n の最大値は 204

また, $S_{103}=S_{102}+a_{103}=204+1=205$
$S_{104}=S_{103}+a_{104}=205+0=205$
$S_{105}=S_{104}+a_{105}=205+1=206$
$S_{106}=S_{105}+a_{106}=206-1=205$

であり, $n\geqq 104$ では $S_{n+3}=S_n+\{0+1+(-1)\}=S_n$ なので, $n\geqq 104$ では S_n は 205, 206, 205 を繰り返す.

以上より, S_n の最大値は **206** である.

*   *

ちなみに, 上の議論から, $n=3m$ ($m=35, 36, \cdots$) のときに最大値 206 をとることがわかります.

C 実は, $a_{n+2}=-|a_{n+1}|+|a_n|$ ……③ のとき, a_1, a_2 がどんな整数でも, $a_n=0$ となる n が存在します. それを示すのが, 次の問題です(③において, $|a_n|$ を改めて a_n としたものです). 意欲的な人は, あとの解説を見る前にチャレンジしてみましょう.

参考問題 数列 $a_0, a_1, a_2, \cdots$ は条件
a_0, a_1 は自然数
$a_{n+2}=|a_{n+1}-a_n|$ ($n=0, 1, 2, \cdots$)
を満たすとする. 以下の問に答えよ.
(1) 数列 $b_0, b_1, b_2, \cdots$ を次の式で定める.
$$b_n=\begin{cases} a_{2n} & (a_{2n}\geqq a_{2n+1} \text{ のとき}) \\ a_{2n+1} & (a_{2n}<a_{2n+1} \text{ のとき}) \end{cases}$$
$a_{2n}, a_{2n+1}, a_{2n+2}$ がすべて正ならば $b_n>b_{n+1}$ が成り立つことを示せ.
(2) $a_n=0$ を満たす n があることを示せ.
(06 早大・理工)

実は, 1980 年 7 月号の学力コンテストで, ノーヒントで(2)を出題しました.

$\{a_n\}$ は減少数列ではありません. しかし, 2 項ずつペアにすると, 例えば $a_0=203, a_1=3$ のとき,

203, 3 | 200, 197 | 3, **194** | **191**, 3 | $\cdots$

のように, 各ペアの大きい方が減少しているから, いずれは 0 が現れる, というのが, この問題の流れです.

(1)は a_{2n} と a_{2n+1} の大小で場合分けします. b_n に着目して, a_{2n+2}, a_{2n+3} の範囲を考えましょう.

(2)で(1)を利用するには, 背理法です.

解 (1) $a_{n+2}=|a_{n+1}-a_n|$ ……④

$a_{2n}=a_{2n+1}$ とすると, ④より $a_{2n+2}=0$ となり, $a_{2n+2}>0$ に反するから, $a_{2n}\neq a_{2n+1}$ であり,

$0<a_{2n+1}<a_{2n}$ または $0<a_{2n}<a_{2n+1}$

(ⅰ) $0<a_{2n+1}<a_{2n}$ のとき:

$b_n=a_{2n}$ ∴ $0<a_{2n+1}<b_n$ ……⑤

また, $0>a_{2n+1}-a_{2n}=a_{2n+1}-b_n>-b_n$ より
$|a_{2n+1}-a_{2n}|<b_n$ ∴ $0<a_{2n+2}<b_n$ ……⑥

⑤⑥より, $-b_n<a_{2n+2}-a_{2n+1}<b_n$
∴ $a_{2n+3}=|a_{2n+2}-a_{2n+1}|<b_n$ ……⑦

$b_{n+1}=a_{2n+2}$ または $b_{n+1}=a_{2n+3}$ であるから, ⑥⑦より, $b_{n+1}<b_n$ が成り立つ.

(ⅱ) $0<a_{2n}<a_{2n+1}$ のとき:

$b_n=a_{2n+1}$ ……⑧

よって, $0<a_{2n+1}-a_{2n}=b_n-a_{2n}<b_n$ より,
$|a_{2n+1}-a_{2n}|<b_n$ ∴ $0<a_{2n+2}<b_n$ ……⑨

⑧⑨より, $-b_n<a_{2n+2}-a_{2n+1}<0$
∴ $a_{2n+3}=|a_{2n+2}-a_{2n+1}|<b_n$ ……⑩

$b_{n+1}=a_{2n+2}$ または $b_{n+1}=a_{2n+3}$ であるから, ⑨⑩より, $b_{n+1}<b_n$ が成り立つ.

(2) a_0, a_1 が自然数であることと④より, 帰納的に, すべての a_n は 0 以上の整数である.

よって, $a_n=0$ を満たす n が存在しないとすると, (1)より $b_n>b_{n+1}$ がすべての整数 n について成り立ち, また, $b_n>0$ だから, $b_1>b_2>b_3>\cdots>0$

となるが. これは, b_1 以下の自然数が無限個あることを示し, 不合理である.

したがって, $a_n=0$ を満たす n が存在する.

*   *

1980 年 7 月号の学力コンテストでは, さらに, "a_0, a_1 は自然数" という条件を外して,

---

a_0, a_1 の比が正の有理数で $a_{n+2}=|a_{n+1}-a_n|$ のとき, $\{a_n\}$ のとりうる値は有限個であることを示せ.

という設問がついていました.

置き換えをして, 自然数の数列に帰着させます.

解 a_0, a_1 の比が有理数のとき,

$a_2=\dfrac{q}{p}a_1$ (p, q は自然数)とおける.

ここで, $c_n=\dfrac{p}{a_1}a_n$ なる数列 $\{c_n\}$ を考えると,

$c_1=p, c_2=q, c_{n+2}=|c_{n+1}-c_n|$

であるから, 参考問題(2)より, $c_k=0$ となる k が存在する. このとき, $a_k=0$ なので, $a_{k-1}=\alpha$ とおけば, a_{k-1} 以降は, $\alpha, 0, \alpha, \alpha, 0, \alpha, \cdots$

となり, $\alpha, 0, \alpha$ の繰り返しである. よって, $\{a_n\}$ のとりうる値は, 高々 $a_1, a_2, \cdots, a_k$ の k 個にすぎず, 有限である.

(山崎)

問題32 数列 $\{a_n\}$ を，$a_1=2$，$a_{n+1}=\dfrac{a_n^2+2}{2a_n}$ $(n\geqq 1)$ で定める．

(1) $\dfrac{a_{n+1}-\sqrt{2}}{a_{n+1}+\sqrt{2}}=\left(\dfrac{a_n-\sqrt{2}}{a_n+\sqrt{2}}\right)^2$ を示せ．

(2) $\dfrac{1}{(\sqrt{2}+1)^{2^{n-1}}}<a_n-\sqrt{2}<\dfrac{1}{(\sqrt{2}+1)^{2^{n-2}}}$ を示せ．

(3) $a_n-\sqrt{2}<\dfrac{1}{10^{2013}}$ を満たす最小の n を求めよ．必要ならば，$0.3<\log_{10}(\sqrt{2}+1)<0.4$ を用いてよい．

(2013年12月号)

平均点：20.4
正答率：56%
　　(1) 95% (2) 66% (3) 62%
時間：SS 14%, S 25%, M 35%, L 27%

(1) $a_{n+1}=\dfrac{a_n^2+2}{2a_n}$ を代入して変形するだけです．

(2) (1)で示した式から，$\dfrac{a_n-\sqrt{2}}{a_n+\sqrt{2}}$ を n で表すことにより，$a_n-\sqrt{2}=\dfrac{a_n+\sqrt{2}}{(\sqrt{2}+1)^{2^n}}$ が得られるので，右辺の分子の a_n を評価しましょう．

(3) 当然(2)で示した不等式を使いますが，$n=n_0$ が答えであることを言うには，$n=n_0$ が適することだけでなく，$n\leqq n_0-1$ では不適であることも示しておかなければなりません．

解 (1) $a_{n+1}=\dfrac{a_n^2+2}{2a_n}$ より，

$$\dfrac{a_{n+1}-\sqrt{2}}{a_{n+1}+\sqrt{2}}=\dfrac{\dfrac{a_n^2+2}{2a_n}-\sqrt{2}}{\dfrac{a_n^2+2}{2a_n}+\sqrt{2}}=\dfrac{a_n^2-2\sqrt{2}a_n+2}{a_n^2+2\sqrt{2}a_n+2}$$

$$\therefore\ \dfrac{a_{n+1}-\sqrt{2}}{a_{n+1}+\sqrt{2}}=\left(\dfrac{a_n-\sqrt{2}}{a_n+\sqrt{2}}\right)^2\quad\cdots\cdots\text{①}$$

(2) ①より，$\dfrac{a_n-\sqrt{2}}{a_n+\sqrt{2}}=\left(\dfrac{a_{n-1}-\sqrt{2}}{a_{n-1}+\sqrt{2}}\right)^2$
$=\left(\dfrac{a_{n-2}-\sqrt{2}}{a_{n-2}+\sqrt{2}}\right)^{2^2}=\cdots=\left(\dfrac{a_1-\sqrt{2}}{a_1+\sqrt{2}}\right)^{2^{n-1}}$

ここで，$\dfrac{a_1-\sqrt{2}}{a_1+\sqrt{2}}=\dfrac{2-\sqrt{2}}{2+\sqrt{2}}=\dfrac{\sqrt{2}-1}{\sqrt{2}+1}=\dfrac{1}{(\sqrt{2}+1)^2}$

なので，$\dfrac{a_n-\sqrt{2}}{a_n+\sqrt{2}}=\left\{\dfrac{1}{(\sqrt{2}+1)^2}\right\}^{2^{n-1}}=\dfrac{1}{(\sqrt{2}+1)^{2^n}}$

$\therefore\ a_n-\sqrt{2}=\dfrac{a_n+\sqrt{2}}{(\sqrt{2}+1)^{2^n}}\quad\cdots\cdots\text{②}$

次に，$\sqrt{2}<a_n\leqq 2\ \cdots\cdots\text{③}$ を示す．まず，$a_1=2>\sqrt{2}$ と②から，帰納的に $a_n>\sqrt{2}$ が成り立つ．よって，

$a_{n+1}-a_n=\dfrac{a_n^2+2}{2a_n}-a_n=\dfrac{2-a_n^2}{2a_n}<0$ より，$\{a_n\}$ は単調減少なので，$a_n\leqq a_1=2$ となり，③は示された．

②③より，

$a_n-\sqrt{2}$
$>\dfrac{\sqrt{2}+\sqrt{2}}{(\sqrt{2}+1)^{2^n}}>\dfrac{\sqrt{2}+1}{(\sqrt{2}+1)^{2^n}}=\dfrac{1}{(\sqrt{2}+1)^{2^n-1}}$

$a_n-\sqrt{2}$
$\leqq\dfrac{2+\sqrt{2}}{(\sqrt{2}+1)^{2^n}}<\dfrac{(\sqrt{2}+1)^2}{(\sqrt{2}+1)^{2^n}}=\dfrac{1}{(\sqrt{2}+1)^{2^n-2}}$

(3) 与えられた不等式より，$10^{0.3}<\sqrt{2}+1<10^{0.4}$
(2)より，$n\leqq 12$ のとき，

$a_n-\sqrt{2}>\dfrac{1}{(\sqrt{2}+1)^{2^n-1}}$
$\geqq\dfrac{1}{(\sqrt{2}+1)^{2^{12}-1}}>\dfrac{1}{10^{0.4\times 4095}}>\dfrac{1}{10^{2013}}$

$n=13$ のとき，

$a_n-\sqrt{2}<\dfrac{1}{(\sqrt{2}+1)^{2^{13}-2}}<\dfrac{1}{10^{0.3\times 8190}}<\dfrac{1}{10^{2013}}$

よって，求める n は $n=\boldsymbol{13}$

【解説】

A まず，本問のテーマがどういうことかを説明します．

(2)で示した不等式を見れば分かる通り，数列 $\{a_n\}$ は $\sqrt{2}$ に限りなく近づいていく（$\sqrt{2}$ に収束する）のですが，その近づいていく速さが，もの凄く早いということを調べる問題になっています．それは(2)の不等式を見れば分かってもらえると思いますが，(3)で調べたように，a_{13} の時点で，$\sqrt{2}$ との差は，$\dfrac{1}{10^{2013}}$ という，とてつもなく小さい数よりも小さくなります．

一方，初項と漸化式から，$\{a_n\}$ の各項は有理数からなるので，言いかえれば，$\{a_n\}$ の最初の数項を調べるだけで，かなり良い精度で $\sqrt{2}$ の有理数近似ができるというわけです．（実際 a_4 を求めると，

$a_4=\dfrac{577}{408}=1.414215\cdots$ となり，小数第5位まで $\sqrt{2}$ と一致する）

では，この漸化式は偶然思いついたのかというと，もちろんそうではなく，以下のような方法で作っています．

まず，右図のように，放物線 $y=x^2-2$ ……④
と初期値 $a_1=2$ をとります．
そして，$x=a_1=2$ における
④の接線と x 軸との交点の x
座標を a_2 とおきます．以下
同様に，$x=a_n$ における④
の接線と x 軸との交点の x 座標を a_{n+1} と定義することにより，数列 $\{a_n\}$ を作ります．

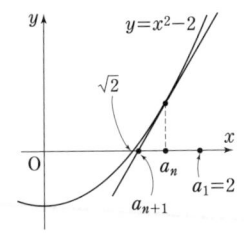

④のとき $y'=2x$ なので，$x=a_n$ における接線の方程式は $y=2a_n(x-a_n)+a_n^2-2$　∴ $y=2a_n x-a_n^2-2$
です．この式で $x=a_{n+1}$，$y=0$ として，$a_{n+1}=\dfrac{a_n^2+2}{2a_n}$
となり，本問で与えられた漸化式と同じものが得られます．

このように定義された $\{a_n\}$ は，上図と作り方から，$x^2-2=0$ を満たす x で正のもの，すなわち $x=\sqrt{2}$ に限りなく近づいていくことは視覚的にわかりますね．その近づき方の速さを本問で調べたというわけです．

同様に，$y=x^2-k$（k は正の定数）の接線に着目すると，$a_{n+1}=\dfrac{a_n^2+k}{2a_n}$ により $\sqrt{k}$ の近似値が得られます．

このような近似の方法は，ニュートン法と言われており，かなり古い時代から知られていたようです．$\sqrt{2}$ や $\sqrt{3}$ の近似といえば，二分法：$f(x)=x^2-2$ として，
$f(1)<0$，$f(2)>0$ より $1<\sqrt{2}<2$
1 と 2 の中点に対し，
$f\left(\dfrac{3}{2}\right)>0$ より $1<\sqrt{2}<\dfrac{3}{2}$
1 と $\dfrac{3}{2}$ の中点に対し，
$f\left(\dfrac{5}{4}\right)<0$ より $\dfrac{5}{4}<\sqrt{2}<\dfrac{3}{2}$

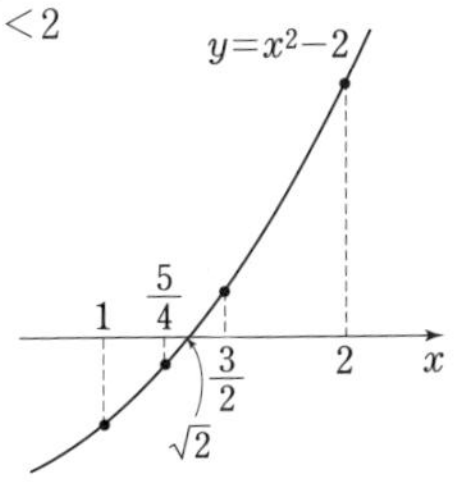

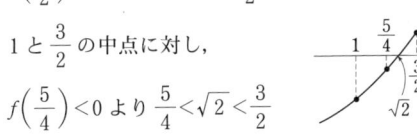

というようにして $\sqrt{2}$ を評価していく
——が思い浮かびがちですが，二分法は半分ずつの幅の精度でしか近似できないのに対して，ニュートン法だと，もっと速く一気に近似できる優れた方法だというわけです．

B 話が少し脱線してしまいましたが，本問に戻ります．
（2）は②の形を作って，これと $\sqrt{2}<a_n\leqq 2$ であることから不等式を示しましたが，直接 $a_n-\sqrt{2}$ を n で表して考えることも出来ます．

別解　（2）（②までは**解**と同じ）

②より，$a_n-\sqrt{2}=\dfrac{a_n-\sqrt{2}}{(\sqrt{2}+1)^{2^n}}+\dfrac{2\sqrt{2}}{(\sqrt{2}+1)^{2^n}}$

∴ $\{(\sqrt{2}+1)^{2^n}-1\}(a_n-\sqrt{2})=2\sqrt{2}$

∴ $a_n-\sqrt{2}=\dfrac{2\sqrt{2}}{(\sqrt{2}+1)^{2^n}-1}$

分母・分子に $(\sqrt{2}-1)^{2^n}$ を掛けて，
$$a_n-\sqrt{2}=\dfrac{2\sqrt{2}(\sqrt{2}-1)^{2^n}}{1-(\sqrt{2}-1)^{2^n}}$$

よって，与不等式を示すには，
$$\dfrac{1}{(\sqrt{2}+1)^{2^{n-1}}}<\dfrac{2\sqrt{2}(\sqrt{2}-1)^{2^n}}{1-(\sqrt{2}-1)^{2^n}}<\dfrac{1}{(\sqrt{2}+1)^{2^{n-2}}}$$
　……⑤
を示せばよいが，
（第1辺）<（第2辺）
$\iff 1-(\sqrt{2}-1)^{2^n}<2\sqrt{2}(\sqrt{2}-1)^{2^n}(\sqrt{2}+1)^{2^{n-1}}$
$\iff 1-(\sqrt{2}-1)^{2^n}<2\sqrt{2}(\sqrt{2}-1)$
$\iff 2\sqrt{2}-3<(\sqrt{2}-1)^{2^n}$
となり，左辺は負，右辺は正なので，これは成立．

（第2辺）<（第3辺）
$\iff 2\sqrt{2}(\sqrt{2}-1)^{2^n}(\sqrt{2}+1)^{2^{n-2}}<1-(\sqrt{2}-1)^{2^n}$
$\iff 2\sqrt{2}(\sqrt{2}-1)^2<1-(\sqrt{2}-1)^{2^n}$
$\iff (\sqrt{2}-1)^{2^n}<9-6\sqrt{2}$
$\iff (\sqrt{2}-1)^{2^n}<3(\sqrt{2}-1)^2$
$\iff (\sqrt{2}-1)^{2^n-2}<3$
となり，（左辺）$\leqq(\sqrt{2}-1)^{2-2}=1$ なので，上式は成立．
よって，⑤が成り立つので，与不等式は示された．

　　　＊　　　　　＊
$(\sqrt{2}+1)^m(\sqrt{2}-1)^m=1$ の関係を上手く使えていますね．

C 冒頭でも書きましたが，（3）では，
$$a_n-\sqrt{2}<\dfrac{1}{10^{2013}}$$ を満たす<u>最小の n を求めよ</u>

と言われているので，$n=13$ で成り立つことだけではなく，$n\leqq 12$ では成り立たないことも示しておかなければなりません．これを忘れている人が見られますが，典型的な議論の不備なので，注意しましょう．　　　（山崎）

問題 33 n を自然数とし，$p_n = 2^n + 3^n$ とおく．
（1） p_n を 7 で割った余りが 5 になる n を求めよ．
（2） p_n を 11 で割った余りが 5 になる n を求めよ．
（3） p_n を 13 で割った余りが 5 になる n を求めよ．
（4） p_n を 1001 で割った余りが 5 になる n は $n \leq 1000$ の範囲にいくつあるか．
（2014 年 10 月号）

平均点：20.5
正答率：57%（1）92%（2）83%
　　　　　　　（3）83%（4）60%
時間：SS 18%, S 37%, M 31%, L 14%

$p_n = 2^n + 3^n$ を割った余りを，最初から一般的に考えようとすると難しいですが，実際に $n = 1, 2, 3, \cdots$ のときについて計算してみると，7, 11, 13 で割った余りは循環していることに気付くと思います．（4）は $1001 = 7 \times 11 \times 13$ となることから，（1）（2）（3）の結果を使いましょう．

解　（1） $\mod 7$ で考える．

$2^1 \equiv 2$, $2^2 \equiv 4$, $2^3 \equiv 8 \equiv 1$ となる．$2^3 \equiv 1$ となったので，$2^4 \equiv 2 \equiv 2^1$ となり，ここからまた 2, 4, 1 を繰り返すことが分かる．よって 2^n は周期 3 で変化する．

同様に 3^n も順次計算すると，$3^1 \equiv 3$, $3^2 \equiv 9 \equiv 2$,
$$3^3 \equiv 2 \cdot 3 \equiv 6, \quad 3^4 \equiv 6 \cdot 3 \equiv 18 \equiv 4,$$
$$3^5 \equiv 4 \cdot 3 \equiv 12 \equiv 5, \quad 3^6 \equiv 5 \cdot 3 \equiv 15 \equiv 1$$

$3^6 \equiv 1$ となったので，$3^7 \equiv 3 \equiv 3^1$ となり，ここからまた 3, 2, 6, 4, 5, 1 を繰り返す．よって 3^n は周期 6 で変化する．

以上から，p_n は $\mod 7$ で右表のようになり，周期 6 で変化する．$n = 1 \sim 6$ のとき，$p_n \equiv 5$ となるのは $n = 1$ のときなので，答えは，$n = 6k+1$ $(k = 0, 1, 2, \cdots)$

n	1	2	3	4	5	6
2^n	2	4	1	2	4	1
3^n	3	2	6	4	5	1
p_n	⑤	6	0	6	2	2

（2） $\mod 11$ で考えると，

n	1	2	3	4	5	6	7	8	9	10
2^n	2	4	8	5	10	9	7	3	6	1
3^n	3	9	5	4	1	3	9	5	4	1
p_n	⑤	2	2	9	0	1	⑤	8	10	2

p_n は上表のように周期 10 で変化する．
$n = 1 \sim 10$ のとき，$p_n \equiv 5$ となるのは $n = 1, 7$ のときなので，答えは，$n = 10l+1, 10l+7$ $(l = 0, 1, 2, \cdots)$

（3） $\mod 13$ で考えると，

n	1	2	3	4	5	6	7	8	9	10	11	12
2^n	2	4	8	3	6	12	11	9	5	10	7	1
3^n	3	9	1	3	9	1	3	9	1	3	9	1
p_n	⑤	0	9	6	2	0	1	⑤	6	0	3	2

p_n は上表のように周期 12 で変化する．$n = 1 \sim 12$ のとき，$p_n \equiv 5$ となるのは $n = 1, 8$ のときなので，答えは，
$$n = 12m+1, \; 12m+8 \; (m = 0, 1, 2, \cdots)$$

（4） $1001 = 7 \times 11 \times 13$ より，
p_n を 1001 で割った余りが 5
$\iff p_n$ を 7 で割った余りが 5，かつ，
　　 p_n を 11 で割った余りが 5，かつ，
　　 p_n を 13 で割った余りが 5
$\iff n = 6k+1$，かつ，
　　 $n = 10l+1$ または $10l+7$，かつ，
　　 $n = 12m+1$ または $12m+8$
　　 (k, l, m は非負整数)

ここで，$p_n \equiv 5 \pmod{13}$ となる条件について，$n = 12m+8$ の方を選ぶと，n を 6 で割った余りは 2 となり，$n = 6k+1$ と表せないので不適．一方，

(i) n が $6k+1$, $10l+1$, $12m+1$ と表せるとき：
n は 6, 10, 12 の最小公倍数である 60 ごとに現れることに注意すると，$n = 60r+1$ $(r = 0, 1, 2, \cdots)$ と表せる．$1000 = 60 \times 16 + 40$ から考えて，$r = 0 \sim 16$ の 17 個．

(ii) n が $6k+1$, $10l+7$, $12m+1$ と表せるとき：
このときも n は 60 ごとに現れることに注意すると，$n = 60r+37$ と表せ，$r = 0 \sim 16$ の 17 個．

(i)(ii) から，$17 + 17 = \mathbf{34 \text{ 個}}$.

【解説】

A まずは，**解**で用いた合同式について，まとめておきましょう．

余りを扱うときに便利な道具が **合同式** です．

一般に整数 a, b および 2 以上の整数 p に対して，a を p で割った余りと b を p で割った余りが等しい ($\iff a - b$ が p の倍数) ことを，
$$a \equiv b \pmod{p} \quad \cdots\cdots\cdots Ⓐ$$
で表します．特に $0 \leq b \leq p-1$ のときは，Ⓐ は，a を p で割った余りが b であることを意味します．

また，合同式については，以下の各性質があります．
$a \equiv b$, $c \equiv d \pmod{p}$ ならば，
$$a+c \equiv b+d, \quad ac \equiv bd \pmod{p}$$
整数 k に対し，$a \equiv b \pmod{p}$ ならば $ka \equiv kb \pmod{p}$
k と p が互いに素である整数のとき，
$$ka \equiv kb \pmod{p} \text{ ならば } a \equiv b \pmod{p}$$

このように，両辺を k で割るときに──かどうかにさえ気をつければ，合同式は等式と同様に扱えます．

解では，『$3^4 \equiv 4 \pmod 7$ の両辺を3倍して，$3^5 \equiv 4 \times 3 \pmod 7$』のようにしています．

なお，合同式には負の整数が登場してもよく，例えば，$6 \equiv -1 \pmod 7$ です．

B $p_n = 2^n + 3^n$ を 7，11，13 で割った余りを直接考えようとすると，どう手をつけたらよいか分からないと思いますが，たとえば（1）なら，mod 7 で実際に 2^n, 3^n を $n=1$, 2, 3, … と計算してみると，$2^6 \equiv 1$, $3^6 \equiv 1$ となり，2^n, 3^n ともに周期6で循環することが分かります（2^n の最小周期は3ですが）．したがって，p_n も周期6で循環するので，$n=1 \sim 6$ のときを調べれば，あとは，その繰り返しだということが分かります．

ある自然数 A を，自然数 B で割った余りというのは，0，1，…，$B-1$ の B 種類しかないので，A が規則的に変化していくときには循環することが多いです（あとの**D**も参照して下さい）．

自然数を自然数で割った余りを考えるとき，直接考えづらかったら，実際に少し計算してみて，循環しないかみてみる，というのも有効ですね．本問では，（1）（2）（3）とも，都合よく小さめの周期で循環してくれているので，1周期ぶんの範囲をすべて調べても，それほど大変ではありませんね．

また，
p を素数，a と p は互いに素としたとき，
$$a^{p-1} \equiv 1 \pmod p$$
が成立する，というフェルマーの小定理を知っていれば，たとえば，$p=7$, $a=2$, 3 とすることで，$2^6 \equiv 1$, $3^6 \equiv 1 \pmod 7$ となるので，（1）では，p_n を 7 で割った余りが長くても周期6で循環することが分かります．先に周期6を知れたとしても，周期の範囲内で調べなければならないので，手間は変わりませんが，最大でも6つだけ調べればよい，という安心感をもって処理することができます．

C （4）を見て，（1）（2）（3）と同じように，mod 1001 で循環しないか調べよう！というやる気が湧いてくる人は，そうはいないと思います．（4）では 1001 は素数ではないので，先程のフェルマーの定理も使えません．

$1001 = 7 \times 11 \times 13$ という素因数分解に気付き，（1）（2）（3）が誘導だということが分かれば，（1）（2）（3）の条件を同時に満たす n を探せばよいということが分かります．

（1）で条件1つ，（2）で排反な条件が2つ，（3）で排反な条件が2つ出てくるので，組み合わせを考えれば $1 \times 2 \times 2 = 4$ 通りの場合が考えられます．4通りに場合分けしてもよいですが，（3）の条件の1つ $n=12m+8$ と（1）の条件 $n=6k+1$ が同時には成立しないことはすぐ分かるので，**解**のように，（3）の2つの条件のうち，$n=12m+8$ の方は排除できます．

D （1）は，こんなやり方もありました（（2）（3）も同様にできます）．

別解（1） $p_n = 2^n + 3^n$ なので，
$$p_{n+1} = 2 \cdot 2^n + 3 \cdot 3^n, \quad p_{n+2} = 4 \cdot 2^n + 9 \cdot 3^n$$
[$p_{n+2} = ap_{n+1} + bp_n$ となる a, b を見つける．
$4 \cdot 2^n + 9 \cdot 3^n = a(2 \cdot 2^n + 3 \cdot 3^n) + b(2^n + 3^n)$ の両辺を比べて，$4 = 2a+b$, $9 = 3a+b$ ∴ $a=5$, $b=-6$]

したがって，$p_{n+2} = 5p_{n+1} - 6p_n$ ……①

また，$p_1 = 2+3 = 5$, $p_2 = 4+9 = 13$

以下，mod 7 で考える．

$p_1 \equiv 5$, $p_2 \equiv 6$ であり，①より，
$$p_{n+2} \equiv 5p_{n+1} - 6p_n \quad \cdots\cdots ②$$
なので，$p_3 \equiv 5 \cdot 6 - 6 \cdot 5 = 0$
$p_4 \equiv 5 \cdot 0 - 6 \cdot 6 = -36 \equiv 6$
$p_5 \equiv 5 \cdot 6 - 6 \cdot 0 = 30 \equiv 2$
$p_6 \equiv 5 \cdot 2 - 6 \cdot 6 = -26 \equiv 2$
$p_7 \equiv 5 \cdot 2 - 6 \cdot 2 = -2 \equiv 5$
$p_8 \equiv 5 \cdot 5 - 6 \cdot 2 = 13 \equiv 6$

よって，$p_7 \equiv p_1$, $p_8 \equiv p_2$ となったので，②より，p_7 からまた，5，6，0，6，2，2 を繰り返すことが分かる．
よって，p_n は周期6で変化する．

$n=1 \sim 6$ で，$p_n \equiv 5$ となるのは $n=1$ のときなので，答えは，$\bm{n = 6k+1}$ $(\bm{k=0, 1, 2, \cdots})$

   *   *

このように，p_n の漸化式を立ててみても，p_n を 7 で割った余りが周期的に変化することがわかります．実際，p_n を 7 で割った余りを r_n とし，数列 $\{r_n\}$ が
$$\cdots, Ⓐ, Ⓑ, \cdots, Ⓐ', Ⓑ', \cdots$$
となっているとして，$Ⓐ' = Ⓐ$, $Ⓑ' = Ⓑ$ なら，$Ⓐ'$ 以降は Ⓐ 以降の繰り返しになります．一方，7 で割った余りは 7 通りですから，$\{r_n\}$ の隣り合う2項の組合せは多くても 7^2 通りしかないので，$7^2 + 2$ 項までには必ず繰り返しが現れます．

別解は，**伊藤宏彰**さんの答案を参考にさせていただきました． (石城)

問題 34 a, b を自然数とし, x, y についての方程式
$ax+by=2009$ ………① を考える.

(1) $a=5, b=11$ とする. ①の解の一つは $x=393, y=4$ であるから, x, y が①を満たす自然数であるとき, y は, $0<y<\dfrac{2009}{11}$ の範囲で ア で割った余りが イ の自然数である. そのような y は ウ 個ある.（空欄に適する整数を答えよ．答えのみでよい．）

(2) ①を満たす自然数 x, y の組がちょうど 21 個あるような a, b を1組求めよ．ただし，a と b は互いに素で $2 \leqq a<b$ とする.

（2009 年 1 月号）

平均点：22.2
正答率：70%（1）90%（2）75%
時間：SS 23%, S 33%, M 29%, L 15%

(1) ①と $5\cdot 393+11\cdot 4=2009$ を辺ごと引くと，x, y の満たすべき条件がわかります．

(2) アプローチの仕方に困るかも知れません．(1)から $\dfrac{2009}{ab}$ が (x, y) の組の個数に近いことに気づくか，まず $a=2$ として題意を満たす b があるかどうかを調べる，といった方針をとるといいでしょう．

解 (1) $5x+11y=2009$ ………②
を満たす x, y の一つが $x=393, y=4$ なので，
$\qquad 5\cdot 393+11\cdot 4=2009$ ………③
②－③ より, $5(x-393)+11(y-4)=0$
$\qquad \therefore\ 11(y-4)=5(393-x)$ ………④
右辺は 5 の倍数だから左辺も 5 の倍数で，5 と 11 は互いに素なので，$y-4$ が 5 の倍数．よって，$y-4=5m$ (m は整数) とおけ，このとき④より $393-x=11m$ だから，
$\qquad x=393-11m,\ y=5m+4$
よって，y は **5 で割った余りが 4** で，x, y が自然数になるには，$393-11m \geqq 1$, $5m+4 \geqq 1$
これより，$0 \leqq m \leqq 35$ となるので，y は **36 個**.

(2) $a=5, b=19$ として，$5x+19y=2009$ ………⑤
を考える．⑤の解の一つは $y=1, x=398$ だから，
$\qquad 5\cdot 398+19\cdot 1=2009$ ………⑥
⑤－⑥ より $5(x-398)+19(y-1)=0$ だから，(1) と同様にして $x=398-19m,\ y=5m+1$ とおける．
$398-19m \geqq 1$, $5m+1 \geqq 1$ より $0 \leqq m \leqq 20$ だから⑤を満たす x, y の組は 21 個．
　よって，答えの一つは $a=5,\ b=19$

【解説】

A 一般に，$ax+by=c$ ………⑦ (a, b, c は整数) を満たす整数の組 (x, y) をすべて求めるには，解の一つ (x_0, y_0) を見つけ，$ax_0+by_0=c$ ………⑧
⑦－⑧ より，$a(x-x_0)+b(y-y_0)=0$
とするのが常套手段です．

(1) では，$(x_0, y_0)=(393, 4)$ が与えられていますが，自力で見つけるには，$y=0, 1, 2, \ldots$ を代入して x が整数になるかどうかを調べるのが一つの手です．**解** のように，x, y が整数になるものは，x は 11 ごと，y は 5 ごとに現れますから，$y=0〜4$ を調べれば OK ($y=-2, -1, 0, 1, 2$ でもよい). もし見つからなければ，計算ミスがあるか，そもそも整数解が存在しないかです（なお，係数がもっと大きいときは，ユークリッドの互除法を利用するなどします）.

一般に，

a, b が互いに素のとき，$ax+by=1$ ………⑨
を満たす整数の組 (x, y) が存在する.

これは有名な性質ですが，以下の証明法も，頭に入れておいてソンはないでしょう．

[証明] a, b が互いに素のとき，b 個の整数
$\qquad 0\cdot a,\ 1\cdot a,\ 2\cdot a,\ \ldots,\ (b-1)\cdot a$ を b で割った余りは互いに異なる．なぜなら，ja と ka $(0 \leqq j<k \leqq b-1)$ を b で割った余りが等しいとすると，$ka-ja=(k-j)a$ は b の倍数だが，a と b は互いに素だから，$k-j$ が b の倍数となり，$1 \leqq k-j \leqq b-1$ に矛盾する．………⑩
　一方，b で割った余りは，$0, 1, \ldots, b-1$ の b 種類だから，〜〜〜 には，$0, 1, \ldots, b-1$ が 1 個ずつ現れる．
　よって，$0\cdot a, 1\cdot a, \ldots, (b-1)\cdot a$ の中に，b で割って 1 余るものが存在し，それを $x\cdot a$, そのときの商を $-y$ とすれば，$x\cdot a=(-y)\cdot b+1$ $\therefore\ ax+by=1$

*　　　　　　*

⑩までの部分も，整数問題では頻出テーマです．
　なお，$ax+by=c$ なら，⑨の両辺を c 倍して，⑨の解 (x_1, y_1) に対し，(cx_1, cy_1) ………※ が解になります（※以外の解もあります）.

B (2) で，(1) がどういう Hint だったかと言うと，

（1）では，

『x も自然数になるような自然数 y の個数は，$0 < y < \dfrac{2009}{11}$ の範囲で，5 で割って 4 余る数の個数に等しい．5 で割って 4 余る数は 5 ごとに現れるから，およそ $\dfrac{2009}{11} \times \dfrac{1}{5}$ 個』

この 5 と 11 を a と b にすると，a と b が互いに素な自然数のとき，①を満たす自然数 x，y の組は，およそ $\dfrac{2009}{ab}$ 個です．$\dfrac{2009}{ab} \div 21$ より $ab \div \dfrac{2009}{21} = 95.6\cdots$ なので，$ab = 95$ に当たりをつけると，$a = 5$，$b = 19$ のときに，ちょうど 21 個になって，メデタシメデタシ．

最初に答えの見当をつけてから細かく考えるというのは，なかなか有効な方法です．

C ab を評価すると，次のようになります：

xy 平面上で①の表す直線の傾きは $-\dfrac{a}{b}$ だから，a，b が互いに素で①が少なくとも一つの格子点を通るとき，①上の格子点は，x 座標は b ごとに，y 座標は $-a$ ごとに並びます．第 1 象限に格子点が 21 個あるとき，x 座標に着目して，

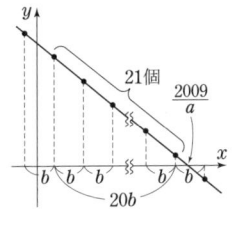

$20b < \dfrac{2009}{a} \leq 22b$ ∴ $\dfrac{2009}{22} \leq ab < \dfrac{2009}{20}$ ………⑪

これで ab が評価できましたが，互いに素な自然数 a，b が⑪を満たしても，①を満たす自然数の組が 21 個になるとは限りません．20 個や 22 個かもしれません（右図で●が格子点の x 座標）．

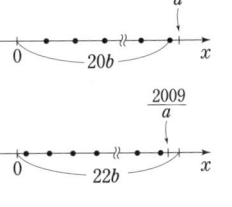

したがって，たとえ答えが合っていても，「⑪を満たすから」といった説明だけでは不十分で，**解**のように，確かに 21 個であることを示さなければなりません．

一方，答えをすべて求めるには，a，b が⑪を満たさなくてはいけないことが利用できます（意欲的な人は，下記を見る前に，自分で考えてみましょう）．

$\dfrac{2009}{22} = 91.\cdots$，$\dfrac{2009}{20} = 100.\cdots$ より，$92 \leq ab \leq 100$

これと $2 \leq a < b$ を満たす，互いに素な整数 a，b の組と，そのときの x，y の組の個数は，

- $ab = 92$ のとき，$(a, b) = (4, 23)$，$4x + 23y = 2009$
 $(x, y) = (485 - 23m, 4m + 3)$，$0 \leq m \leq 21$ の 22 個．

- $ab = 93$ のとき，$(a, b) = (3, 31)$，$3x + 31y = 2009$
 $(x, y) = (649 - 31m, 3m + 2)$，$0 \leq m \leq 20$ の 21 個．

- $ab = 94$ のとき，$(a, b) = (2, 47)$，$2x + 47y = 2009$
 $(x, y) = (981 - 47m, 2m + 1)$，$0 \leq m \leq 20$ の 21 個．

- $ab = 95$ のとき，$(a, b) = (5, 19)$，$5x + 19y = 2009$
 $(x, y) = (398 - 19m, 5m + 1)$，$0 \leq m \leq 20$ の 21 個．

- $ab = 96$ のとき，$(a, b) = (3, 32)$，$3x + 32y = 2009$
 $(x, y) = (659 - 32m, 3m + 1)$，$0 \leq m \leq 20$ の 21 個．

- $ab = 97$ のとき，(a, b) は存在しない．

- $ab = 98$ のとき，$(a, b) = (2, 49)$，$2x + 49y = 2009$
 $(x, y) = (980 - 49m, 2m + 1)$，$0 \leq m \leq 19$ の 20 個．

- $ab = 99$ のとき，$(a, b) = (9, 11)$，$9x + 11y = 2009$
 $(x, y) = (222 - 11m, 9m + 1)$，$0 \leq m \leq 20$ の 21 個．

- $ab = 100$ のとき，$(a, b) = (4, 25)$，$4x + 25y = 2009$
 $(x, y) = (496 - 25m, 4m + 1)$，$0 \leq m \leq 19$ の 20 個．

以上から，x，y の組が 21 個あるような (a, b) は，
$(3, 31)$，$(2, 47)$，$(5, 19)$，$(3, 32)$，$(9, 11)$

なお，これらのいずれかが得られていたのは，全体の 86% でした（説明が不十分なものも含む）．

D （2）では答えを 1 組見つければよいのですから，以上のような考察をしなくても，$a = 2$ から調べていって，答えが見つかれば OK です．

別解（2） $a = 2$ とする．$2x + by = 2009$ ………⑫
より，x が整数のとき，by は奇数で，b も y も奇数．
逆に，b と y が奇数ならば，$2009 - by$ は偶数だから，⑫を満たす整数 x が存在する．

よって，x が自然数になるような自然数 y の個数は，
$0 < y < \dfrac{2009}{b}$ を満たす奇数 y の個数．

正の奇数で小さい方から 21 番目は 41 なので，(x, y) の個数が 21 個になるための条件は
$$41 < \dfrac{2009}{b} \leq 43 \quad \cdots\cdots\cdots ⑬$$

よって $\dfrac{2009}{43} \leq b < \dfrac{2009}{41}$，$\dfrac{2009}{43} = 46.\cdots$，$\dfrac{2009}{41} = 49$

より，⑬を満たす奇数 b は $b = 47$

答えの一つは，**$a = 2$，$b = 47$**

*   *

$a = 2$ のとき，（b が奇数であるもとで）y の条件が，単に "y が奇数" という簡単なものになるので，y の個数が容易に捉えられるわけです．

（藤田）

93

問題35 等式 $ABAB^2 = CDCDEFEF$ を満たす 0 以上 9 以下の整数 A〜F の組（ただし，A, C は 0 でない）について考える．同じ文字は同じ数字を表すが，異なる文字が同じ数字を表してもよい．また，ABAB は上の桁から順に A, B, A, B と数字が並ぶ 4 桁の整数を表し，他も同様とする．
(1) CD＋EF の値を求めよ．
(2) ABAB の値をすべて求めよ．

（2013 年 6 月号）

平均点：19.0
正答率：42%（1）80%（2）43%
時間：SS 15%, S 25%, M 25%, L 35%

(1) AB, CD, EF の関係式を 101 で割ったものから CD＋EF を取り出すと，約数・倍数の関係が使える形になります．

(2) (1)の結果を利用して与式を整理し，AB の候補を絞れる形にしましょう．

解 (1) $ABAB = 100 \cdot AB + AB = 101 \cdot AB$
などと表せるので，$ABAB^2 = CDCDEFEF$ より，
$$101^2 \cdot (AB)^2 = 101(10000 \cdot CD + EF)$$
$$\therefore \ 101 \cdot (AB)^2 = 10000 \cdot CD + EF \quad \cdots \cdots \text{①}$$
$$\therefore \ CD + EF = 101 \cdot (AB)^2 - 9999 \cdot CD$$
$$\therefore \ CD + EF = 101\{(AB)^2 - 99 \cdot CD\}$$
よって CD＋EF は 101 の倍数である．
また，CD, EF は高々 2 桁の自然数なので
$$0 < CD + EF \leq 99 + 99 = 198$$
したがって，**CD＋EF＝101**

(2) ①より，$101 \cdot (AB)^2 = 9999 \cdot CD + (CD + EF)$
(1)の結果より，$101 \cdot (AB)^2 = 9999 \cdot CD + 101$
この両辺を 101 で割って，$(AB)^2 = 99 \cdot CD + 1$
$$\therefore \ (AB - 1)(AB + 1) = 99 \cdot CD \quad \cdots \cdots \text{②}$$
右辺は 11 の倍数であり，11 は素数なので，AB−1, AB＋1 のいずれかは 11 の倍数．

● AB−1 が 11 の倍数のとき：
(AB−1, AB＋1)＝(11, 13), (22, 24), (33, 35), (44, 46), (55, 57), (66, 68), (77, 79), (88, 90)
②より (AB−1)(AB＋1) は 9 の倍数でなければならないが，上記のうち AB−1 と AB＋1 の積が 9 の倍数になるのは，(AB−1, AB＋1)＝(88, 90)，すなわち AB＝89 のとき．
このとき，②から CD＝80 と求まり，EF＝101−CD＝21 となるので適する．

● AB＋1 が 11 の倍数のとき：
(AB−1, AB＋1)＝(9, 11), (20, 22), (31, 33), (42, 44), (53, 55), (64, 66), (75, 77), (86, 88), (97, 99)
このうち AB−1 と AB＋1 の積が 9 の倍数になるのは，(AB−1, AB＋1)＝(9, 11), (97, 99)，すなわち AB＝10, 98 のとき．
AB＝10 とすると，②から CD＝01 となり不適．
AB＝98 とすると，②から CD＝97 と求まり，EF＝101−CD＝04 より適する．

以上より，**ABAB＝8989，9898**

【解説】
A (1)について

まずは $ABAB = 101 \cdot AB$ のようにわかりやすい表記を用いて与式を整理してみましょう．

すると両辺とも（A, B, C, D, E, F の値によらず）101 の倍数になることがわかります．そこで両辺を 101 で割ってみると①の式が得られます．

この次の変形は思いつきにくいところですが，問題文にある CD＋EF というカタマリをつくり出し，他の部分を反対側の辺に移すことで，それが 101 の倍数になることがわかり，大小評価によって値を一つに絞り込むことができます．

整数問題ではこのように「余り」と「大小」によって取り得る値を絞り込む，という手法が使えることが多いので，まずはこれらの方法を試してみるとよいと思います．

B 合同式の利用

余りを考えるときは，合同式を用いると便利です（合同式の定義や性質を確認したい人は，問題 33 の解説 A を参照して下さい）．

解と本質的に同じですが，①を得た後，両辺を mod 101 でみて
$$0 \equiv (99 \cdot 101 + 1) \cdot CD + EF$$
$$\equiv CD + EF \pmod{101}$$
として CD＋EF が 101 の倍数であることを示してもよいでしょう．

C (2)について

(1)の結果を用いて $(AB)^2 = 99 \cdot CD + 1$ を得た後，解では②のように因数分解しましたが，これによって両辺が積のみの形になるため，約数を考えやすくなります．

このように因数分解して約数を考える，というのも整数問題でよく用いられる強力な手法なので，うまく使えるようにしておくとよいでしょう．

D 解の吟味

(解) では9と11で割った余りに注目してABの候補を10, 89, 98に絞った後，実際に題意を満たすか確かめていますが，これは必ず行わなければいけません．

これらのABの候補は

$(AB-1)(AB+1)$が99の倍数になる　………③

という条件のみから得たものです．そのため，③が成り立つことは言えてもABAB²がCDCDEFEF（C≠0）という形になるとは限らず，確認が必要になります．

この確認は，実際にABAB²を計算して確かめる，というように行ってもOKです．

E （２）の別解

(解) では②から左辺が11の倍数になることに先に注目しましたが，9の倍数になることに先に注目して$AB-1$，$AB+1$の候補を列挙しても構いません．ただし，その際，9は素数ではないため，
「$AB-1$と$AB+1$の差2が3で割り切れないことから$AB-1$，$AB+1$の一方のみが9の倍数になる」
などと断っておくようにしましょう．

また，9, 11で割った余りの両方に注目して以下のように候補を絞り込む方法もあります．

(別解) （②に続く）

②より，$(AB-1)(AB+1) \equiv 0 \pmod{11}$
11は素数であるから，$AB \equiv \pm 1 \pmod{11}$
ここで，$AB = 10 \cdot A + B \equiv -A + B \pmod{11}$
であるので，$-A + B \equiv \pm 1 \pmod{11}$
$0 \leq A, B \leq 9$より$-9 \leq -A+B \leq 9$で，この範囲にあって$\bmod 11$で± 1と合同な数は± 1のみなので
$$-A + B = \pm 1 \quad \cdots\cdots\cdots\cdots④$$
また②より，$(AB-1)(AB+1) \equiv 0 \pmod 9$
$AB-1$と$AB+1$の差2が3で割り切れないことから，$AB-1$，$AB+1$の一方のみが9の倍数になり，
$$AB \equiv \pm 1 \pmod 9$$
$AB = 10 \cdot A + B \equiv A + B \pmod 9$であるので，
$$A + B \equiv \pm 1 \pmod 9$$
$0 \leq A, B \leq 9$より$0 \leq A+B \leq 18$で，この範囲にあって$\bmod 9$で± 1と合同な数を考えて，
$$A+B = 1, 8, 10, 17$$
④よりAとBの差（の絶対値）は1で$A+B$は奇数なので，$A+B = 1, 17$

これと④，$A \neq 0$より，
$$(A, B) = (1, 0), (8, 9), (9, 8)$$
これらが適するか確かめるのは**(解)**と同じ．

　　　　　＊　　　　　　　　　＊

この解法のように「余り」を何度も考える場合は，合同式を使うと簡単な表現にまとめられるのでオススメです．

（一山）

問題 36 $x+2y+3z=xyz$ を満たす自然数 x, y, z の組をすべて求めよ．
（2010 年 5 月号）

平均点：19.5
正答率：57%
時間：SS 15%, S 34%, M 27%, L 24%

x, y, z ともすごく大きいと，$x+2y+3z$ よりも xyz の方が大きく不適．したがって，解はある程度小さいと予想されますが，不等式を作って波線部をきちんと捉えましょう．その際，x, y, z の大小を設定するのは定石の 1 つです．

解　　$x+2y+3z=xyz$ ……………①

- $x \geq y$ かつ $x \geq z$ のとき：
$xyz = x+2y+3z \leq x+2x+3x = 6x$ なので，$xyz \leq 6x$
よって $yz \leq 6$ となり，y, z の少なくとも一方は 2 以下である（そうでないと $yz \geq 9$ となり不適）．

- $y \geq x$ かつ $y \geq z$ のとき：
$xyz = x+2y+3z \leq y+2y+3y = 6y$ なので，$xz \leq 6$
よって，x, z の少なくとも一方は 2 以下である．

- $z \geq x$ かつ $z \geq y$ のとき：
$xyz = x+2y+3z \leq z+2z+3z = 6z$ なので，$xy \leq 6$
よって，x, y の少なくとも一方は 2 以下である．

以上より，x, y, z の少なくとも 1 つは 2 以下．

（ⅰ）$x=1$ のとき，①を変形して $yz-2y-3z=1$
∴ $(y-3)(z-2) = 7$
となる．$y-3 > -3, z-2 > -2$ なので，
$(y-3, z-2) = (1, 7), (7, 1)$
∴ $(y, z) = (4, 9), (10, 3)$

（ⅱ）$x=2$ のとき，①を変形して $2yz-2y-3z=2$
∴ $(2y-3)(z-1) = 5$
となる．$2y-3 > -3, z-1 > -1$ なので，
$(2y-3, z-1) = (1, 5), (5, 1)$
∴ $(y, z) = (2, 6), (4, 2)$

（ⅲ）$y=1$ のとき，①を変形して $xz-x-3z=2$
∴ $(x-3)(z-1) = 5$
となる．$x-3 > -3, z-1 > -1$ なので，
$(x-3, z-1) = (1, 5), (5, 1)$
∴ $(x, z) = (4, 6), (8, 2)$

（ⅳ）$y=2$ のとき，①を変形して $2xz-x-3z=4$
∴ $4xz-2x-6z=8$　∴ $(2x-3)(2z-1) = 11$
となる．$2x-3 > -3, 2z-1 > -1$ なので，
$(2x-3, 2z-1) = (1, 11), (11, 1)$
∴ $(x, z) = (2, 6), (7, 1)$

（ⅴ）$z=1$ のとき，①を変形して $xy-x-2y=3$
∴ $(x-2)(y-1) = 5$
となる．$x-2 > -2, y-1 > -1$ なので，
$(x-2, y-1) = (1, 5), (5, 1)$
∴ $(x, y) = (3, 6), (7, 2)$

（ⅵ）$z=2$ のとき，①を変形して $2xy-x-2y=6$
∴ $(x-1)(2y-1) = 7$
となる．$x-1 > -1, 2y-1 > -1$ なので，
$(x-1, 2y-1) = (1, 7), (7, 1)$
∴ $(x, y) = (2, 4), (8, 1)$

以上から重複を除き，(x, y, z) の組は，
$(1, 4, 9), (1, 10, 3), (2, 2, 6), (2, 4, 2),$
$(4, 1, 6), (8, 1, 2), (7, 2, 1), (3, 6, 1)$

【解説】

A 本問は，**不等式を用いて範囲を絞る**手法を用いる整数問題です．たとえば，$x=○, y=△$ を与式に代入して z が自然数になるかどうかを確認することをいくら繰り返しても，すべての解を「求める」ことはできません（「見つける」ことはできても，他にないかどうかが不明）．そこで，何らかの方法で調査の回数を有限回にすることが求められます．有限回にしてしまえば，それらすべてを実行することで解決につながります．

解では，x, y, z のうち最大のものを設定して不等式を作っています．これにより，「小さい方 2 つの積は 6 以下」という結果が得られるため，あとは積が 6 以下となる 2 つの自然数の組（14 通りあります）をすべて代入し，残りの文字が自然数になるかどうか確認すればよいことになります．そのような答案もありましたが，**解**ではその後「x, y, z には 1 または 2 が含まれる」ことを導くことによって，未知数が 2 個の方程式を計 6 回解くことに帰着させています．最大のものを設定して不等式を作る解法は全体の 35% でした．

B ここでは，$axy+bx+cy=d$（a, b, c, d は整数で $a>0$）を満たす整数 x, y の求め方をまとめておきます．$a=1$ の場合は基本的で，
　$xy+bx+cy=d$　∴ $(x+c)(y+b) = d+bc$
となることから，$x+c, y+b$ は $d+bc$ の約数（負でもよい）となります．$a \geq 2$ のときは，先に両辺を a 倍した式を作っておき，$a^2xy+abx+acy=ad$
　∴ $(ax+c)(ay+b) = ad+bc$
と変形すると，あとは同様に処理できます（なお，**解**の（ⅱ）（ⅵ）のように，a 倍しなくても整数係数の変形ができることもあります）．ただ，$ax+c$ や $ay+b$ が

$ad+bc$ の約数であっても，そこから定まる x, y が整数でないこともありますから，すべてが適するとは限りません．

なお，本問の式を y, z の方程式と見て，
$xyz-2y-3z=x$ から $(xy-3)(xz-2)=x^2+6$
としても，解決にはつながりません．x^2+6 は多項式としては（実数係数で）これ以上因数分解できませんが，x に具体的な値を代入したときの値がどのように積に分解できるかはわからないからです．

[C] 解とは異なる発想の別解を見ておきましょう．

別解1 ①より，$z(xy-3)=x+2y$ である．この式の右辺は正なので，左辺も正で，$xy-3>0$ ……②
また，$z\geqq 1$ より，$x+2y=z(xy-3)\geqq xy-3$
$x+2y\geqq xy-3$ を変形して，$(x-2)(y-1)\leqq 5$ ……③

まず，$x=1$，2 または $y=1$ のときは，解の（i）（ii）（iii）と同様に求められる．それ以外（$x\geqq 3$ かつ $y\geqq 2$）のとき，②は成立し，③を満たす x, y は
$(x, y)=(3, 2), (3, 3), (3, 4), (3, 5), (3, 6),$
$(4, 2), (4, 3), (5, 2), (6, 2), (7, 2)$

このうち $z=\dfrac{x+2y}{xy-3}$ が整数になるのは $(3, 6)$ と $(7, 2)$ の2組で，ともに $z=1$ （以下略）

*　　　　　　　*

この解法では，x, y ともすごく大きい場合，$z=\dfrac{x+2y}{xy-3}$ は（分母の方が大きいため）1未満になってしまうことを用いて候補を絞っています．なお，$x=1$，2 と $y=1$ のときを別にしているのは，これらの場合は③から得られる情報が何もないためです．このような解法は全体の30%でした．

それ以外には，次のようにいったん対称形に持ち込む解法が13%ありました．対称にするのメリットは，大小を設定しても一般性を失わないことにあります．

別解2 $X=x$, $Y=2y$, $Z=3z$ とおくと，
$$X+Y+Z=X\cdot\dfrac{Y}{2}\cdot\dfrac{Z}{3}=\dfrac{1}{6}XYZ$$
ここで，Y は2の倍数で，Z は3の倍数である．…④
さて，$a+b+c=\dfrac{1}{6}abc$ ……⑤
の自然数解を求めよう．$a\geqq b\geqq c$ としてよい．
$\dfrac{1}{6}abc=a+b+c\leqq a+a+a=3a$ より $\dfrac{1}{6}abc\leqq 3a$
なので，$bc\leqq 18$ ……⑥
さらに，$18\geqq bc\geqq c\cdot c=c^2$ なので，$c\leqq 4$ である．

- $c=1$ のとき，⑤は $ab-6a-6b-6=0$ となり，$(a-6)(b-6)=42$ なので
$(a, b)=(48, 7), (27, 8), (20, 9), (13, 12)$
- $c=2$ のとき，⑤は $ab-3a-3b-6=0$ となり，$(a-3)(b-3)=15$ なので $(a, b)=(18, 4), (8, 6)$
- $c=3$ のとき，⑤は $ab-2a-2b-6=0$ となり，$(a-2)(b-2)=10$ なので $(a, b)=(12, 3), (7, 4)$
- $c=4$ のとき，⑥と $b\geqq c$ から $b=4$ だが，このとき⑤より $a=\dfrac{24}{5}$ となり不適．

ここで，X, Y, Z は a, b, c の並べかえであることと④に注意すると，
- $(a, b, c)=(48, 7, 1)$ のとき，不適．
- $(a, b, c)=(27, 8, 1)$ のとき，
  $(X, Y, Z)=(1, 8, 27)$
- $(a, b, c)=(20, 9, 1)$ のとき，
  $(X, Y, Z)=(1, 20, 9)$
- $(a, b, c)=(13, 12, 1)$ のとき，不適．
- $(a, b, c)=(18, 4, 2)$ のとき，
  $(X, Y, Z)=(4, 2, 18), (2, 4, 18)$
- $(a, b, c)=(8, 6, 2)$ のとき，
  $(X, Y, Z)=(8, 2, 6), (2, 8, 6)$
- $(a, b, c)=(12, 3, 3)$ のとき，
  $(X, Y, Z)=(3, 12, 3)$
- $(a, b, c)=(7, 4, 3)$ のとき，
  $(X, Y, Z)=(7, 4, 3)$ （以下略）

[D] 解けていた人の大部分は，上記の3つの解法のいずれかに近い解法でした．

少数ながら，次のような解法もありました．

別解3［藤山俊文君（暁星卒）の解法］

x, y, z のいずれかが1のときは，解の（i）（iii）（v）と同様に求められる．

x, y, z すべてが2以上のとき，非負整数 p, q, r を用いて $x=p+2$, $y=q+2$, $z=r+2$ とおける．$x+2y+3z=xyz$ に代入して整理すると，
$4=pqr+2(pq+qr+rp)+3p+2q+r$ ……⑦
となる．p, q, r のうち1以上のものが2つ以上あると，
$pqr\geqq 0$, $2(pq+qr+rp)\geqq 2$, $3p+2q+r\geqq 2+1=3$
より，⑦の右辺は5以上となり不適．よって，p, q, r のうち2つ以上は0である．調べると，
$(p, q, r)=(0, 2, 0), (0, 0, 4)$ （以下略）

*　　　　　　　*

値が大きくなるということを，正の値をとる項が増えてしまうという形で表現した解法で，非常に上手です．

どのように考えるにせよ，有限個の調査に帰着させる部分がこの手の問題のポイントです．最初の方だけ調べて「以下同様」とごまかすのはいけません．様々な解法を理解して，絞り方を身につけておきましょう． （條）

問題 37 実数 x に対し，x 以下の最大の整数を $[x]$ で表す．
$[x^2]=2x^2+[2x]$ を満たす実数 x を求めよ． （2013年2月号）

平均点：19.1
正答率：54%
時間：SS 15%, S 37%, M 26%, L 22%

まずは $a-1<[a]\leqq a$ を用いて，x の範囲を絞りましょう．さらに，$2x^2=[x^2]-[2x]$ より，$2x^2$ が整数であることから，x の候補が絞れます．その各々について，与等式を満たすかどうか調べていきましょう．なお，不等式の変形のみで解く別解もあります．

解 $[x^2]=2x^2+[2x]$ より $2x^2=[x^2]-[2x]$ ……①
よって， $2x^2$ は整数 ……②
$[x^2]\leqq x^2<[x^2]+1$ より，$x^2-1<[x^2]\leqq x^2$ ……③
$[2x]\leqq 2x<[2x]+1$ より，$2x-1<[2x]\leqq 2x$ ……④
∴ $(x^2-1)-2x<[x^2]-[2x]<x^2-(2x-1)$ ……⑤
これと①より，$x^2-1-2x<2x^2<x^2-2x+1$
∴ $x^2+2x+1>0$ かつ $x^2+2x-1<0$
∴ $x\ne -1$ かつ $-1-\sqrt{2}<x<-1+\sqrt{2}$ ……⑥

● $0\leqq x<-1+\sqrt{2}$ のとき，
$0\leqq 2x^2<2(-1+\sqrt{2})^2=6-4\sqrt{2}=6-5.6\cdots$
これと②より $2x^2=0$
よって $x=0$ で，これは①を満たす．

● $-1-\sqrt{2}<x<0$ のとき，
$0<2x^2<2(-1-\sqrt{2})^2=6+4\sqrt{2}=6+5.6\cdots$
これと②および $x\ne-1$ を満たす x について，下表で○をつけたものが①を満たす．

$2x^2$	x	$[x^2]$	$[2x]$	$[x^2]-[2x]$	①
1	$-\dfrac{1}{\sqrt{2}}$	0	-2	2	×
3	$-\sqrt{\dfrac{3}{2}}$	1	-3	4	×
4	$-\sqrt{2}$	2	-3	5	×
5	$-\sqrt{\dfrac{5}{2}}$	2	-4	6	×
6	$-\sqrt{3}$	3	-4	7	×
7	$-\sqrt{\dfrac{7}{2}}$	3	-4	7	○
8	-2	4	-4	8	○
9	$-\dfrac{3}{\sqrt{2}}$	4	-5	9	○
10	$-\sqrt{5}$	5	-5	10	○
11	$-\sqrt{\dfrac{11}{2}}$	5	-5	10	×

以上から答えは，0，$-\sqrt{\dfrac{7}{2}}$，-2，$-\dfrac{3}{\sqrt{2}}$，$-\sqrt{5}$

【解説】

A 整数問題において，不等式を利用して値を絞るというのは常套手段で，**解** もそれに従った方法になっています．

問題文には不等式は出てきませんが，a の整数部分 $[a]$ については，$[a]\leqq a<[a]+1$ ……⑦
つまり，$a-1<[a]\leqq a$ ……⑧
が成り立つので，$[x^2]$ と $[2x]$ を $[\ ]$ を含まない形で評価できて，**解** の⑥のように x の範囲が絞れます．なお，⑦と⑧は一方から他方をすぐに導けますから，自分にとって明らかと思える方を用意して，必要なら他方の形にする，という姿勢で十分です．

気を付けるべきは，⑥に含まれて②を満たす x が全て与等式を満たすわけではないということです．なぜなら，③④が成り立てば⑤も成り立ちますが，逆に，⑤が成り立っても③と④が成り立つとは限らないからです．なので，x の候補を絞った後，与等式を満たすかどうか一つ一つ調べていく必要があります．

解 のように，x の候補を絞ってからしらみつぶしで調べていく解法を取っていた人は，全体の54%でした．

B **解** とは異なり，不等式の同値な変形のみで処理することもできます．$2x^2$ が偶数か奇数かによって $[x^2]$ の値が変わるので，$2x^2$ の偶奇で場合分けして処理することになります．

別解 $2x^2=[x^2]-[2x]$ より，$2x^2$ は整数．
（i）$2x^2=2k$（k は 0 以上の整数）のとき：
$x^2=k$ ……⑨
∴ $[x^2]=k$ ∴ $[2x]=x^2-2x^2=k-2k=-k$
$[2x]=-k$ より，$-k\leqq 2x<-k+1$ ……⑩
$k=0$ のときは $x=0$ となるので，$[x^2]=2x^2+[2x]$ は満たされる．
$k\geqq 1$ のときを考える．
$2x<-k+1\leqq 0$ より $x<0$ だから，⑨より，$x=-\sqrt{k}$
これを⑩に代入して，$-k\leqq -2\sqrt{k}<-k+1$
∴ $k-1<2\sqrt{k}\leqq k$ ……⑪
上式の各辺は 0 以上であるから，各々2乗して，
$(k-1)^2<4k\leqq k^2$
∴ $k^2-6k+1<0$ かつ $k^2-4k\geqq 0$
∴ $3-2\sqrt{2}<k<3+2\sqrt{2}$ かつ（$k\leqq 0$ または $4\leqq k$）
∴ $4\leqq k<3+2\sqrt{2}$ ∴ $k=4, 5$

$$\therefore \quad x=-2,\ -\sqrt{5}$$

(ii) $2x^2=2k-1$（k は 1 以上の整数）のとき：

$$x^2=k-\frac{1}{2} \quad \cdots\cdots\cdots\cdots\cdots ⑫$$

$$\therefore \quad [x^2]=k-1$$

$$\therefore \quad [2x]=[x^2]-2x^2=k-1-(2k-1)=-k$$

(i) と同様に，$-k\leqq 2x<-k+1$ $\cdots\cdots\cdots\cdots$ ⑬

$k\geqq 1$ より $x<0$ だから，⑫ より，$x=-\sqrt{k-\dfrac{1}{2}}$

⑬に代入して，$-k\leqq -2\sqrt{k-\dfrac{1}{2}}<-k+1$

$$\therefore \quad k-1<2\sqrt{k-\frac{1}{2}}\leqq k$$

$$\therefore \quad (k-1)^2<4\left(k-\frac{1}{2}\right)\leqq k^2$$

$$\therefore \quad k^2-6k+3<0 \ \text{かつ}\ k^2-4k+2\geqq 0$$

$$\therefore \quad 3-\sqrt{6}<k<3+\sqrt{6}\ \text{かつ}$$
$$(k\leqq 2-\sqrt{2}\ \text{または}\ 2+\sqrt{2}\leqq k)$$

$$\therefore \quad 3-\sqrt{6}<k\leqq 2-\sqrt{2}\ \text{または}\ 2+\sqrt{2}\leqq k<3+\sqrt{6}$$

$$\therefore \quad k=4,\ 5\quad \therefore \quad x=-\sqrt{\frac{7}{2}},\ -\sqrt{\frac{9}{2}}$$

(i)(ii) より，$\boldsymbol{x=-\sqrt{5},\ -\dfrac{3}{\sqrt{2}},\ -2,\ -\sqrt{\dfrac{7}{2}},\ 0}$

　　　　　＊　　　　　＊　　　　　＊

　この解法をとる場合，(i) では，⑪ を 2 乗する際，$k\geqq 1$ の下でやらないと，各辺が 0 以上とは言えなくなってしまうことに気をつけなくてはなりません．そのため (i) では，$k=0$ を別枠で考えています．

　別解のように，不等式の同値な変形のみで処理していた人は，全体の 27% でした．

C　ガウス記号 [ ] がらみの入試問題を紹介します．

参考問題　実数 x に対して，x 以下で最大の整数を x の整数部分といい，$[x]$ で表す．

　自然数 n に対して，数列 $\{a_n\}$ を $a_n=[n\pi]$ と定め，また数列 $\{b_n\}$ を，$b_1=b_2=b_3=0$，$n\geqq 4$ のときは，$a_k<n\leqq a_{k+1}$ となる n に対して，$b_n=k$ と定める．ただし，π は円周率を表し，無理数である．

(1) b_4，b_5，b_7，b_{10} を求めよ．

(2) 自然数 p，q に対して，$a_p<q$ ならば $p\pi<q$ であることを示せ．

(3) 数列 $\{b_n\}$ の一般項を n の式で表せ．このとき，必要なら上記の整数部分を表す記号を用いてよい．
　　　　　　　　　　　　　　　（類 14 和歌山県医大）

意欲的な人は，以下の解答を見る前に，チャレンジしてみましょう．なお，原題では π が無理数であるとは書かれておらず，そのことを前提にしてよいかどうか迷う人がいるかもしれないので，入れておきました．

　　　　　＊　　　　　＊　　　　　＊

不等式 $[x]\leqq x<[x]+1$ の他に，

　s，t が整数のとき，$s<t\Longleftrightarrow s+1\leqq t$

にも注意しましょう．(3) は，(2) を利用し，さらに $n\leqq a_{k+1}$ から得られる不等式も用いて k を評価します．

解　(1) $a_n=[n\pi]=[n\times 3.14\cdots]$ より，

$a_1=3$，$a_2=6$，$a_3=9$，$a_4=12$ なので，

$a_1<4\leqq a_2$，$a_1<5\leqq a_2$，$a_2<7\leqq a_3$，$a_3<10\leqq a_4$

$$\therefore \quad \boldsymbol{b_4=1,\ b_5=1,\ b_7=2,\ b_{10}=3}$$

(2) $a_p<q$ のとき，$[p\pi]<q$

$[p\pi]$ と q は整数だから，$[p\pi]+1\leqq q$ $\cdots\cdots\cdots$ ⑭

一方，$[x]\leqq x<[x]+1$ より，$p\pi<[p\pi]+1$ $\cdots\cdots$ ⑮

⑭⑮ より，$p\pi<[p\pi]+1\leqq q$　$\therefore$　$p\pi<q$

(3) $a_k<n\leqq a_{k+1}$（n は 4 以上の整数）のとき，

$a_k<n$ と (2) より，$k\pi<n$ $\cdots\cdots\cdots\cdots\cdots$ ⑯

$n\leqq a_{k+1}$ より，$n\leqq[(k+1)\pi]$

これと $[(k+1)\pi]\leqq (k+1)\pi$ より，$n\leqq (k+1)\pi$ $\cdots$ ⑰

ここで，$n=(k+1)\pi$ とすると $\pi=\dfrac{n}{k+1}$ となり，π が無理数であることに反するから，$n<(k+1)\pi$ $\cdots\cdots$ ⑱

⑯⑱ より，$k\pi<n<(k+1)\pi$　$\therefore$　$\dfrac{n}{\pi}-1<k<\dfrac{n}{\pi}$

k は整数で，$\dfrac{n}{\pi}$ は整数でないから，$k=\left[\dfrac{n}{\pi}\right]$

つまり，$\boldsymbol{b_n=\left[\dfrac{n}{\pi}\right]}$（$n\leqq 3$ のときも OK）

別解　(2) 対偶「$q\leqq p\pi \Longrightarrow q\leqq a_p$」を示す．

q は整数だから，$q\leqq p\pi$ ならば，$q\leqq [p\pi]=a_p$

　　　　　＊　　　　　＊　　　　　＊

π が無理数であることを前提にしない場合は，⑰ の等号が排除できないので，$k\pi<n\leqq (k+1)\pi$ より $\dfrac{n}{\pi}-1\leqq k<\dfrac{n}{\pi}$ となり，$k=\dfrac{n}{\pi}-1$ の可能性を否定できません．

　これを回避するには，$\left[\dfrac{n}{\pi}\right]$ ではなく $\left[-\dfrac{n}{\pi}\right]$ を考えます．$-k-1\leqq -\dfrac{n}{\pi}<-k$ より，$\left[-\dfrac{n}{\pi}\right]=-k-1$

これから，$k=-\left[-\dfrac{n}{\pi}\right]-1$ となります．　　　（濱口）

問題 38 自然数 n の正の約数の個数を $f(n)$ とおく．
（1） $\dfrac{p^a}{f(p^a)} \leq 2$ を満たすような素数 p と自然数 a の組を求めよ．
（2） $xy = 2f(x)f(y)$（ただし $x \leq y$）を満たすような自然数 x, y の組を求めよ．

(2005年6月号)

平均点：15.9
正答率：18%（1）53%（2）24%
時間：SS 5%, S 24%, M 35%, L 36%

（1） $f(p^a) = a+1$ であり，a が大きくなると，p^a は $a+1$ よりはるかに大きくなるのでダメですが，このことを「明らか」とせずに，きちんと論証しましょう．

（2） p^a の形でない一般の自然数に対して，どのように（1）が使えるか？が本質的な部分です．素因数ごとに分けましょう．

解 （1） $f(p^a) = a+1$ なので，
$$\frac{p^a}{f(p^a)} \leq 2 \iff p^a \leq 2(a+1)$$

- $a=1$ のとき，$p \leq 4$ より $p = 2, 3$
- $a=2$ のとき，$p^2 \leq 6$ より $p = 2$
- $a=3$ のとき，$p^3 \leq 8$ より $p = 2$
- $a \geq 4$ のとき，
$$p^a \geq 2^a = (1+1)^a = \sum_{k=0}^{a} {}_a C_k$$
$$> {}_a C_0 + {}_a C_1 + {}_a C_{a-1} + {}_a C_a = 2(a+1)$$

より不適．

以上より $(p, a) = (2, 1), (2, 2), (2, 3), (3, 1)$.

（2） $g(n) = \dfrac{n}{f(n)}$ とすると，
$$xy = 2f(x)f(y) \iff g(x)g(y) = 2$$
n の約数は n 個以下なので，任意の自然数 n について
$$g(n) \geq 1 \quad \cdots\cdots①$$
よって，$g(x) \leq 2$, $g(y) \leq 2$ が必要．

$g(n) \leq 2$ となる自然数 n を求める．

（i） $n=1$ のとき，$g(1) = 1$ で成立．

（ii） $n \geq 2$ のとき，$n = p_1^{a_1} p_2^{a_2} \cdots p_k^{a_k}$（$p_1, p_2, \cdots, p_k$ は相異なる素数）と素因数分解すると，
$$g(n) = \frac{p_1^{a_1} p_2^{a_2} \cdots p_k^{a_k}}{(a_1+1)(a_2+1)\cdots(a_k+1)}$$
$$= \frac{p_1^{a_1}}{a_1+1} \cdot \frac{p_2^{a_2}}{a_2+1} \cdots \cdot \frac{p_k^{a_k}}{a_k+1} = g(p_1^{a_1})g(p_2^{a_2})\cdots g(p_k^{a_k})$$
で，最右辺の各項は①より1以上であることから，どれも2以下であることが必要．よって，（1）から，
$$n = 2^{a_1}, 3^{a_2}, 2^{a_1} \cdot 3^{a_2} \quad (a_1 = 1, 2, 3; a_2 = 1)$$
と表される．

（i）（ii）をあわせて，
$$n = 2^{a_1} \cdot 3^{a_2} \quad (a_1 = 0, 1, 2, 3; a_2 = 0, 1)$$
の形に表されることが必要である．これらの n について $g(n)$ を計算すると，下表のようになる．

n	1	2	4	8	3	6	12	24
$f(n)$	1	2	3	4	2	4	6	8
$g(n)$	1	1	$\dfrac{4}{3}$	2	$\dfrac{3}{2}$	$\dfrac{3}{2}$	2	$\dfrac{3}{(不適)}$

$g(x)g(y) = 2$ より，$(g(x), g(y))$ の組としては $(1, 2)$, $\left(\dfrac{4}{3}, \dfrac{3}{2}\right)$ とその入れかえが考えられ，$x \leq y$ より，$(x, y) = (1, 8), (1, 12), (2, 8), (2, 12), (3, 4), (4, 6)$

【解説】

A 正答率は非常に低くなってしまいました．（2）は本質的に難しい部分もありますが，（1）は正解してほしいところです．ところが，結論を明らかとして全く証明していないもの，証明が根本的に誤っているものが目立ちました（全体の26%）．

解法としては，まず a を決めるか，まず p を決めるかで大きく分かれます．前者の場合は**解**のようになり，ラクですが，後者の場合は a が2箇所に残ってしまい，少し面倒なことになります．右のようなグラフを描けば「$a > 0$ の部分で一度大小が入れ替わったら，以後そのままである」ことが，$y = p^a$ のグラフが下に凸であることからわかるので，それでもかまいませんが，式で示すと次のようになります．

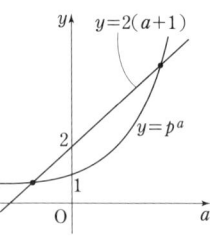

別解 （1） $\dfrac{p^a}{a+1}$ が，a の関数として単調増加 …②
であることを示す．
$$\frac{p^{a+1}}{a+2} - \frac{p^a}{a+1} = \frac{p^a}{(a+2)(a+1)}\{(a+1)p - (a+2)\}$$
$$= \frac{p^a}{(a+2)(a+1)}\{a(p-1)+(p-2)\} > 0$$
より，②は示された．

- $p=2$ のとき，$\dfrac{2^a}{a+1}$ は，$a=1, 2, 3$ のとき2以下．$a=4$ のとき2より大．②より $a \geq 5$ のときも2より大．
- $p=3$ のとき，$\dfrac{3^a}{a+1}$ は，$a=1$ のとき2以下．

$a=2$ のとき 2 より大. ②より $a≧3$ のときも 2 より大.

• $p≧5$ のとき, $\dfrac{p^a}{a+1}$ は $a=1$ のとき 2 より大. ②より $a≧2$ のときも 2 より大.

以上より $(p, a)=(2, 1), (2, 2), (2, 3), (3, 1)$

＊　　　　　　　　＊

②は数Ⅲの微分を用いて示すことも可能です.

B 冒頭でも述べたように,「一般の自然数 n に対して, どのように(1)を使うか」が(2)の最大のポイントです. 解にあるように,

$$n=p_1^{a_1}p_2^{a_2}\cdots p_k^{a_k} \text{ のとき}$$
$$g(n)=g(p_1^{a_1})g(p_2^{a_2})\cdots g(p_k^{a_k})$$

となり,「素因数ごとに分けて考えればよい」ことになります.「素因数ごとに分ける」というのは, 整数問題の一つの定石ですね.

C (2)で目立った典型的な誤答例を紹介します.

(例1) x, y として(1)で考えた p^a の形のものしか考えない

これでは(2)はほとんど何もしていないのと同じです.

(例2) $n=1$ を忘れる

これは多少仕方ないミスのように思います. 解では, 1 は 2 以上の数とは別に議論しましたが, 形式的に「すべての指数が 0 の場合」と考えるくらいでも十分です.

(例3) n の候補をしぼったあとで, 答えの段階で欠落がある

これは, 解のようにせず,

『$x=2^{a_1}\cdot 3^{a_2}$, $y=2^{b_1}\cdot 3^{b_2}$ とすると,

$$\dfrac{2^{a_1}}{a_1+1}\cdot\dfrac{3^{a_2}}{a_2+1}\cdot\dfrac{2^{b_1}}{b_1+1}\cdot\dfrac{3^{b_2}}{b_2+1}=2$$』

としてから a_1, a_2, b_1, b_2 を決めようとしているものに目立ちました. 4 つの数の掛け算を考えることになるので, 当然, 見落としも多くなります.

上記の誤りなどのため, 答えの 6 組が正しく得られた人数もそれほど多くなく, 全体の 39% でした.

D (2)を, 解とは根本的に異なる方針で解くこともできます.

直観的には,「n が大きくなると, $f(n)$ は n と比べて極端に小さくなる. だから, 与式は, x, y がある程度小さいところでしか成立しないだろう」ということです.

別解 (2) n の約数は, n 自身, または, $\dfrac{n}{2}$ 以下の自然数なので, $f(n)≦1+\dfrac{n}{2}$

よって, $xy=2f(x)f(y)≦2\left(1+\dfrac{x}{2}\right)\left(1+\dfrac{y}{2}\right)$

$xy≦2\left(1+\dfrac{x}{2}\right)\left(1+\dfrac{y}{2}\right)$ の両辺を 2 倍して整理すると,

$xy-2x-2y≦4$ ∴ $(x-2)(y-2)≦8$ ……③

Ⅰ) $x≧3$ のとき: $xy=2f(x)f(y)$ から x, y の少なくとも一方は偶数であることに注意して,

$(x, y)=(3, 4), (3, 6), (3, 8), (3, 10),$
　　　　$(4, 4), (4, 5), (4, 6)$

が必要. それぞれチェックすると, $(3, 4), (4, 6)$ のみが適する.

Ⅱ) $x=1, 2$ のとき: (③からは何もわからないので, 元の式に戻ると)
$f(1)=1, f(2)=2$ より,
$xy=2f(x)f(y) \iff y=2f(y)$

$y=2m$ とおくと, $f(y)=m$ より $f(2m)=m$ だから, $1, 2, \cdots, m$ のうち $m-1$ 個が $2m$ の約数である. よって, $m-1, m-2$ の少なくとも一方は $2m$ の約数.
(m は $2m$ の約数であることに注意して)

• $m-1$ が約数の場合:
$m-1, m$ は互いに素なので, それらの積 $(m-1)m$ も $2m$ の約数. よって,
$(m-1)m≦2m$ ∴ $m≦3$ ∴ $y≦6$

• $m-2$ が約数の場合:
$m-2, m$ の最大公約数を g, 最小公倍数を l とすると, $l=g\cdot\dfrac{m-2}{g}\cdot\dfrac{m}{g}=\dfrac{(m-2)m}{g}$
また, $m-(m-2)=2$ より, $g≦2$
∴ $l≧\dfrac{(m-2)m}{2}$

l は $2m$ の約数なので, $\dfrac{(m-2)m}{2}≦l≦2m$
∴ $m≦6$ ∴ $y≦12$

これより $y≦12$ で, あとはそれぞれチェックすればよい. (以下略)

＊　　　　　　　　＊

Ⅱ)の部分では③が使えないので, $y=2f(y)$ を直接解くことになってしまいましたが, これはこれで面白い問題だと思います. 余裕があれば理解しておくとよいでしょう.

また, 別解では, $f(n)≦1+\dfrac{n}{2}$ を用いましたが, $f(n)≦2\sqrt{n}$ ($\sqrt{n}$ 以下の約数の個数と $\sqrt{n}$ 以上の約数の個数は同数で, ともに個数は $\sqrt{n}$ 以下) などを用いることもできます.

(條)

問題 39 円形のテーブルの回りに置かれた10個の椅子に，前田家の3人，野村家の3人，大竹家の4人が座る．前田家の3人は互いに隣り合わず，野村家の3人も互いに隣り合わないような座り方は何通りあるか．ただし，回転すると同じになる座り方は区別しないものとする．
（2013年9月号）

平均点：17.4
正答率：44%
時間：SS 13%, S 28%, M 34%, L 26%

「前田家が隣り合わない」，「野村家が隣り合わない」という2つの条件がありますが，まず一方を満たす並べ方を考え，そのうちもう一方を満たさないものを除く，というようにして求めましょう．先に前田家と大竹家の人のみを並べ，その間に野村家の人を入れていく，というようにしてもできます．

解 題意を満たすのは，
（ア）前田家の3人が隣り合わない座り方
から
（イ）前田家の3人は隣り合わないが野村家の3人は隣り合うところがある座り方
を除いたものである．

（ア）の座り方について： 
前田家以外の7人を円状に並べて（円順列なので$(7-1)!$通り）から，その間の7箇所（∨印のところ）から3箇所を選んで前田家の3人を入れる（$_7P_3$通り）と考えて，$(7-1)!\cdot {}_7P_3 = 720\cdot 210$通り．

（イ）の座り方について： 
前田家以外の7人のうち，野村家の2人をひとまとめにして円状に並べて（$(6-1)!$通り）から，その間の6箇所（∨印のところ）のうちの3箇所に前田家の3人を入れる（$_6P_3$通り）と考える．野村家の中で誰がどこに入るかも考えて（$3!$通り），このときの座り方は$(6-1)!\cdot {}_6P_3 \cdot 3! = 120\cdot 120\cdot 6 = 720\cdot 120$通り．

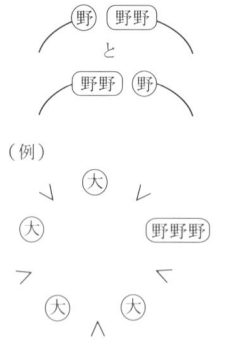

ただし，このうち野村家の3人が連続している座り方（右図）は2度数えられてしまっている．このような座り方は，前田家以外の7人のうち，野村家の3人をひとまとめにして円状に並べて（$(5-1)!$通り）から，その間の5箇所（∨印のところ）のうちの3箇所に前田家の3人を入れて（$_5P_3$通り）できる．野村家の中で誰がどこに入るかも考えて（$3!$通り），このときの座り方は$(5-1)!\cdot {}_5P_3 \cdot 3! = 24\cdot 60\cdot 6 = 720\cdot 12$通り．
よって（イ）の座り方は$720\cdot 120 - 720\cdot 12 = 720\cdot 108$通り．

以上より，求める場合の数は
$720\cdot 210 - 720\cdot 108 = 720\cdot 102 =$ **73440 通り**．

【解説】

A 方針について

この問題はとても多くの解法が考えられる問題で，解法によって処理量が大きく違ってくるので，どのような方針を選ぶかが非常に重要なポイントになります．

例えば余事象を考える解法を選んだとすると，前田家の人が2人隣り合うとき，3人隣り合うときの場合の数を調べ，野村家の人が隣り合うときも考えて，それらの重複する分を除いて……と不適なものを数え，さらにそれを全体の座り方の数から引いて求めることになるのですが，これは場合分けがとても多くなり大変です．

解の考え方は余事象に近いのですが，全体を「前田家が隣り合わない座り方」という狭い範囲に絞り，その中から「野村家が隣り合う」という不適なものを除くようにしているためコンパクトになっています．この解答は，応募者の**野田陽太**さん（倉吉東卒）の答案を参考にさせて頂きました．このように，余事象という1つのアイデアだけではうまくいかないときも，それに一工夫加えることでずっと考えやすくなる，というようなケースはよくあるので，様々な視点から考えて最適な解法を探すようにしましょう．

B 計算の工夫について

解では，（ア）や（イ）の場合の数を具体的に計算せずかけ算の形のままにしておき，差を取ってから最後に一度だけかけ算をすることで計算量を減らしています．

このような工夫ができるようになると，時間も短縮でき，ミスも少なくなるのでよいでしょう．

C 人間の区別について

問題文では指示がありませんでしたが，同じ家族の人であっても違う人間なら区別できるはずなので，全員を区別したときの場合の数ととらえるのが一般的です．一

方，これが赤玉，青玉，白玉を並べる，というような問題であれば同じ色の玉は区別しないで考えます．

D 解以外で比較的考えやすい解法としては，まず前田家と大竹家を先に並べ，その間に野村家の人を入れていく，というものがあります．

別解1 前田家，野村家，大竹家の人をそれぞれM，N，Oと表す．まずは同じ家族の人どうしを区別せずに考える．はじめにMとOの並べ方を考える．

MとOだけを並べるとき，回転して同じになるものを除くと，その並べ方は以下の5通り．

(i) (ii) (iii)
(iv) (v)

この間にNを入れる入れ方が何通りあるか考える．
(i) 2箇所あるMとMの間（矢印のところ）にNを1人ずつ入れてから，残りの5箇所の間（∨印のところ）から1箇所を選んでNを入れると考えて，5通り．
(ii) MとMの間（矢印のところ）にNを入れてから，残りの6箇所の間（∨印のところ）から2箇所を選んでNを入れると考えて，$_6C_2=15$ 通り．
(iii)(iv) (ii)と同様に考えて，それぞれ15通り．
(v) 7箇所ある間（∨印のところ）から3箇所を選んでNを入れると考えて，$_7C_3=35$ 通り．

以上を合わせて，$5+15\cdot 3+35=85$ 通り．
MどうしNどうしOどうしを区別して，
$$85\cdot 3!\cdot 3!\cdot 4!=\mathbf{73440\ 通り}.$$

＊　　　　＊　　　　＊

初めにMとOのみの並べ方を考えましたが，これが上の(i)～(v)に限られることは，Oによって区切られるMの並びの組み合わせが
(a) (MMM) (b) (MM, M) (c) (M, M, M)
のいずれかであることと，これらを4人のOの間に入れる入れ方を考えるとわかります．

(a)の場合はどこにM3人を入れても回転すれば同じで(i)の場合しかなく，(b)の場合はM2人を入れたところから時計回りに見て1つ目，2つ目，3つ目の間にM1人が入る場合があるので(ii)，(iii)，(iv)の3通りになり，(c)の場合はどの3箇所の間を選んでもそれらは連続するので回転すると(v)の並び方になります．よってOとMのみの並べ方は(i)～(v)の場合に限られます．

また，MとOだけを並べた時点ではMどうしが隣り合っていても，そのあとでMとMの間にNを入れれば隣り合わなくなるので，(v)のようにMが全てOによって区切られているような場合以外にも題意を満たす並べ方があることに注意しましょう．

E 1人を固定した場合

1人を固定して考えると，回転して重なるものを考慮せずに済むので考えやすくなります．上の別解で，Oの1人を固定すると以下のようになります．

別解2 Oのうちの一人（O_1 とする）を固定して考える．まずOのみを並べ，その間にMを入れる．OによってMの3人がどのように区切られるかで場合分けする．

(A) 3人とも1箇所の間に入るとき：
どの2人のOの間に入るかで4通り．このとき，Nの入れ方は別解1の(i)と同じで5通り．よって $4\cdot 5=20$ 通り．

(B) 2人と1人に分かれて2箇所の間に入るとき：
M2人，M1人の入る場所の選び方は $4\cdot 3=12$ 通り．Nの入れ方は別解1の(ii)～(iv)と同じで15通り．よって $12\cdot 15=180$ 通り．

(C) 1人ずつに分かれて3箇所に入るとき：
Mが入る3箇所の選び方は4通り．Nの入れ方は別解1の(v)と同じで35通り．よって $4\cdot 35=140$ 通り．

これらを合わせて $20+180+140=340$ 通り．
O_1 以外のO，M，Nを区別して，答えは
$$340\cdot 3!\cdot 3!\cdot 3!=\mathbf{73440\ 通り}.$$

＊　　　　＊　　　　＊

このように，円順列の問題では1つを固定して他のものの並べ方を考える，という手法が有効です．回転して重なるものがあるときなど，考えにくいと感じたときは何かを固定してみるとよいでしょう．

（一山）

問題40 凸12角形 $A_1A_2\cdots A_{12}$ の頂点のうちの6個を頂点とする凸6角形は ${}_{12}C_6$ 個あるが，このうち，もとの12角形と，ちょうど3本の辺を共有するものは何個あるか．

（2010年8月号）

平均点：18.4
正答率：44%
時間：SS 20%, S 24%, M 33%, L 22%

もとの12角形と共有する3辺の位置関係（隣り合っているかどうか）で場合分けするのが素朴な考え方ですが（☞別解1），ここでは違う基準で場合分けしてみます．6角形の各辺が12角形の何辺分に相当するかに注目すると…？

解 6角形の隣り合う頂点の間（他の頂点を含まない側）にもとの12角形の何辺が含まれるか …………Ⓐ を考える．右図は題意を満たす6角形の一例である．

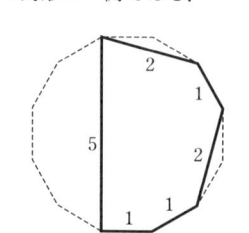

Ⓐの6数の組は，和が12であり1をちょうど3個含むことから，順序を無視すれば
(1, 1, 1, 2, 2, 5)
(1, 1, 1, 2, 3, 4)
(1, 1, 1, 3, 3, 3)
の3パターンある．

（ア）(1, 1, 1, 2, 2, 5) のとき：
5の辺の決め方が12通りあり，他は 1, 1, 1, 2, 2 の並べかえで ${}_5C_2$ 通りなので，$12 \times {}_5C_2 = 120$ 個．

（イ）(1, 1, 1, 2, 3, 4) のとき：
4の辺の決め方が12通りあり，他は 1, 1, 1, 2, 3 の並べかえで（2, 3が何番目かを決めればよいから）$5 \cdot 4$ 通りなので，$12 \times 5 \cdot 4 = 240$ 個．

（ウ）(1, 1, 1, 3, 3, 3) のとき：
3の辺を1つ固定する（選び方は12通り）と，他は 1, 1, 1, 3, 3 の並べかえで ${}_5C_2$ 通り．これでは1つの6角形を，最初に固定した3の辺が3つのうちどれかで3回数えているので，$12 \times {}_5C_2 \times \dfrac{1}{3} = 40$ 個．

以上より，$120 + 240 + 40 = \mathbf{400}$ **個**．

【解説】

Ⓐ 場合の数の問題では，公式ですぐに求まるものを除けば，適切なタイプ分けを行うことが重要です．なお，本問では場合分けを要さないうまい手があるのですが（☞Ⓒ），かなり気付きにくいでしょう．**解**では，6角形の各辺が12角形の何辺分に相当するかを基準に場合分けしています．計算量が少なく，間違えにくい解法と言えるでしょう．

Ⓑ **解**の方法で解いた人はあまり多くなく，大部分の人は以下のように解いていました．共有する3辺どうしが隣り合っているかどうかに注目する解法です．**解**に比べると少々面倒で間違えやすい部分（後述）があるものの，実戦的には問題ありません．

別解1 辺 A_1A_2, 辺 A_2A_3, …, 辺 $A_{12}A_1$ を順に①, ②, …, ⑫とおく．もとの12角形と共有する3辺に注目して場合分けする．

（ⅰ）共有する3辺が隣り合うとき： 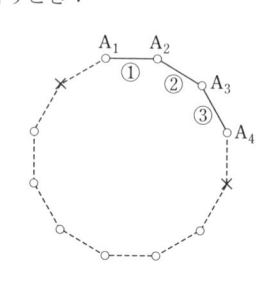
3辺の選び方が12通りある．それが①②③だとすると，（A_5 を選ぶと④も，A_{12} を選ぶと⑫も共有し，不適なので）残りは A_6, A_7, …, A_{11} の6点から隣り合わない2点を選べばよい．6点から2点を選ぶ ${}_6C_2$ 通りから，隣り合う2点の選び方5通りを除き，隣り合わないのは ${}_6C_2 - 5 = 10$ 通り．共有する3辺が他の場合も同数だから，$12 \times 10 = 120$ 個．

（ⅱ）共有する辺のうち2つが隣り合い，他の1辺はそれらと隣り合わないとき： 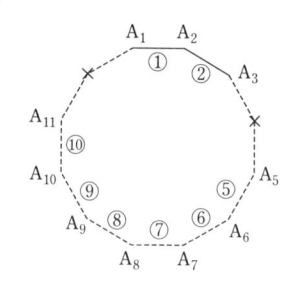
隣り合う2辺の選び方が12通りある．それが①②だとすると，（④を選ぶと③も，⑪を選ぶと⑫も共有し，不適なので）共有する他の1辺は⑤，⑥，…，⑩のいずれか．
⑤だとすると，残りの頂点は A_8〜A_{11} の4通り．
⑥だとすると，残りの頂点は A_9〜A_{11} の3通り．
⑦だとすると，残りの頂点は A_5, A_{10}, A_{11} の3通り．
対称性から⑧，⑨，⑩のときは，⑦，⑥，⑤のときと同数．よって全部で $4+3+3+3+3+4 = 20$ 通り．
隣り合う2辺が①②以外の場合も同数だから，
$12 \times 20 = 240$ 個．

（ⅲ）共有する3辺がどれも隣り合わないとき：
共有する2辺の間に12角形の辺がちょうど1辺あると，そのはさまれた辺も6角形と12角形に共有され不適となることに注意する．

最初に①を選ぶと，共有する残りの2辺の選び方は

④⑦, ④⑧, ④⑨, ④⑩, ⑤⑧, ⑤⑨, ⑤⑩, ⑥⑨, ⑥⑩, ⑦⑩ の10通りある. ②を含むものなども同様に10通りとなるが, 10×12 とすると, 最初に選んだ辺が3つのうちどれかで, 1つの6角形が3回数えられてしまう. よって, $10 \times 12 \times \dfrac{1}{3} = 40$ 個.

以上より, $120 + 240 + 40 =$ **400** 個.

* *

この解法で目立った誤り（全体の14％）は,（iii）において, ①③⑥などの不適切な場合を含めてしまうものです. 上記の例だと, ②も自動的に共有されてしまうことになりますね. 間に2辺以上なければならないのです.（ii）でも同様の誤りを犯している人が散見されました.

さて, 別解1では, ある程度書き出すことによって解きました. 対応づけによって $_nC_r$ の式を作る手もあります. その一例を紹介します（これくらいのスケールなら, どちらで解くかは好みの問題でしょう）:

(ii) 共有する2辺が①②のとき（A_1, A_2, A_3 を選ぶ）, もう1つの共有する辺を⑩（$5 \leq n \leq 10$）とすると, A_1, A_2, A_3 以外の3頂点の番号は,

(あ) $m, n, n+1$ ($m \geq 5, n+1 \leq 11, n \geq m+2$)
(い) $n, n+1, m$ ($n \geq 5, m \leq 11, m \geq (n+1)+2$)

のどちらかを満たす.

(あ)のとき, m, n は, $m \geq 5, n \leq 10, n > m+1$ を満たすので, $n' = n - 1$ とおくと, m, n' は $5 \leq m < n' \leq 9$ を満たす. よって, $5, 6, \cdots, 9$ から2個を選び, 小さい順に m, n' とすればよいから,

$$_5C_2 = 10 \text{ 通り}.$$

(い)のときも同様である.

(iii) 最初に①を選ぶとき, 共有する残りの2辺を⑩, ⑪（$4 \leq m < n \leq 10$）とおくと, m, n は, $n \geq m+3$ を満たす. つまり, $n > m+2$ を満たす. よって, $n' = n - 2$ とおくと, m, n' は $4 \leq m < n' \leq 8$ を満たすから, $_5C_2 = 10$ 通り.

C ここでは, 場合分けを一切要さない方法を紹介します. 発想としては, 解のように「6角形の各辺が12角形の何辺分に相当するか」に注目するのですが, もっと大胆に考えます.

別解2 6角形の辺のうち, 12角形の辺でない3辺を反時計回りに X, Y, Z とする（3つのうちどれを X としてもよい）.

X の2端点の間（他の頂点を含まない側）に12角形の辺が x 個あるとし, y, z も同様に定める. すると, x, y, z は,

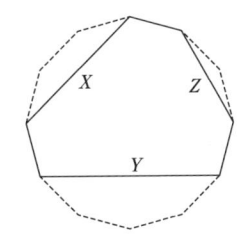

$$x + y + z = 12 - 3 = 9, \quad x \geq 2, y \geq 2, z \geq 2$$

を満たす. $x' = x - 1, y' = y - 1, z' = z - 1$ とすると, x', y', z' は, $x' + y' + z' = 6, x' \geq 1, y' \geq 1, z' \geq 1$ を満たす. 右図の5ヶ所の↑のうち2ヶ所に仕切りを入れ, ○の個数を左から順に x', y', z' とすることと対応し, x', y', z' の組は $_5C_2 = 10$ 通り.

次に, 12角形の辺となる3本の辺を X と Y の間に a 本, Y と Z の間に b 本, Z と X の間に c 本入れる. a, b, c は, $a + b + c = 3, a \geq 0, b \geq 0, c \geq 0$ を満たす. $a' = a + 1, b' = b + 1, c' = c + 1$ として同様に考え, a, b, c の組は $_5C_2 = 10$ 通り.

以上で得られた 10×10 個の図形を（辺に X, Y, Z の名前をつけたまま）回転すると, 1つの図形に12個の6角形が対応する. これでは, 1つの6角形を, 12角形の辺でない3辺のうちどれが X かで3回数えていることになるので, 答えは $10 \times 10 \times 12 \times \dfrac{1}{3} =$ **400** 個.

* *

この解法だと, 本問の設定を完全に一般化した以下の問題の答えも同様に求めることができますね.

> **問題** 凸 n 角形 $A_1 A_2 \cdots A_n$ の頂点のうちの r 個を頂点とする凸 r 角形は $_nC_r$ 個あるが, このうち, もとの n 角形と, ちょうど k 本の辺を共有するものは何個あるか. ただし, n, r は3以上の整数, k は非負整数で, $n + k \geq 2r, r \geq k + 1$ とする.

別解2と同様に考えます.

[略解] r 角形の辺のうち, n 角形の辺でない $r - k$ 本を反時計回りに $X_1, X_2, \cdots, X_{r-k}$ とし, X_j の2端点の間に n 角形の辺が x_j 個あるとすると,

$$x_1 + x_2 + \cdots + x_{r-k} = n - k, \quad x_j \geq 2$$

$x_j' = x_j - 1$ とおくと,

$$x_1' + x_2' + \cdots + x_{r-k}' = (n - k) - (r - k) = n - r, \quad x_j' \geq 1$$

より, $x_1 \sim x_{r-k}$ の組は $_{n-r-1}C_{r-k-1}$ 個.

次に, n 角形の辺となる k 本の辺を, X_1 と X_2 の間に a_1 本, X_2 と X_3 の間に a_2 本, $\cdots$, X_{r-k} と X_1 の間に a_{r-k} 本入れると, $a_1 + a_2 + \cdots + a_{r-k} = k, a_j \geq 0$ より, $a_1 \sim a_{r-k}$ の組は $_{(r-k)+k-1}C_{k-1} = _{r-1}C_{k-1}$ 個.

重複を考慮して, 答えは

$$_{n-r-1}C_{r-k-1} \cdot _{r-1}C_{k-1} \cdot n \cdot \dfrac{1}{r-k} \text{ 個}. \qquad (條)$$

問題 41 右図は同じ大きさの正三角形を10段並べたものである．この図形の中にある平行四辺形（ひし形を含む）の個数を求めよ．
（2009年9月号）

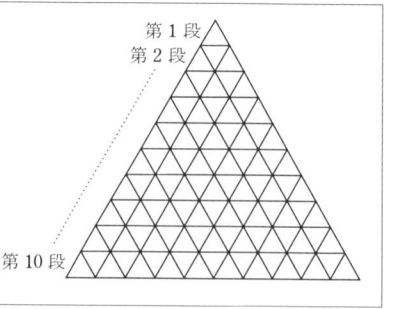

第1段
第2段
第10段

平均点：20.1
正答率：63%
時間：SS 20%, S 31%, M 28%, L 21%

平行四辺形の辺が，下図の△ABCのどの2辺と平行かで3タイプに分類できて，そのうちの一つについて数えて3倍すれば答えは出ます．平行四辺形の辺の長さで場合分けして数え上げることも可能ですが，メンドウです．例えば，ABとBCに平行な辺を持つ平行四辺形について，上側の辺がk段目，下側の辺がj段目にあるものの個数をkやjで表して∑計算に持ち込むと…．

解 下図のように頂点 A, B, C をおく．

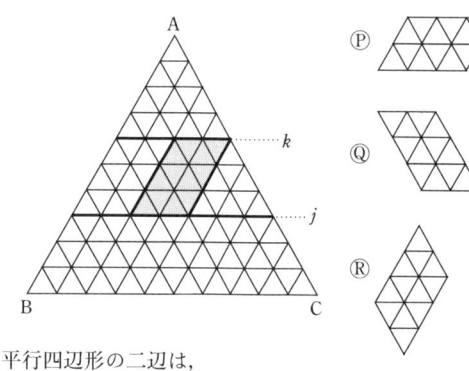

平行四辺形の二辺は，
  Ⓟ AB，BCに平行
  Ⓠ BC，CAに平行
  Ⓡ CA，ABに平行

の3タイプ．対称性よりⓅの場合を考えて3倍する．
Ⓟの平行四辺形のうち，上図網目部のように
下側の辺がj段目（$2 \leq j \leq 10$）にあるもの ………①
の個数を$S(j)$とおく．①のうち，上側の辺がk段目（$1 \leq k \leq j-1$）にあるものは，上側の辺を決めれば一意に定まる．ここで，k段目には頂点が$k+1$個あり，そのうち二つ結ぶと辺が出来るので，上側の辺の決め方は${}_{k+1}C_2$通り．これを$1 \leq k \leq j-1$で足し合わせると，

$$S(j) = \sum_{k=1}^{j-1} {}_{k+1}C_2 = \frac{1}{2}\sum_{k=1}^{j-1}(k+1)k$$
$$= \frac{1}{2}\sum_{k=1}^{j-1}\{(k+2)(k+1)k - (k+1)k(k-1)\} \cdot \frac{1}{3} \quad \cdots ②$$
$$= \frac{1}{6}(j+1)j(j-1)$$

これを$2 \leq j \leq 10$で足し合わせると，Ⓟの平行四辺形の個数は，$\sum_{j=2}^{10}\frac{1}{6}(j+1)j(j-1)$

$$= \frac{1}{6}\sum_{j=2}^{10}\{(j+2)(j+1)j(j-1) - (j+1)j(j-1)(j-2)\} \cdot \frac{1}{4} \quad \cdots ③$$
$$= \frac{1}{6} \cdot 12 \cdot 11 \cdot 10 \cdot 9 \cdot \frac{1}{4} = 495$$

3倍して，答えは **1485個**．

【解説】
Ⓐ 直接立式できるような上手い方法が思い当たらず，さりとてコツコツと数え上げるのが大変なときは，とりあえず何かを固定するのが一つの手です．

解では，Ⓟタイプの平行四辺形について，まず，下側の辺が，どの直線上にあるかを固定しました．下側の辺がj段目にあるときの個数$S(j)$がわかれば，あとは，$j = 2, 3, \cdots, 10$として加えると，Ⓟタイプの総数が求まるのです．

さらに，$S(j)$を一気に求めるのは難しそうなので，上側の辺がk段目にあるときの個数をkで表し（${}_{k+1}C_2$），$k = 1, 2, \cdots, j-1$として加えると，$S(j)$が出ます．

なお，Ⓟタイプについて，最初にkを固定して，
  上側の辺がk段目（$1 \leq k \leq 9$）にあるもの
の個数$T(k)$を求めると，次のようになります：

上側の辺の決め方は，**解**と同様に${}_{k+1}C_2$通り．上側の辺を決めると，下側の辺が$k+1$段目，$k+2$段目，$\cdots$，10段目のどこにあるかで$10-k$通りあるから，
$$T(k) = {}_{k+1}C_2 \cdot (10-k)$$

よって，Ⓟの平行四辺形の個数は，
$$\sum_{k=1}^{9} {}_{k+1}C_2 \cdot (10-k) = \sum_{k=1}^{9}\frac{1}{2}(k+1)k(10-k) \quad \cdots ④$$

Ⓑ **解**の∑計算では，$(k+1)k$や$(j+1)j(j-1)$を展開せず，②③のように変形して処理しました．

一般に，数列$\{a_n\}$の和S_nは，$a_k = f_k - f_{k-1}$ $\cdots ⑤$

となる f_k が見つかれば，求まったも同然です．
$$a_1=f_1-f_0$$
$$a_2=f_2-f_1$$
$$\vdots$$
$$a_n=f_n-f_{n-1}$$

これらを加えると，$f_1 \sim f_{n-1}$ がプラスマイナスで消え，$S_n=a_1+a_2+\cdots+a_n=f_n-f_0$ となります．

$(k+1)k$ や $(j+1)j(j-1)$ のように，**連続する整数の積の形**になっていると，②③のように，容易に⑤の形になりますから，展開してしまうのはソンです．

前記の④についても，$(k+1)k(10-k)$ を展開せず $10-k$ を $9-(k-1)$ として，
$$④=\frac{1}{2}\sum_{k=1}^{9}(k+1)k\{9-(k-1)\}$$
$$=\frac{1}{2}\left\{\sum_{k=1}^{9}9(k+1)k-\sum_{k=1}^{9}(k+1)k(k-1)\right\} \cdots ⑥$$

以下，②③と同様にして，
$$⑥=\frac{1}{2}\left(9\times 11\cdot 10\cdot 9\cdot\frac{1}{3}-11\cdot 10\cdot 9\cdot 8\cdot\frac{1}{4}\right)$$
$$=\frac{1}{2}\cdot 11\cdot 10\cdot 9\cdot(3-2)=495$$

C **解** の $\sum_{k=1}^{j-1} {}_{k+1}C_2$ を，二項係数の公式
$${}_nC_r={}_{n-1}C_{r-1}+{}_{n-1}C_r \quad \cdots\cdots⑦$$
を用いて求めることもできます．⑦より，
$${}_{n-1}C_{r-1}={}_nC_r-{}_{n-1}C_r \quad \cdots\cdots⑧$$
$n=k+2$, $r=3$ として，${}_{k+1}C_2={}_{k+2}C_3-{}_{k+1}C_3$
($a<b$ のとき ${}_aC_b=0$ とみなせば，上式は $k=1$ でも成り立ちます．以下同様)

よって，$S(j)=\sum_{k=1}^{j-1}{}_{k+1}C_2=\sum_{k=1}^{j-1}({}_{k+2}C_3-{}_{k+1}C_3)$
$$={}_{j+1}C_3-{}_2C_3={}_{j+1}C_3$$

すると，㋐の平行四辺形の個数は $\sum_{j=2}^{10}{}_{j+1}C_3$ ですが，⑧で $n=j+2$, $r=4$ として，${}_{j+1}C_3={}_{j+2}C_4-{}_{j+1}C_4$
よって，$\sum_{j=2}^{10}{}_{j+1}C_3=\sum_{j=2}^{10}({}_{j+2}C_4-{}_{j+1}C_4)$
$$={}_{12}C_4-{}_3C_4={}_{12}C_4$$

となります．

なお，⑦の記憶があやふやなら，成立を確認してから用いるようにしましょう．右辺を計算して左辺になることを確かめる他，次のような意味づけもできます：
n 人から r 人を選ぶ方法 ${}_nC_r$ 通りのうち，
- 特定の一人である黒田君を含むものは，残り $n-1$ 人から $r-1$ 人を選ぶ ${}_{n-1}C_{r-1}$ 通り
- 黒田君を含まないものは，黒田君以外の $n-1$ 人から r 人を選ぶ ${}_{n-1}C_r$ 通り

D 上記のように，㋐の平行四辺形の個数は ${}_{12}C_4$ となりましたが，これを一発で求めることもできます．以下，説明の都合上，㋐の代わりに㋑で考えます．

別解 ㋑の形の平行四辺形を考える．

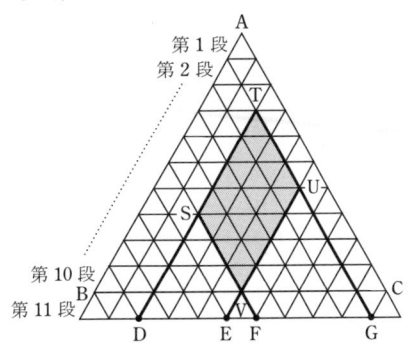

上図の平行四辺形 STUV に対し，第11段目を追加して，辺 TS，UV，SV，TU を延長し，11段目との交点をそれぞれ D，E，F，G とすると，平行四辺形一つに11段目の異なる4点が対応する．逆に，11段目の点が4個与えられて，左から D，E，F，G であるとすると，D，E を通り BA に平行な2本の直線と，F，G を通り CA に平行な2本の直線で囲まれた図形として平行四辺形 STUV が出来る．よって，11段目の異なる4点の選び方と，平行四辺形1個が1対1に対応し，11段目には点が12個あるので，4点の選び方は ${}_{12}C_4$ 通り．

よって答えは，${}_{12}C_4\times 3=\mathbf{1485}$ **個**．

*　　　　　　　*　　　　　　　*

4％の人が選んだ解法です．とても上手い方法ですね．一般に n 段だと ${}_{n+2}C_4\times 3$ となります．なお，11段目を追加したのは，10段のままだと，上図の例の STUV のように，平行四辺形に対して3点しか対応しない場合も現れてしまうからです．

最初から別解のような考え方ができることまでは要求しませんが，**解** のように計算で答えを出した場合でも，$\frac{1}{6}\cdot 12\cdot 11\cdot 10\cdot 9\cdot\frac{1}{4}$ を見て「これは ${}_{12}C_4$ だ」と気付ける感性と，「なぜ ${}_{12}C_4$ なのか？」と追及する探求心を持ちたいですね．

(藤田)

問題42 x の多項式 $(1+x+x^2+\cdots+x^{20})^4 = \left(\sum_{k=0}^{20} x^k\right)^4$ の x^n の係数を求めよ．ただし，$0 \leq n \leq 40$ とする．　　　（2011年7月号）

平均点：15.9
正答率：45％
時間：SS 15％, S 25％, M 24％, L 36％

いろんな方法がありますが，
$$\underbrace{(1+x+x^2+\cdots+x^{20})}_{\text{ここから } x^a} \times \underbrace{(1+x+x^2+\cdots+x^{20})}_{\text{ここから } x^b}$$
$$\times \underbrace{(1+x+x^2+\cdots+x^{20})}_{\text{ここから } x^c} \times \underbrace{(1+x+x^2+\cdots+x^{20})}_{\text{ここから } x^d}$$

を選び，$x^{a+b+c+d}$ を考えると，$a+b+c+d=n$ を満たす，負でない整数 a, b, c, d の組の個数を求めることになります．ただし，a, b, c, d は20以下 ……Ⓐ なので，$21 \leq n \leq 40$ の場合は，単なる"負でない整数の組"では不適当なものも入ってしまいます．このとき，$a \sim d$ のうちⒶに反するものは1個以下なので…．

【解】 $(1+x+x^2+\cdots+x^{20})^4$
$$= \underbrace{(1+x+x^2+\cdots+x^{20})}_{\text{ここから } x^a} \times \underbrace{(1+x+x^2+\cdots+x^{20})}_{\text{ここから } x^b}$$
$$\times \underbrace{(1+x+x^2+\cdots+x^{20})}_{\text{ここから } x^c} \times \underbrace{(1+x+x^2+\cdots+x^{20})}_{\text{ここから } x^d}$$

を選び，$x^{a+b+c+d}$ を考えると，求める係数は
$a+b+c+d=n$ ……① かつ $0 \leq a, b, c, d \leq 20$ ……②
を満たす整数の組 (a, b, c, d) の個数に等しい．

（ⅰ）$0 \leq n \leq 20$ のとき：①のとき②を満たしているので，①を満たす $a \sim d$ の組の個数を数えればよい．右図のようにして $|$ で区切った○の個数を $a \sim d$ とすれば，求める個数は n 個の○と3本の $|$ の並べ替えに対応するので，$n+3$ 箇所のうち，どの3箇所が $|$ かと考えて，

$$_{n+3}\mathrm{C}_3 = \frac{1}{6}(n+3)(n+2)(n+1)$$

（○n 個　○○○$|$○○$|$○○…○　$a=3, b=2, c=n-5, d=0$）

（ⅱ）$21 \leq n \leq 40$ のとき：①のみを考慮すると（ⅰ）と同様にして $_{n+3}\mathrm{C}_3$ であるが，この中には②を満たさないものが含まれているので，②に反するものの個数を考える．$a \sim d$ のうち20を超えるものは高々1つである．$a \geq 21$ とすると，$a' = a-21$ とおける．このとき，$(a'+21)+b+c+d=n$ である．よって，
$$a'+b+c+d=n-21 \text{ かつ } 0 \leq a', b, c, d \leq n-21$$
を満たす (a', b, c, d) の個数を求めればよいので，（ⅰ）と同様にして $_{(n-21)+3}\mathrm{C}_3 = {}_{n-18}\mathrm{C}_3$
$b \sim d$ が20より大きい場合についても同様に $_{n-18}\mathrm{C}_3$ であるから，求める係数は，$_{n+3}\mathrm{C}_3 - 4 \cdot {}_{n-18}\mathrm{C}_3$

$$= \frac{1}{6}(n+3)(n+2)(n+1) - \frac{2}{3}(n-18)(n-19)(n-20)$$

【解説】

A いきなり x^n の係数を考えるのは難しいので，具体的な n で試してみましょう．例えば，$n=3$ の場合の x^3 はどのように構成されているのかを考えてみます．
$$x^3 = x \cdot x^2 = x \cdot x \cdot x \cdots\cdots\cdots ③$$
ですので，例えば $1 \times 1 \times x \times x^2$ に注目したときは，4つのどの $(1+x+x^2+\cdots+x^{20})$ から $1, 1, x, x^2$ を選んでいくのかということを考えるわけです．選び方は
　　$1, 1, 1, x^3$ のとき 4通り
　　$1, 1, x, x^2$ のとき $4 \cdot 3$ 通り
　　$1, x, x, x$ のとき 4通り
これらを合わせると，x^3 の係数は20になります．

このような作業を，$n=0, 1, 2, \cdots, 40$ のそれぞれについて地道に行えば答えは出ますが，例えば $n=10$ くらいになると，③に相当する，x^{10} の分解の仕方
$$x^{10} = x \cdot x^9 = x^2 \cdot x^8 = \cdots = x^2 \cdot x^2 \cdot x^3 \cdot x^3$$
を列挙するだけでも一仕事です．そこで，4つの $(1+x+x^2+\cdots+x^{20})$ のそれぞれから x^a, x^b, x^c, x^d が取り出されるとすると，積が x^{10} になるには $a+b+c+d=10$ になればよく，【解】のような発想に行きつきます．

しかし，【解】のような言い換えに気づいても，$21 \leq n \leq 40$ の場合が問題で，②の"20以下"の制限があるので，直接求めるのは大変です．

直接求めるのが大変ならば，余事象を考えてみるのが一つの有効な手です．

例えば $a \geq 21$ の場合は，$a-21 = a'$ とおくと，
$a'+b+c+d = n-21 \cdots④$, $0 \leq a', b, c, d \leq n-21 \cdots⑤$
となり，負でない整数 a', b, c, d が④を満たせば⑤も満たすので，各文字の上限を気にする必要がなくなるわけです（$a \sim d$ のうち20を超えるものは高々1つであることからも，他が20以下であることは明らか）．

B $21 \leq n \leq 40$ で，例えば $a \geq 21$ の場合は，a を固定，つまり，$a=k$ $(21 \leq k \leq n)$ ……⑥
と固定したときの b, c, d の組の個数を k で表し，$k=21, 22, \cdots, 40$ として加える，という方法もあります（全体の31％）．

$a+b+c+d=n$ より，$a=k$ のとき，$b+c+d=n-k$
これを満たす，負でない整数 b, c, d の組の個数は，【解】の（ⅰ）と同様にして，$_{n-k+2}\mathrm{C}_2$

よって，$21 \leq n \leq 40$，$a \geq 21$ のときの a, b, c, d の組の個数は，$\sum_{k=21}^{n} {}_{n-k+2}C_2$ ……⑦

これは，問題41の解や解説Cと同様に計算できます．

(**方法1**) ⑦$=\frac{1}{2}\sum_{k=21}^{n}(n-k+2)(n-k+1)$ ……⑧

[Σの中身は1個違いの整数の積なので，展開したりせず，差の形にする]

$=\frac{1}{2}\sum_{k=21}^{n}\{(n-k+3)(n-k+2)(n-k+1)$
$\qquad\qquad -(n-k+2)(n-k+1)(n-k)\}\cdot\frac{1}{3}$

$=\frac{1}{6}\times$
$\{(n-18)(n-19)(n-20)-(n-19)(n-20)(n-21)$
$+(n-19)(n-20)(n-21)-(n-20)(n-21)(n-22)$
$+\cdots+(3\cdot2\cdot1-2\cdot1\cdot0)\}$

$=\frac{1}{6}(n-18)(n-19)(n-20)$

* *

⑧のままでは抵抗がある人は，$n-k+1=j$ とおくとよいでしょう．⑧$=\frac{1}{2}\sum_{j=1}^{n-20}(j+1)j$

という，お馴染みの形になります．なお，⑧のΣの中身を展開して総和を計算するのは大変ですし，計算ミスを防ぐためにも，なるべく避けましょう．

二項係数の関係式 ${}_pC_q={}_{p-1}C_q+{}_{p-1}C_{q-1}$ ……⑨
を用いると，次のようになります．

(**方法2**) ⑨より，${}_{p-1}C_{q-1}={}_pC_q-{}_{p-1}C_q$
$\qquad\qquad$ ($p=q$ のとき，${}_{p-1}C_q=0$ とする)

$p=n-k+3$, $q=3$ として，

⑦$=\sum_{k=21}^{n}({}_{n-k+3}C_3-{}_{n-k+2}C_3)$
$=({}_{n-18}C_3-{}_{n-19}C_3)+({}_{n-19}C_3-{}_{n-20}C_3)$
$\qquad +\cdots+({}_4C_3-{}_3C_3)+({}_3C_3-{}_2C_3)$
$={}_{n-18}C_3$

C 解のような言い換えをしないで解いているものありました．一例を以下に紹介しておきます．

[解答例] $(1+x+x^2+\cdots+x^{20})^4$
$\qquad\qquad =\{(1+x+x^2+\cdots+x^{20})^2\}^2$ ……⑩

と見る．$(1+x+x^2+\cdots+x^{20})^2$ ……⑪ の x^k の項は，

● $0\leq k\leq 20$ のとき，$1\cdot x^k, x\cdot x^{k-1}, \cdots, x^k\cdot 1$
であるから，⑪の x^k の係数は $k+1$

● $21\leq k\leq 40$ のとき，
$x^{k-20}\cdot x^{20}, x^{k-19}\cdot x^{19}, \cdots, x^{20}\cdot x^{k-20}$ であるから，⑪の

x^k の係数は $20-(k-20)+1=41-k$

以上から，

(ⅰ) $0\leq n\leq 20$ のとき：⑩の x^n の項は，
$1\times(n+1)x^n, 2x\times nx^{n-1}, \cdots, nx^{n-1}\times 2x,$
$(n+1)x^n\times 1$ であるから，x^n の係数は
$1\cdot(n+1)+2\cdot n+\cdots+n\cdot 2+(n+1)\cdot 1$
$=\sum_{k=1}^{n+1}k(n+2-k)=\frac{1}{6}(n+3)(n+2)(n+1)$ (計算略)

(ⅱ) $21\leq n\leq 40$ のとき：

$\underbrace{(1+x+x^2+\cdots+x^{20})^2}_{\text{ここから }x^l}\times\underbrace{(1+x+x^2+\cdots+x^{20})^2}_{\text{ここから }x^m}$

をとることにすると，x^n となるのは

㋐ l, m のどちらも20以下
㋑ l, m のどちらか一方のみが20より大

の2通りが考えられる．

㋐のとき：x^n の項は，
$(20+1)x^{20}\times(n-20+1)x^{n-20},$
$(19+1)x^{19}\times(n-19+1)x^{n-19}, \cdots,$
$(n-19+1)x^{n-19}\times(19+1)x^{19},$
$(n-20+1)x^{n-20}\times(20+1)x^{20}$

であるから，x^n の係数は
$(20+1)\cdot(n-20+1)+(19+1)\cdot(n-19+1)$
$\qquad +\cdots+(n-19+1)\cdot(19+1)+(n-20+1)\cdot(20+1)$
$=\sum_{k=1}^{41-n}\{21-(k-1)\}\{n-(21-k)+1\}$ ……⑫

㋑のとき：$l>20$ の場合，x^n の項は，
$(41-21)x^{21}\times(n-21+1)x^{n-21},$
$(41-22)x^{22}\times(n-22+1)x^{n-22}, \cdots,$
$\{41-(n-1)\}x^{n-1}\times 2x, (41-n)x^n\times 1$

である．$m>20$ の場合も考え，対等性から2倍して，x^n の係数は
$2[(41-21)\cdot(n-21+1)+(41-22)\cdot(n-22+1)$
$\qquad +\cdots+\{41-(n-1)\}\cdot 2+(41-n)\cdot 1]$
$=2\sum_{k=1}^{n-20}\{41-(20+k)\}\{n-(20+k)+1\}$ ……⑬

以上から，⑫+⑬より答えを得る．(計算は省略)

* *

2乗なら考えやすく，かつ対等性を崩さないで議論することができます．解に比べると処理量が多くなってしまいますが，こんな解法もあるのか程度に眺めておいてください．

(伊藤)

問題43 さいころを4回ふり，出る目の数を順に a, b, c, d とする．ここで $a<b$, $b<c$, $c<d$ の3つのうち，成立する不等式の個数を N とする．たとえば $a \sim d$ が順に 6, 4, 4, 5 の場合は $N=1$ である．$N=k$ となる確率を $P(k)$ とする．
(1) $P(3)$, $P(0)$ を求めよ．
(2) $P(2)$, $P(1)$ を求めよ．

(2006年8月号)

平均点：20.3
正答率：57%（1）79%
時間：SS 14%, S 27%, M 39%, L 21%

(1) $P(3)$ はもちろん，$P(0)$ も計算一発で求める方法があります．$\geqq$ を $>$ にするには？
(2) $P(2)$ は，1文字固定して地道に計算するのが普通でしょうが，たとえば $a<b<c\geqq d$ については，$a<b<c$ となるものから不適切なものを除くと？
$P(1)$ は，直接求めるのは厄介です．

解 すべての目の出方は 6^4 通りあり，これらは同様に確からしい．

(1) $P(3)$： $a<b<c<d$ となるとき．
1〜6から相異なる4数を選び，小さい順に a, b, c, d とすればよいので，$P(3) = \dfrac{{}_6C_4}{6^4} = \dfrac{15}{6^4} = \dfrac{5}{432}$

$P(0)$： $a\geqq b\geqq c\geqq d$ となるとき．
これは，$1\leqq d < c+1 < b+2 < a+3 \leqq 9$
と言いかえられる．1〜9から相異なる4数を選び，小さい順に d, $c+1$, $b+2$, $a+3$ とすればよいので，
$$P(0) = \dfrac{{}_9C_4}{6^4} = \dfrac{126}{6^4} = \dfrac{7}{72}$$

(2) $P(2)$： ① $a<b<c\geqq d$
② $a<b\geqq c<d$
③ $a\geqq b<c<d$
の3つの場合がある．
① $a<b<c$ は満たすが，$a<b<c<d$ は満たさない組の個数なので，${}_6C_3 \times 6 - {}_6C_4 = 105$ 通り．
② $a<b$, $c<d$ はともに満たすが，$a<b<c<d$ は満たさない組の個数なので，${}_6C_2 \times {}_6C_2 - {}_6C_4 = 210$ 通り．
③ ①の ―― 部を $b<c<d$ に変えたものなので，①と同じく 105 通り．
よって，$P(2) = \dfrac{105+210+105}{6^4} = \dfrac{420}{6^4} = \dfrac{35}{108}$

$P(1)$： $P(1) = 1 - P(0) - P(2) - P(3)$
$= 1 - \dfrac{126+420+15}{6^4} = 1 - \dfrac{187}{432} = \dfrac{245}{432}$

【解説】

A まず(1)です．$P(3)$ の方は多くの人が **解** のようにやっていましたが，樹形図を書く人も散見されました．「異なる4つを選び（${}_6C_4$ 通り），それを小さい順に並べたもの（並べ方は，選び方が決まれば1つに定まる）」

なので，${}_6C_4$ と結びついてほしいところです．
$P(0)$ を計算で求めるのは，$P(3)$ に比べると技巧を要します．とは言え，**解** のやり方は有名かつ有用なので，ぜひ押さえておいてください．一般に，

m, n が整数のとき，$m\leqq n \Longleftrightarrow m < n+1$

です．この言い換えは，整数問題において不等式で評価するときも役に立つことが少なくありません．たとえば，$f(x) < g(x)$ という関係から x の範囲を絞るとき，$f(x)$, $g(x)$ が整数ならば，$f(x) \leqq g(x) - 1$ で代用することができて，より厳しい不等式になります．

解 のやり方に気付かなければ（知らなければ），たとえば次のように場合分けすることになります．

[解答例：$P(0)$ を場合分けで求める]

$a\geqq b\geqq c\geqq d$ において，$a=b$, $b=c$, $c=d$ のうち M 個が成立するとする．
- $M=0$ のとき，$a>b>c>d$ より，${}_6C_4 = 15$ 通り．
- $M=1$ のとき，3つの "$\geqq$" のうちどれが $=$ かで3通り，数字の決め方が ${}_6C_3$ 通りなので，$3 \times {}_6C_3 = 60$ 通り．
- $M=2$ のとき，どの2つが $=$ かで ${}_3C_2 = 3$ 通り，数字の決め方が ${}_6C_2$ 通りなので，$3 \times {}_6C_2 = 45$ 通り．
- $M=3$ のとき，$a=b=c=d$ で 6 通り．

以上合計 126 通りで，$P(0) = \dfrac{126}{6^4} = \dfrac{7}{72}$

B (2)では，設問の流れに従って，まず $P(2)$ を求める，というのがラクなやり方です．$N=2$ の場合は "$\geqq$" が1個ですが，$N=1$ の場合は2個あるからです．"$\geqq$" がある方が大変になる，というのは，(1)の $P(3)$ と $P(0)$ の求め方を見比べればわかると思います．

解 では上手い考え方をしていますが，次のように「1文字固定」するのが "普通" でしょう．

別解1 $P(2)$： 解の①②③に分けて考える．
① $a<b<c\geqq d$： $c=k$（$k=3$, 4, 5, 6）と固定すると，a, b は ${}_{k-1}C_2$ 通り，d は k 通りあるので，
$$_{k-1}C_2 \cdot k = \dfrac{k(k-1)(k-2)}{2} \text{ 通り．}$$
$k=3$, 4, 5, 6 で加えて，$3+12+30+60 = 105$ 通り．
② $a<b\geqq c<d$： $c=k$（$k=1$, 2, 3, 4, 5）と固定

すると，$b=k$, $k+1$, $\cdots$, 6 のとき a はそれぞれ $k-1$, k, $\cdots$, 5 通りあるので，a, b の組は
$$(k-1)+k+\cdots+5$$
$$=\frac{(k-1)+5}{2}\cdot\{5-(k-2)\}=\frac{(k+4)(7-k)}{2} \text{ 通り．}$$
d は $6-k$ 通りあるので，$\dfrac{(k+4)(7-k)(6-k)}{2}$ 通り．

$k=1$, 2, 3, 4, 5 で加えて，
$$75+60+42+24+9=210 \text{ 通り．}$$

③ $a\geqq b<c<d$：$a'=7-a$ などとおくと，
$$a\geqq b<c<d \Longleftrightarrow d'<c'<b'\geqq a'$$
また，$1\leqq a', b', c', d'\leqq 6$ なので，①の場合と 1 対 1 対応がつく．よって 105 通り．（以下略）

 *   *

● どの文字を固定するかが重要です．機械的にすべて a を固定しても解けますが，

　　　　b が何通りか？
　　　　　→それぞれのもとで c が何通りか？
　　　　　　→それぞれのもとで d が何通りか？

と，3 段階のステップを経る必要が出てきます．そのような手間を省くため「中央に近いものを固定する」のが 1 つの原則です．

● ③は①と本質的に同じです．別解 1 の方針の答案でも「同様に」で許容しましたが，説明を求められたら，別解 1 程度の説明を書けるようであってほしいと思います．具体例で説明しておくと，
（例）　$5\geqq 1<2<5$（③に属する）
$\longleftrightarrow 2\leqq 6>5>2$（1 と 6，2 と 5，3 と 4 を入れかえた）
$\longleftrightarrow 2<5<6\geqq 2$（①に属する）
という操作により，両者に対応がつく，ということです．

● 解法としては，①③が別解 1，②が **解** という人も散見されました．別解 1 の方針が 45%，②を **解** のように解いた人は 18% でした．

[C] 最後に，うまいやり方を 1 つ紹介しておきましょう（このやり方は，692 人中 8 人）．数 B の『確率分布』で出てくる "期待値（平均）" の知識を用います．

別解 2　（2） $a<b$, $b<c$, $c<d$ となる確率は，いずれも
$$\frac{{}_6C_2}{6^2}=\frac{5}{12}$$

よって，N の期待値 E は，$E=\dfrac{5}{12}\times 3=\dfrac{5}{4}$ ……④
（これについては，後で説明します）

ここで，$E=0\times P(0)+1\times P(1)+2\times P(2)+3\times P(3)$ でもあるので，$\dfrac{5}{4}=P(1)+2P(2)+3\cdot\dfrac{5}{432}$

$\therefore\ P(1)+2P(2)=\dfrac{525}{432}$ ……………⑤

一方，$P(1)+P(2)=1-P(0)-P(3)=\dfrac{385}{432}$ ……⑥

⑤⑥を解いて，$P(2)=\dfrac{35}{108}$, $P(1)=\dfrac{245}{432}$

　　*　　　　　*

念のため，④の立式を詳しく説明しておきます．
X_1 を，$a<b$ が

　成立していれば $X_1=1$，していなければ $X_1=0$

という確率変数とし，同様に，$b<c$ について X_2，$c<d$ について X_3 を定めます．すると，$N=X_1+X_2+X_3$ となり，「和の期待値＝期待値の和」から，
$$E(N)=E(X_1+X_2+X_3)$$
$$=E(X_1)+E(X_2)+E(X_3)$$
を得ます．一方，
$E(X_1)=1\times\dfrac{5}{12}+0\times\left(1-\dfrac{5}{12}\right)=\dfrac{5}{12}$（つまり $a<b$ となる確率）で，$E(X_2)$，$E(X_3)$ も同様であることから，④のように立式できるのです．

通常は，確率を求め，そこから期待値を出しますが，この解法では，期待値から確率を求めています．その点が斬新だと感じました．
　　　　　　　　　　　　　　　　　　　　　（條）

問題 44 n を与えられた自然数とし、$0 \leq x \leq 3$, $0 \leq y \leq 3$, $0 \leq z \leq n$ で定まる座標空間の直方体を X とする。動点 P は、はじめ原点 O にあり、「x 軸正方向に1移動」「y 軸正方向に1移動」「z 軸正方向に1移動」の3種類の移動を繰り返し、X の外部にはみ出ることなく点 $(3, 3, n)$ まで移動する。ただし、進める方向が複数あるときは、どの方向に進むかを等確率で選ぶものとする。
(1) P が点 A(2, 2, 0) を通る確率 p を求めよ。
(2) P が点 B(1, 1, n) を通る確率 q を求めよ。
(3) (1), (2) の p, q に対し、$p < q$ となる自然数 n が存在すればすべて求めよ。

(2011 年 12 月号)

平均点：15.4
正答率：37%
　　　(1) 79% (2) 48% (3) 46%
時間：SS 17%, S 30%, M 34%, L 20%

(1)(2)「直方体 X の外部にはみ出ない」「進める方向に等確率で進む」という条件があるので、例えば $(1, 0, n) \to (1, 1, n)$ となる確率は $\frac{1}{3}$ ではなく $\frac{1}{2}$ であり、O から $(3, 3, n)$ に至る最短経路の一つ一つが同様に確からしいわけではないことに注意しましょう。このために、(2) では場合分けの必要が生じます。

(3) q は $\frac{2\text{次関数}}{\text{指数関数}}$ の形なので、n が大きいと 0 に近付きます。とりあえず増減を調べると…。

解 (1) A(2, 2, 0) に到達するまではどの3方向にも進めて、一つの方向に進む確率は $\frac{1}{3}$。4回のうち、どの2回で x 軸正方向に進むかで $_4C_2$ 通りあるので、

$$p = {_4C_2} \left(\frac{1}{3}\right)^2 \left(\frac{1}{3}\right)^2 = \frac{2}{27}$$

(2) B に到達するより前に z 座標が n になると進める方向が2つになるので、どのタイミングで z 座標が n になるかで場合分けする。

(i) O → (0, 0, n) → B となる確率は、

$$\left(\frac{1}{3}\right)^n \times {_2C_1} \cdot \frac{1}{2} \cdot \frac{1}{2} = \frac{1}{2} \cdot \left(\frac{1}{3}\right)^n$$

(ii) O → (0, 1, $n-1$) → (0, 1, n) → B となる確率は、

$$_nC_1 \cdot \frac{1}{3} \cdot \left(\frac{1}{3}\right)^{n-1} \times \frac{1}{3} \times \frac{1}{2} = \frac{n}{2} \left(\frac{1}{3}\right)^{n+1}$$

(iii) O → (1, 0, $n-1$) → (1, 0, n) → B となる確率は、(ii) と同様に、$\frac{n}{2} \left(\frac{1}{3}\right)^{n+1}$

(iv) O → (1, 1, $n-1$) → B となる場合、最初の $n+1$ 回のうち、どの1回で x 軸正方向に進むかで $_{n+1}C_1$ 通り、残り n 回のうち、どの1回で y 軸正方向に進むかで $_nC_1$ 通りあるので、その確率は、

$$_{n+1}C_1 \cdot {_nC_1} \cdot \frac{1}{3} \cdot \frac{1}{3} \cdot \left(\frac{1}{3}\right)^{n-1} \times \frac{1}{3} = n(n+1) \left(\frac{1}{3}\right)^{n+2}$$

よって、

$$q = \frac{1}{2} \cdot \left(\frac{1}{3}\right)^n + 2 \times \frac{n}{2} \left(\frac{1}{3}\right)^{n+1} + n(n+1) \left(\frac{1}{3}\right)^{n+2}$$

$$= \frac{9 + 6n + 2n(n+1)}{2 \cdot 3^{n+2}} = \frac{2n^2 + 8n + 9}{2 \cdot 3^{n+2}}$$

(3) (2) の q を q_n とおくと、

$$q_{n+1} - q_n = \frac{2(n+1)^2 + 8(n+1) + 9}{2 \cdot 3^{n+3}} - \frac{2n^2 + 8n + 9}{2 \cdot 3^{n+2}}$$

$$= \frac{(2n^2 + 12n + 19) - (6n^2 + 24n + 27)}{2 \cdot 3^{n+3}} < 0$$

より、q_n は n について単調減少である。

$$q_3 = \frac{51}{2 \cdot 3^5} > \frac{36}{2 \cdot 3^5} = p, \quad q_4 = \frac{73}{2 \cdot 3^6} < \frac{108}{2 \cdot 3^6} = p$$

であるから、$q_1 > q_2 > q_3 > p > q_4 > q_5 > \cdots$

よって、$p < q$ となる自然数 n は、**$n = 1, 2, 3$**

【解説】

A 冒頭でも述べたように、本問のポイントは、「直方体 X の外部にはみ出ない」「進める方向に等確率で進む」という条件のために、途中で確率が変わり得るということです。このことを考えないと、本問はほとんど点がなくなってしまうので、注意して下さい。これに絡んだ誤りとして、例えば (1) で、p を

$$\frac{\text{O から } (2, 2, 0) \text{ を通り } (3, 3, n) \text{ に行く経路の総数}}{\text{O から } (3, 3, n) \text{ に経路の総数}}$$

とするものがありました。このように $\frac{\text{場合の数}}{\text{場合の数}}$ で確率を求められるのは、どの "1通り" も等確率で起こる場合で、今回はそうはなっていないのでダメなわけです。

また、(2) では、B までの経路によって、確率 $\frac{1}{3}$ で進む回数が変わってきます。

右図において，太実線上は確率 $\frac{1}{3}$ で進みますが，太破線上を進む確率は $\frac{1}{2}$ です．

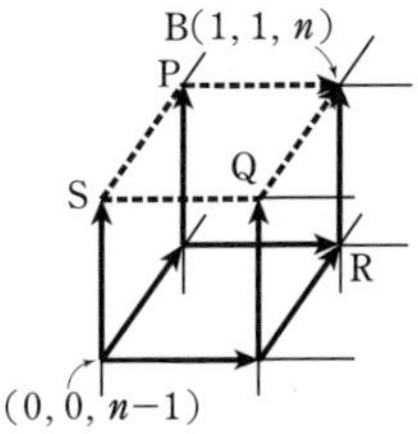

したがって，図の P, Q, R のどこから B に到達するかで場合分けが必要になり，さらに，P, Q については，S を通るかどうかで確率が違います．[解]では，どのタイミングで z 座標が n になるかで場合分けして，S→P→B と S→Q→B をまとめて扱いました．

なお，本問の平面版は，入試でも頻出です．

参考問題 右の図のように東西に 4 本，南北に 6 本の道があり，各区画は正方形である．P, Q の二人はそれぞれ A 地点，B 地点を同時に同じ速さで出発し，最短距離の道順を取って B 地点，A 地点に向かった．ただし，2 通りの進み方がある交差点では，それぞれの選び方の確率は $\frac{1}{2}$ であるとする．P, Q が C 地点で出会う確率は ア である．また，どこか途中で出会う確率は イ である．　　　　　　　（10 北里大・薬）

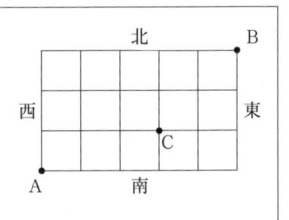

A⇨B の最短経路は $_8C_3$ 通りありますが，これらは同様に確からしくありません．二者択一の地点を何回通るかが経路によって異なるからです．各点に至る確率を書き込むか，――で場合分けしましょう．

[解] （ア）P が各地点に至る確率を書き込んでいくと右図のようになる．

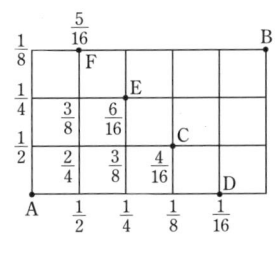

P が C に至る確率は $\frac{4}{16}$

Q が B⇨C と進む確率は，対称性から，P が A⇨E と進む確率に等しく $\frac{6}{16}$

答えは $\frac{4}{16} \times \frac{6}{16} = \dfrac{3}{32}$

（イ）2 人が出会うのは図の C, D, E, F のどこかで，対称性から，（E で出会う確率）＝（C で出会う確率）
　　　　　（F で出会う確率）＝（D で出会う確率）

P が D に至る確率は $\frac{1}{16}$ であり，Q が B⇨D と進む確率は，P が A⇨F と進む確率に等しく $\frac{5}{16}$

よって，D で出会う確率は $\frac{1}{16} \times \frac{5}{16}$

（ア）とから，答えは $\left(\frac{4}{16} \times \frac{6}{16} + \frac{1}{16} \times \frac{5}{16}\right) \times 2 = \dfrac{29}{128}$

⇨注　A から D, C, E に至るまでは，二者択一の点（図の○）を，出発点を含めて 4 回通るから，

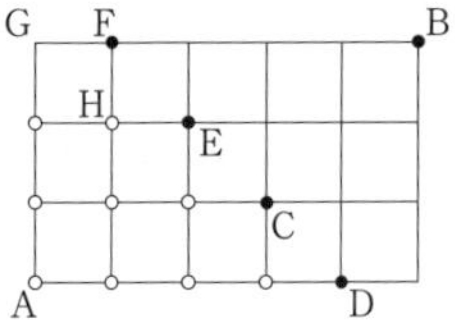

A⇨D の確率は $\left(\frac{1}{2}\right)^4 = \frac{1}{16}$

A⇨C は，→に 3 回，↑に 1 回で，$_4C_1 \times \left(\frac{1}{2}\right)^4 = \frac{4}{16}$

A⇨E は，→に 2 回，↑に 2 回で，$_4C_2 \times \left(\frac{1}{2}\right)^4 = \frac{6}{16}$

A⇨F は，図の G を通るとき（経路は 1 通り）は二者択一を 3 回，図の H を通るとき（経路は $_3C_1$ 通り）は二者択一を 4 回だから，$\left(\frac{1}{2}\right)^3 + _3C_1 \cdot \left(\frac{1}{2}\right)^4 = \frac{5}{16}$

B （3）では，$\dfrac{2}{27} < \dfrac{2n^2+8n+9}{2 \cdot 3^{n+2}}$ ……①

を式変形だけで解くことはできません．冒頭でも述べたように，n が大きいと，2 次関数に比べて指数関数の方がはるかに大きいので，①の右辺は 0 に近付きます．したがって，小さい n で調べればケリがつくハズです．実際，$n=1, 2, \cdots$ としてみると，$n=1, 2, 3$ は OK，$n=4$ はダメです．$n=5$ もダメ．ただし，「以下同様に $n=6, 7, \cdots$ もダメ」では，数学の答案になりません．また，――のような感覚は大事ですが，――を答案に書いても，厳密さに欠けてしまいます．

そこで，[解]では，q_n の単調減少性を示しました．たとえ最初のうちは減少でなくても，どこからか先が減少になっていれば用は足ります．

あるいは，$n \geq 4$ のとき $\dfrac{2n^2+8n+9}{2 \cdot 3^{n+2}} \leq \dfrac{2}{27}$ ……②

になることを帰納法で示してもよいでしょう．

$n=k$ のとき②が成り立てば，$\dfrac{2k^2+8k+9}{2 \cdot 3^{k+2}} \leq \dfrac{2}{27}$

$n=k+1$ のとき，$\dfrac{2(k+1)^2+8(k+1)+9}{2 \cdot 3^{k+3}}$

$= \dfrac{1}{3} \cdot \dfrac{2(k+1)^2+8(k+1)+9}{2 \cdot 3^{k+2}}$ ……③

②より $\dfrac{1}{2 \cdot 3^{k+2}} \leq \dfrac{2}{27} \cdot \dfrac{1}{2k^2+8k+9}$ なので，

③ $\leq \dfrac{1}{3} \cdot \dfrac{2}{27} \cdot \dfrac{2(k+1)^2+8(k+1)+9}{2k^2+8k+9}$ ……④

よって，④ $\leq \dfrac{2}{27}$ が言えれば $n=k+1$ のときも成り立ちますが，以上の計算は，q_n が単調減少であることを示すのと同じことです．

（濱口）

問題45 nを3以上の整数とする．箱の中に4個の赤球と$2n-4$個の白球が入っている．A君から始めて，A君とB君が交互に1個ずつ球がなくなるまで取り出す．ただし，取り出した球は箱には戻さないとする．
（1） B君が4個目の赤球を取り出す確率pを求めよ．
（2） B君が先に赤球を取り出す確率をqとする．$p+q$を求めよ．

（2006年5月号）

平均点：18.2
正答率：50%（1）62%（2）56%
時間：SS 8%，S 26%，M 39%，L 28%

（1） すべての取り出し方は$(2n)!$通りですが，赤球の配置のみに注目すればよいので，分母は${}_{2n}C_4$とできます．

（2）（1）と同じように計算してもできますが，実は，（1）との，うまい対応づけができます．（1）を満たす赤白の配置について，それを後ろから見ると….

解 $2n$個の球を左から順に一列に並べるとする．赤球の位置の組み合わせは${}_{2n}C_4$通りあるが，これらは同様に確からしいので，これを分母とする．

（1） pは，4個目の赤球が左から偶数番目にある確率である．4個目の赤球が左から$2k$（$k=2, 3, \cdots, n$）番目にあるような取り出し方は，それ以前のどの3か所に赤球があるかを考えて${}_{2k-1}C_3$通り．これを$k=2, 3, \cdots, n$で加えると，

$$\sum_{k=2}^{n} {}_{2k-1}C_3 = \sum_{k=2}^{n} \frac{(2k-1)(2k-2)(2k-3)}{3\cdot 2}$$

$$= \sum_{j=1}^{n-1} \frac{(2j+1)(2j)(2j-1)}{6} \quad [j=k-1 \text{とした}]$$

$$= \sum_{j=1}^{n-1} \left(\frac{4}{3}j^3 - \frac{1}{3}j\right) = \frac{4}{3}\cdot\frac{1}{4}(n-1)^2 n^2 - \frac{1}{3}\cdot\frac{1}{2}(n-1)n$$

$$= \frac{1}{6}(n-1)n\{2(n-1)n - 1\}$$

$$= \frac{1}{6}(n-1)n(2n^2 - 2n - 1) \quad \cdots\cdots\text{①}$$

$$\therefore\ p = \frac{\text{①}}{{}_{2n}C_4} = \frac{4\cdot 3\cdot 2}{2n(2n-1)(2n-2)(2n-3)} \times \text{①}$$

$$= \frac{2n^2 - 2n - 1}{(2n-1)(2n-3)}$$

（2） B君が4個目の赤球を取り出す取り出し方 …②
を逆にする（右から順に見る）と，
A君が先に赤球を取り出す取り出し方 ……③
になり，③を逆にすると②になる．よって，②と③は1対1対応している．これより，③の確率は②の確率と

4個目の赤球
A B A B A B A B A B
赤白赤白赤白赤白赤白
B A B A B A B A B A
逆から見ると，これが最初の赤球

等しくpであり，qはその余事象の確率なので，
$$p + q = 1$$

【解説】

A まずは（1）の立式の部分です．**解**などのように球をすべて取り出すとして立式すればラクに処理できますが，「赤が4個出たら，そのあとは関係ないから」という理由で，$2k$個で打ち切ってしまうと大変になります．
『球をすべて区別すると，$2k$個の取り出し方は${}_{2n}P_{2k}$通り．そのうち条件を満たすのは，（赤球3個の位置が）${}_{2k-1}C_3$通り，赤球が並ぶ順番が$4!$通り，白球の順番が${}_{2n-4}P_{2k-4}$通りで）${}_{2k-1}C_3 \times 4! \times {}_{2n-4}P_{2k-4}$……④ 通り』
もちろん，$\dfrac{\text{④}}{{}_{2n}P_{2k}}$は正しい式なのですが，このあと「$k$について和をとる」操作が残っていることに注意しましょう．この形のままでは，分母，分子両方に変数kが残っているため，和の計算ができません．結局，**解**と同じ式に直すことになるので（変数は分子のみにある），それなら，最初から分母を統一した**解**の方法で計算するのが得策，ということです．

本問では親切にも「球がなくなるまで」と書かれていますが，「赤球を4個取り出した時点で終了する」という設定でも，（球がなくなるまで取り出す，として）**解**と同じように立式する方がラクになるのです．

B 次は，和の計算の部分です．
$$(2k-1)(2k-2)(2k-3) \quad \cdots\cdots\text{⑤}$$
を展開してから和をとっても，それほど大変ではありませんが，**解**では少し工夫しています．

$\sum_{k=2}^{n}$⑤ を書き下すと，
$$3\cdot 2\cdot 1 + 5\cdot 4\cdot 3 + \cdots + (2n-1)(2n-2)(2n-3)$$
となりますが，順に，1項目，2項目，…，$n-1$項目と見なすと，$\sum_{j=1}^{n-1}(2j+1)\cdot(2j)\cdot(2j-1)$
となるわけです．これにより，2次の項と定数項が消え，処理がラクになります．

C （1）の答えに関して，いくつかの考察をすることで，ミスの見逃しをある程度防止できます．具体的には，

- $n=2$ を代入すると1になる．（$n=2$ のとき，箱の中は赤球4個のみ）
- $n\to\infty$ とすると $\frac{1}{2}$ に収束する．（n が十分大きいと，AとBは，ほぼ対等と見なせる）

の2点です．これらを満たしていない答えが出たら，ミスを疑うべきです．特に，明らかに負になる式や，1より大きくなる式を答えにしている人は，「自分の出した答えの正当性をチェックする」くせをつけた方がよいでしょう．

D （2）では，解のように対応づけを与えるのが一番上手で，この解法は全体の28％でした．本問のように，逆順にすること自体をテーマにした問題は，あまり多くありませんが，逆順にすることで手間が省ける，ということは時々あるので，ぜひ押さえておいてください．

E 解の手法に気付かなければ，q を具体的に立式する必要があります．（1）と同様に考えます．

[解答例] （2） 赤球の位置の組み合わせ ${}_{2n}C_4$ 通りのうち，最初の赤球が $2k$ ($k=1, 2, \cdots, n-2$) 番目にある取り出し方は，それより後のどの3か所に赤球があるかを考えて ${}_{2n-2k}C_3$ 通り．よって，

$$q=\frac{1}{{}_{2n}C_4}\sum_{k=1}^{n-2}{}_{2n-2k}C_3 \quad\cdots\cdots\cdots\cdots\cdots\text{⑥}$$

$[j=n-k$ とおくことにより$]$

$$=\frac{1}{{}_{2n}C_4}\sum_{j=2}^{n-1}{}_{2j}C_3$$

*　　　　　　　　*　　　　　　　　*

このあとは，次の2つのやり方に分かれました．

[解法1] $p+q=\dfrac{1}{{}_{2n}C_4}\left(\underline{\sum_{k=2}^{n}{}_{2k-1}C_3+\sum_{j=2}^{n-1}{}_{2j}C_3}\right)$

$\underline{=({}_3C_3+{}_5C_3+\cdots+{}_{2n-1}C_3)}$
$\underline{+({}_4C_3+{}_6C_3+\cdots+{}_{2n-2}C_3)}$

$={}_3C_3+{}_4C_3+\cdots+{}_{2n-2}C_3+{}_{2n-1}C_3$

$=\sum_{m=3}^{2n-1}{}_mC_3=\sum_{m=3}^{2n-1}\dfrac{m(m-1)(m-2)}{3\cdot 2}$

$=\sum_{m=3}^{2n-1}\dfrac{1}{3\cdot 2}\cdot\dfrac{1}{4}\{(m+1)m(m-1)(m-2)$

$-m(m-1)(m-2)(m-3)\}$

$=\dfrac{2n(2n-1)(2n-2)(2n-3)}{4\cdot 3\cdot 2}={}_{2n}C_4$

$\therefore\ p+q=1$

*　　　　　　　　*　　　　　　　　*

―部をうまく変形することで，キレイに解けています．

*　　　　　　　　*　　　　　　　　*

[解法2] （q を計算する）

$q=\dfrac{1}{{}_{2n}C_4}\sum_{j=2}^{n-1}\dfrac{2j(2j-1)(2j-2)}{3\cdot 2}$

$[j=1$ を代入すると0になるから$]$

$=\dfrac{1}{{}_{2n}C_4}\sum_{j=1}^{n-1}\dfrac{2j(2j-1)(2j-2)}{3\cdot 2}$

$=\dfrac{2}{3\cdot{}_{2n}C_4}\sum_{j=1}^{n-1}(2j^3-3j^2+j)$

$=\dfrac{2}{3\cdot{}_{2n}C_4}\left\{2\cdot\dfrac{1}{4}(n-1)^2n^2-3\cdot\dfrac{1}{6}(n-1)n(2n-1)\right.$
$\left.+\dfrac{1}{2}(n-1)n\right\}$

$=\dfrac{2}{3\cdot{}_{2n}C_4}\cdot\dfrac{n(n-1)^2(n-2)}{2}=\dfrac{2(n-1)(n-2)}{(2n-1)(2n-3)}$

（以下略）

*　　　　　　　　*　　　　　　　　*

このようにやると，まだラクなのですが，⑥の形のまま展開して和をとると大変です．$n-k$ がカタマリになっていることから，$j=n-k$ という置き換えに気付いてほしかったところです．なお，Bのように「具体的に書き下す」立場からすると，この置き換えは「和をとる順番を逆にする」ことを意味します．

q を具体的に計算するやり方は全体の44％でした．

F （1），（2）で問われている事象は排反ではありません（B君が1個目，4個目の赤球をともに取り出すことがある）．一般に，排反でない事象の確率の和は，それだけでは意味がありません．ところが，本問では，あえて $p+q$ が問われている，というのがポイントで，そこから，「何かしかけがあるに違いない」と思ってほしかったのです．計算で答えを出したあと，「なぜこうなるのだろう？」と疑問に思い，少しでも考えてくださった応募者が多かったとしたら，出題側としてはうれしい限りです．

（條）

問題46 n を2以上の整数とする．$2n$ 人が順に，Yes と書かれたカード，No と書かれたカードのどちらかを投票し，人数が少ない方に投票した人を勝者とするゲームを1回行う．ただし，どちらかが0人のとき，または，どちらも同じ人数のときは引き分けとする．各自は独立に，確率 $\frac{1}{2}$ で投票するカードを選ぶものとする．

（1）勝者が決まる確率を求めよ．

（2）最初に，秋山君が Yes に投票した．その後，残りの $2n-1$ 人が投票を続ける．このとき，Yes に投票した人が勝者となる確率を P，No に投票した人が勝者となる確率を Q とする．$2P>Q$ となる最小の n を求めよ．

（2007年6月号）

平均点：18.4
正答率：46%（1）83%（2）49%
時間：SS 17%, S 31%, M 32%, L 20%

（2）残りの $2n-1$ 人のうち Yes に投票した人が k 人（$1\leq k+1\leq n-1$）いるとすると，P は $_{2n-1}C_k$ の和になりますが，

$$_{2n-1}C_0,\ _{2n-1}C_1,\ _{2n-1}C_2,\ \cdots,\ _{2n-1}C_{2n-1}$$

の対称性に注意すると和は解消されます．Q も同様です（和のままでも最小の n は求まりますが…）．なお，和を経由せず，直接 P, Q を捉えることもできます．

解 （1）$2n$ 人の Yes, No の組み合わせは 2^{2n} 通り．このうち引き分けになるのは，

　Yes が 0 人の場合（1通り）
　No が 0 人の場合（1通り）
　Yes と No が n 人ずつの場合（$_{2n}C_n$ 通り）

よって答えは，$1-\dfrac{1+1+{}_{2n}C_n}{2^{2n}}=1-\dfrac{2+{}_{2n}C_n}{4^n}$

（2）残りの $2n-1$ 人のうち，Yes に投票した人が k 人，No に投票した人が l 人いるとする．

Yes に投票した人が勝者となるのは，$1\leq k+1\leq n-1$ つまり $0\leq k\leq n-2$ のときで，

$$P=\frac{1}{2^{2n-1}}\sum_{k=0}^{n-2}{}_{2n-1}C_k \quad \cdots\cdots ①$$

No に投票した人が勝者となるのは $1\leq l\leq n-1$ のときで，

$$Q=\frac{1}{2^{2n-1}}\sum_{l=1}^{n-1}{}_{2n-1}C_l \quad \cdots\cdots ②$$

ここで，二項定理より

$$2^{2n-1}=(1+1)^{2n-1}=\sum_{i=0}^{2n-1}{}_{2n-1}C_i$$

$$=\sum_{i=0}^{n-1}{}_{2n-1}C_i+\sum_{i=n}^{2n-1}{}_{2n-1}C_i$$

［第2の $\sum$ で $j=2n-1-i$ とおいて］

$$=\sum_{i=0}^{n-1}{}_{2n-1}C_i+\sum_{j=0}^{n-1}{}_{2n-1}C_{2n-1-j}$$

$$=\sum_{i=0}^{n-1}{}_{2n-1}C_i+\sum_{j=0}^{n-1}{}_{2n-1}C_j=2\sum_{i=0}^{n-1}{}_{2n-1}C_i$$

すなわち，$2^{2n-1}=2\sum_{i=0}^{n-1}{}_{2n-1}C_i$

であるから，$\sum_{i=0}^{n-1}{}_{2n-1}C_i=\frac{1}{2}\cdot 2^{2n-1}$

よって，$P=①=\dfrac{1}{2^{2n-1}}\left(\sum_{k=0}^{n-1}{}_{2n-1}C_k-{}_{2n-1}C_{n-1}\right)$

$$=\frac{1}{2^{2n-1}}\left(\frac{1}{2}\cdot 2^{2n-1}-{}_{2n-1}C_{n-1}\right)$$

$$=\frac{1}{2}-\frac{{}_{2n-1}C_{n-1}}{2^{2n-1}} \quad \cdots\cdots ③$$

$Q=②=\dfrac{1}{2^{2n-1}}\left(\sum_{l=0}^{n-1}{}_{2n-1}C_l-{}_{2n-1}C_0\right)$

$$=\frac{1}{2^{2n-1}}\left(\frac{1}{2}\cdot 2^{2n-1}-1\right)=\frac{1}{2}-\frac{1}{2^{2n-1}} \quad \cdots\cdots ④$$

したがって，

$$2P>Q \iff 1-\frac{{}_{2n-1}C_{n-1}}{2^{2n-2}}>\frac{1}{2}-\frac{1}{2^{2n-1}}$$

$$\iff 2^{2n-3}+\frac{1}{2}>{}_{2n-1}C_{n-1} \quad \cdots\cdots ⑤$$

n	2	3	4	5
⑤の左辺	2.5	8.5	32.5	128.5
⑤の右辺	$_3C_1=3$	$_5C_2=10$	$_7C_3=35$	$_9C_4=126$

上表より，⑤を満たす最小の n は **5**

【解説】

A （1）はよくできていました．

Yes が 0 人になる確率は $\left(\dfrac{1}{2}\right)^{2n}$，Yes と No が n 人ずつの確率は $_{2n}C_n\left(\dfrac{1}{2}\right)^n\left(\dfrac{1}{2}\right)^n$，というふうに考えても構いません．本問では Yes, No が等確率で選ばれ，2^{2n} 通りが同様に確からしくなっているため，**解**のように求めることができます．

B （2）まずは，前半の P, Q の式について．

7割程度の人が①②のような Σ を用いた立式をしていました．ただ，P で $1\leqq k\leqq n-2$，Q で $0\leqq l\leqq n-1$ とするなど，この時点で間違えている人も時々います．条件が複雑すぎるわけではないので，立式の段階でつまずきたくないものです．上記の誤りをしても答えには影響しませんが…．

①②以降，**解** では，
$$_{2n-1}C_0 + {}_{2n-1}C_1 + \cdots + {}_{2n-1}C_{2n} + {}_{2n-1}C_{2n-1} = 2^{2n-1}$$
と，両端から一つずつペアにした
$$_{2n-1}C_0 = {}_{2n-1}C_{2n-1}$$
$$_{2n-1}C_1 = {}_{2n-1}C_{2n}$$
$$\vdots$$
$$_{2n-1}C_{n-1} = {}_{2n-1}C_n$$
より，$_{2n-1}C_0 + {}_{2n-1}C_1 + \cdots + {}_{2n-1}C_{n-1} = 2^{2n-1} \times \dfrac{1}{2}$
となることを用いました．なお，偶数 C_k の場合は，真ん中の $_{2n}C_n$ が仲間外れになってしまうので，
$$_{2n}C_0 + {}_{2n}C_1 + \cdots + {}_{2n}C_{n-1} = (2^{2n} - {}_{2n}C_n) \times \dfrac{1}{2}$$
となります．

さて，（2）で引き分けになるのは，
No が 0 人の場合（1 通り）
秋山君を除いて Yes が $n-1$ 人，No が n 人の場合
  ($_{2n-1}C_{n-1}$ 通り)
だから，(1) と同様に「勝者が決まる確率」は
$$P + Q = 1 - \dfrac{1 + {}_{2n-1}C_{n-1}}{2^{2n-1}} \quad \cdots\cdots ⑥$$

となります．この⑥と①から，もしくは⑥と②から $2P > Q$ に持ち込んでいる答案も多かったです．

ちなみに，⑥の値は，（1）の答え $1 - \dfrac{2 + {}_{2n}C_n}{4^n}$ と等しくなっています．この事実は，計算しなくても以下のように説明できます．

$2n$ 人が順番に投票していくとき，1 人目が Yes の条件下で引き分ける確率と，No の条件下で引き分ける確率は，Yes と No の対称性より同じだとわかります．よって，1 人目の秋山君の結果にかかわらず，引き分けの確率は一定です．

C ①②を経由せず③④を得る方法もあります．
別解（2） 残りの $2n-1$ 人のうち，Yes に投票した人が k 人，No に投票した人が l 人いるとする．

$2n-1$ 人の中で Yes の方が少ない確率は $\dfrac{1}{2}$
このうち，$k = n-1$，$l = n$ のときのみ引き分けで，他は Yes が勝ちなので，$P = \dfrac{1}{2} - \dfrac{_{2n-1}C_{n-1}}{2^{2n-1}}$

$2n-1$ 人の中で No の方が少ない確率は $\dfrac{1}{2}$
このうち，$l = 0$ のときのみ引き分けで，他は No が勝ちなので，$Q = \dfrac{1}{2} - \dfrac{1}{2^{2n-1}}$ （以下略）

* *

$2n-1$ が奇数であることをうまく利用して簡潔に P，Q が求まりますね．このように対称性を使って①②を経由せずに解いている人は 10% でした．

D（2）の後半の n を求める部分について．
とにかく最小の n を見つければよいので，P，Q に $n = 2, 3$ を代入して計算していけば，求めることはできます．「P，Q を n の式で表せ」という設問はありませんから，①②で止まってしまった人も，あきらめないで地道に計算すればよいのです．

実際，計算はそれほど大変ではなく，
$$2P > Q \iff P > Q - P$$
$$\iff \sum_{k=0}^{n-2} {}_{2n-1}C_k > \sum_{l=1}^{n-1} {}_{2n-1}C_l - \sum_{k=0}^{n-2} {}_{2n-1}C_k$$
$$= \sum_{k=1}^{n-1} {}_{2n-1}C_k - \sum_{k=0}^{n-2} {}_{2n-1}C_k$$
$$= {}_{2n-1}C_{n-1} - {}_{2n-1}C_0$$
$$\iff \sum_{k=0}^{n-2} {}_{2n-1}C_k > {}_{2n-1}C_{n-1} - 1$$

という形にして調べている答案も，全体の 14% ありました．比較的わかりやすく，実戦的には，これで十分です．

代入していくときの注意ですが，必ず $n = 2$ から順に調べるようにしましょう．$n = 5$ のとき $2P > Q$ となることだけを確認しても，$n = 2, 3, 4$ のいずれかの場合も $2P > Q$ となるかもしれないので，求める最小の n が 5 になる保証はありません．また，$n = 4$ で $2P \leqq Q$，$n = 5$ で $2P > Q$ であっても，$2P - Q$ が単調増加であることを示すなどとしない限り，答えは求まらないのです．逆に，$n \geqq 6$ の場合は調べる必要はありません．

E この問題の元ネタは『ライアー・ゲーム』という漫画・TV ドラマの，多数決ならぬ「少数決」です．

（上原）

学力コンテスト・通信欄から

▶1 番とかライアーゲームの少数決まんまじゃないですか！戸田恵梨香ファンの僕としてはこれは絶対に落とせないと思いきや，結局，$n = 2 \sim 5$ まで調べてしまった…あぁ～残念だ．
▶1 番の問題は，今ドラマでやっている "ライアーゲーム" やん" ってクラスの誰かが言ってました．少数決！ 問題をつくった方はもしや戸田恵梨香ファン!?とか思うと，なんとなく楽しくなりました（笑）．彼女はけっこうかわいいので，私は好きです．

問題47 表と裏が等確率で出る硬貨がある．$f_0(x)=x+1$ とし，自然数 n に対して，$f_n(x)$ を

  硬貨を投げて表が出たら $f_n(x)=f_{n-1}{}'(x)$，

  硬貨を投げて裏が出たら $f_n(x)=\int_0^x f_{n-1}(t)\,dt$

と定める．$f_{10}(x)=f_2(x)$ となる確率を求めよ． （2014年6月号）

平均点：16.9
正答率：44%
時間：SS 10%, S 29%, M 38%, L 23%

積分して微分すると元に戻りますが，微分して積分しても元に戻るとは限りません．このことに注意しながら，経路の問題に帰着させることができます．

解 1回目，2回目を考えると，

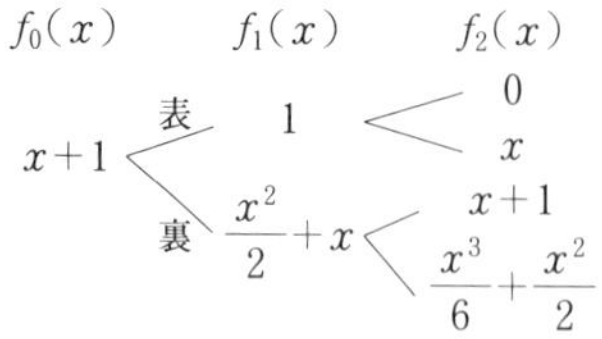

$$\begin{array}{ccc} f_0(x) & f_1(x) & f_2(x) \\ & & 0 \\ & 1 \nearrow & \\ x+1 \nearrow^{\text{表}} & & x \\ \searrow_{\text{裏}} & & x+1 \\ & \dfrac{x^2}{2}+x \searrow & \\ & & \dfrac{x^3}{6}+\dfrac{x^2}{2} \end{array}$$

$f_2(x)$ は上図の4通りがそれぞれ確率 $\dfrac{1}{4}$ で起こる．

以下，3回目以降を考える．

（i）$f_2(x)=0$ のとき： $(0)'=0$，$\int_0^x 0\,dx=0$ より，$n\geq 2$ に対して $f_n(x)=0$ となる．よって $f_{10}(x)=0$ となる確率は1

（ii）$f_2(x)=x$ のとき： 途中で $f_n(x)$ が0となると，その後 x になることはない．途中で裏の出た回数より表の出た回数が2回多くなると $f_n(x)$ は0となるので，$f_{10}(x)=f_2(x)$ となる条件は，
表と裏が4回ずつ出て，かつ，常に
（表の回数）$\leq$（裏の回数）$+1$ となっていることである．

ここで，右下のような経路図を考え，Aから出発して，1回表が出るごとに右に1，1回裏が出るごとに上に1進むことを考えると，条件を満たす硬貨の出方は，図の実線部のみを通ってAからBに行く最短経路の数に等しい．図のように経路の個数を書き込んでいくと，経路の数は42通り．

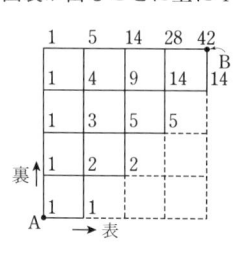

1	5	14	28	42 B
1	4	9	14	14
1	3	5	5	
1	2	2		
A 1	1			

3回目から10回目までの硬貨の出方は全部で 2^8 通りなので，$f_{10}(x)=x$ となる確率は $\dfrac{42}{2^8}$

（iii）$f_2(x)=x+1$ のとき： 途中で $f_n(x)$ が1となると積分しても $\int_0^x 1\,dt=x$ なので，その後 $x+1$ になることはない．途中で裏より表が1回多くなると $f_n(x)$ は1となるので，$f_{10}(x)=f_2(x)$ となる条件は，
表と裏が4回ずつ出て，かつ，常に
（表の回数）$\leq$（裏の回数）となっていることである．

（ii）と同様に，条件を満たす硬貨の出方は，図の実線部のみを通ってAからBに行く最短経路の数に等しく，14通り．よって，$f_{10}(x)=x+1$ となる確率は $\dfrac{14}{2^8}$

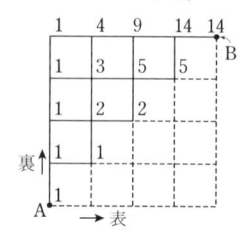

1	4	9	14	14 B
1	3	5	5	
1	2	2		
1				
A				

（iv）$f_2(x)=\dfrac{x^3}{6}+\dfrac{x^2}{2}$ のとき： 途中で $f_n(x)$ が1となると，その後 $\dfrac{x^3}{6}+\dfrac{x^2}{2}$ になることはない．途中で裏より表が3回多くなると $f_n(x)$ は1となるので，$f_{10}(x)=f_2(x)$ となる条件は，
表と裏が4回ずつ出て，かつ，常に
（表の回数）$\leq$（裏の回数）$+2$ となっていることである．

条件を満たす硬貨の出方は，図の実線部のみを通ってAからBに行く最短経路の数に等しく，62通り．よって，$f_{10}(x)=\dfrac{x^3}{6}+\dfrac{x^2}{2}$ となる確率は $\dfrac{62}{2^8}$

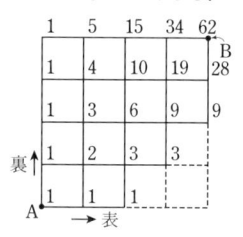

1	5	15	34	62 B
1	4	10	19	28
1	3	6	9	9
1	2	3	3	
A				

以上より，答えは，$\dfrac{1}{4}\times\left(1+\dfrac{42}{2^8}+\dfrac{14}{2^8}+\dfrac{62}{2^8}\right)=\dfrac{\mathbf{187}}{\mathbf{512}}$

【解説】

A 本問では，基本的には $f_n(x)$ の次数の上がり下がりを考えていけばよいのですが，冒頭にも述べたように，微分して積分したとき元に戻るとは限りません．微分によって消えた定数項は，積分しても復活しないからです．実際に計算してみると，すぐ分かりますが，$x+1$ を微分して1になった後，積分してみても，$\int_0^x 1\,dx=x$ となって，定数項は戻ってきません．さらに，1を微分して0となった後は，微分しても積分しても0のままです．

積分は微分の逆の操作とよく言いますが，完全に元に戻す操作ではありません．月刊・大学への数学の『読者の接点』という投稿コーナーで，微分して2次元の世界へ行っても，一部分はこちらに残しておかないと戻ってこれない，という話を読んだことがありますが，この性質を表したものでしょう．2次元の世界へ行けるかどうかはともかくとして，気をつけましょう．

B 本問は，(解)のように経路の問題に帰着させることができます．このように，格子状の街路で最短経路の数を考えるときは，組合せで考えるのが普通ですが，Aで述べたことを考えると，通れない部分があるため，通常のようにはなかなか考えられません．ただ，高々4×4の正方形なので，(解)のように経路の個数を図に書き込みながら数えていっても，それほど大変ではないでしょう．

一方，組合せを用いた上手な経路の数え方として，次のようなものもあります．

別解 (ⅰ)までは(解)と同じ．
(ⅱ) $f_2(x)=x$ のとき：
経路図において，AからBへ行く最短経路 $_8C_4$ 通りのうち，条件を満たさないもの（解の図の破線を通るもの）を考える．

条件を満たさない経路は右図の直線 l 上の点を通るが，最初に通る点をPとして，PからBの部分を l に関して対称移動させることにより，右図のAからB'へ行く経路と1対1対応する．したがって，AからB'へ行く最短経路を考えればよく，$_8C_2$ 通り． 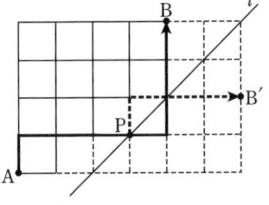
よって，条件を満たす経路の数は $_8C_4-_8C_2=42$ 通り．

(ⅲ) $f_2(x)=x+1$ のとき：
同様に，条件を満たさないものは，右図のAからB'へ行く最短経路の $_8C_3$ 通り．よって，条件を満たす経路の数は
$_8C_4-_8C_3=14$ 通り．

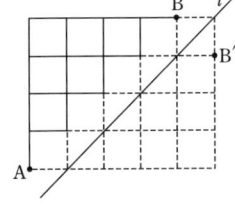

(ⅳ) $f_2(x)=\dfrac{x^3}{6}+\dfrac{x^2}{2}$ のとき：
条件を満たさないものは，右図のAからB'へ行く $_8C_1$ 通り．
よって，条件を満たす経路の数は
$_8C_4-_8C_1=62$ 通り．

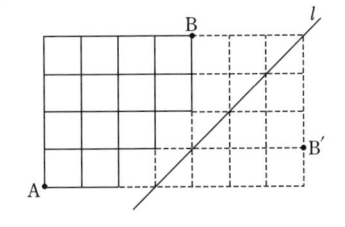

(以下，(解)と同じ)

* * *

このように，直接数えることが難しくても，それと1対1対応する別のものを見つけることで，上手く数えられることがあります．そのような考え方もできると便利だと思います．別解のように考えた人は，全体の5%でした．

また，一般に $f_{2n+2}(x)=f_2(x)$ となる確率も別解と同様に求めることができます：

3回目から$2n+2$回目までの硬貨の出方2^{2n}通りのうち，$f_{2n+2}(x)=f_2(x)$となるのは，
(ⅰ) $f_2(x)=0$ のとき，2^{2n} 通り．
(ⅱ) $f_2(x)=x$ のとき，$_{2n}C_n-_{2n}C_{n-2}$ 通り．
(ⅲ) $f_2(x)=x+1$ のとき，$_{2n}C_n-_{2n}C_{n-1}$ 通り．
(ⅳ) $f_2(x)=\dfrac{x^3}{6}+\dfrac{x^2}{2}$ のとき，$_{2n}C_n-_{2n}C_{n-3}$ 通り．

よって，$f_{2n+2}(x)=f_2(x)$ となる確率は
$$\frac{1}{4}\times\frac{2^{2n}+3\cdot_{2n}C_n-_{2n}C_{n-1}-_{2n}C_{n-2}-_{2n}C_{n-3}}{2^{2n}}$$
($r<0$ のとき $_pC_r=0$ とみなせば $n\leq 2$ でもOK)

C 上記の(ⅲ)の場合の
  常に（表の回数）≦（裏の回数）となる場合の数
$_{2n}C_n-_{2n}C_{n-1}\left(=\dfrac{_{2n}C_n}{n+1}\right)$ は，カタラン数と呼ばれていて，いろんなところに登場します．
(**例1**) n個の1とn個の-1を並べてできる数列 $a_1, a_2, \cdots, a_{2n}$ のうち，任意の k ($k=1, 2, \cdots, 2n$) に対して，k項までの和 S_k が $S_k\geq 0$ を満たすものは何通りあるか？
(**例2**) 3組の( )を組み合わせる方法は，
( )( )( ) ( )(( )) (( ))( ) (( )( )) ((( )))
の5通りあるが，n組の( )だと何通りあるか？

* * *

左から順に見ていったとき，
例1では，常に（1の個数）≧（-1の個数）
例2では，常に{"("の個数}≧{")"の個数}
となっていなければならないので，カタラン数になります．

なお，一般の n だと別解の方法を知らないと困難なので，入試で出題されるのは，n が具体的な数値の場合です．
(石城)

問題 48 図のような坂道と，その上の地点 A～E を考える．はじめ C にいる X 君が，次の規則に従って移動する．

- C にいるとき，1 時間後には，確率 $\frac{1}{2}$ ずつで B または D に移動する．
- B，D にいるとき，1 時間後には，確率 $\frac{2}{3}$ で坂を下り隣の地点に移動し，確率 $\frac{1}{3}$ で C に移動する．
- A，E にいるとき，1 時間後には，確率 $\frac{2}{3}$ で移動せず，確率 $\frac{1}{3}$ で隣の地点に移動する．

以下，n を 0 以上の整数とする．

（1） 移動を始めて n 時間後に X 君が B にいる確率を b_n，C にいる確率を c_n とするとき，b_{n+1}，c_{n+1} を b_n，c_n で表せ．

（2） 移動を始めて n 時間後から $n+1$ 時間後にかけて，X 君が坂を下る確率を求めよ．

（2013 年 10 月号）

平均点：21.6
正答率：68% （1）91%
時間：SS 14%, S 40%, M 30%, L 16%

（1） 対等性と「確率の和は 1」を意識することがポイントです．

（2） c_n を消去すると $b_{n+2} = p b_{n+1} + q b_n + r$ の形になりますが，"平行移動" により通常の 3 項間漸化式に帰着できます．

解 （1） n 時間後に X 君が A，D，E にいる確率をそれぞれ a_n，d_n，e_n とおく．対等性より $b_n = d_n$，$a_n = e_n$ であることと $a_n + b_n + c_n + d_n + e_n = 1$ から，

$$2a_n + 2b_n + c_n = 1 \quad \therefore \quad a_n = \frac{1}{2} - b_n - \frac{1}{2} c_n$$

$n+1$ 時間後に B にいるのは，n 時間後に A にいて坂を上るときと，n 時間後に C にいて坂を下るときだから，

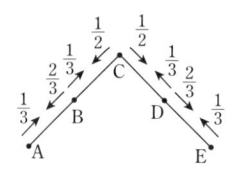

$$b_{n+1} = a_n \cdot \frac{1}{3} + c_n \cdot \frac{1}{2}$$
$$= \frac{1}{3}\left(\frac{1}{2} - b_n - \frac{1}{2} c_n\right) + \frac{1}{2} c_n = -\frac{1}{3} b_n + \frac{1}{3} c_n + \frac{1}{6}$$

$n+1$ 時間後に C にいるのは，n 時間後に B または D にいて坂を上るときだから，$c_{n+1} = (b_n + d_n) \cdot \frac{1}{3} = \frac{2}{3} b_n$

（2） （1）より

$$b_{n+2} = -\frac{1}{3} b_{n+1} + \frac{1}{3} c_{n+1} + \frac{1}{6} = -\frac{1}{3} b_{n+1} + \frac{1}{3} \cdot \frac{2}{3} b_n + \frac{1}{6}$$

$$\therefore \quad b_{n+2} = -\frac{1}{3} b_{n+1} + \frac{2}{9} b_n + \frac{1}{6} \quad \cdots \cdots \text{①}$$

ここで，$\alpha = -\frac{1}{3}\alpha + \frac{2}{9}\alpha + \frac{1}{6}$ を解くと $\alpha = \frac{3}{20}$ となるので，

$$\frac{3}{20} = -\frac{1}{3} \cdot \frac{3}{20} + \frac{2}{9} \cdot \frac{3}{20} + \frac{1}{6} \quad \cdots \cdots \text{②}$$

である．よって，①－②より，

$$b_{n+2} - \frac{3}{20} = -\frac{1}{3}\left(b_{n+1} - \frac{3}{20}\right) + \frac{2}{9}\left(b_n - \frac{3}{20}\right)$$

$p_n = b_n - \frac{3}{20}$ とおくと，$p_{n+2} = -\frac{1}{3} p_{n+1} + \frac{2}{9} p_n$

したがって，$p_{n+2} - \frac{1}{3} p_{n+1} = -\frac{2}{3}\left(p_{n+1} - \frac{1}{3} p_n\right)$

$$p_{n+2} + \frac{2}{3} p_{n+1} = \frac{1}{3}\left(p_{n+1} + \frac{2}{3} p_n\right)$$

$b_0 = 0$，$b_1 = \frac{1}{2}$ より $p_0 = -\frac{3}{20}$，$p_1 = \frac{7}{20}$ だから，

$$p_{n+1} - \frac{1}{3} p_n = \left(-\frac{2}{3}\right)^n \left(p_1 - \frac{1}{3} p_0\right) = \frac{2}{5}\left(-\frac{2}{3}\right)^n \quad \cdots \text{③}$$

$$p_{n+1} + \frac{2}{3} p_n = \left(\frac{1}{3}\right)^n \left(p_1 + \frac{2}{3} p_0\right) = \frac{1}{4}\left(\frac{1}{3}\right)^n \quad \cdots\cdots \text{④}$$

よって，④－③から $p_n = \frac{1}{4}\left(\frac{1}{3}\right)^n - \frac{2}{5}\left(-\frac{2}{3}\right)^n$

$$\therefore \quad b_n = \frac{3}{20} + \frac{1}{4}\left(\frac{1}{3}\right)^n - \frac{2}{5}\left(-\frac{2}{3}\right)^n$$

となる．したがって，$n \geq 1$ のとき

$$c_n = \frac{2}{3} b_{n-1} = \frac{2}{3}\left\{\frac{3}{20} + \frac{1}{4}\left(\frac{1}{3}\right)^{n-1} - \frac{2}{5}\left(-\frac{2}{3}\right)^{n-1}\right\}$$

$$= \frac{1}{10} + \frac{1}{2}\left(\frac{1}{3}\right)^n + \frac{2}{5}\left(-\frac{2}{3}\right)^n$$

であり，$c_0 = 1$ より，これは $n = 0$ でも正しい．

求める確率は，n 時間後に B，C，D のいずれかにいて，次に坂を下る確率だから，

$$b_n \cdot \frac{2}{3} \times 2 + c_n = \frac{3}{10} + \frac{5}{6}\left(\frac{1}{3}\right)^n - \frac{2}{15}\left(-\frac{2}{3}\right)^n$$

【解説】

A 確率漸化式の問題です．（2）の計算がやや大変ではありますが，概ねよくできていました．小問ごとにポイントを見ていきましょう．

B （1）では，5つの連立漸化式と身構える必要はありません．
- 最初に，中央の地点Cにいる
- Cにいるときは左右に等確率で動き，BにいるときとDにいるときの規則は同じで，AにいるときとEにいるときの規則も同じである

ことから，BとDの扱いは同じで，AとEの扱いも同じになるからです．これで a_n, b_n, c_n の3つだけの話になりますが，さらに確率の和が1であることから2つに減らせるわけです．

上記の対等性は，漸化式を立てて式できちんと示すこともできますが，本問くらい明らかな場合は，（本当に対等であることを頭の中できちんと吟味したうえで）「対等性より」と一言書いておけば十分でしょう．

C （2）では，漸化式を解くことになります．

(解)では，$c_{n+1} = \frac{2}{3}b_n$ が簡単な形をしていることに注目して，$\{b_n\}$ だけの漸化式に持ち込みました．すると，定数項がついた3項間漸化式①が登場します．
2項間漸化式 $a_{n+1} = pa_n + q$ $(p \neq 0, 1)$
を解くときには，$\alpha = p\alpha + q$
の解 α を用いて，$a_{n+1} - \alpha = p(a_n - \alpha)$
と変形します．それは，$\{a_n\}$ のかわりに $\{a_n - \alpha\}$ という全体を $-\alpha$ だけずらした数列を考えることで，等比数列という簡単な数列に帰着できるからです．

(解)では，同様の発想で，"平行移動"によって通常の3項間漸化式に帰着させました．

*   *

(解)のように b_n を求めたのであれば，c_n は
$c_n = \frac{2}{3}b_{n-1}$ として求めるのが簡単です．ただ，b_{n-1} は $n \geq 1$ のときしか意味を持たないので，$n = 0$ の場合は別にする必要があることに注意しましょう．

D 漸化式の他の解き方も見ておきましょう．2つほど，紹介します．

別解1 ①が

$$b_{n+2} - \frac{1}{3}b_{n+1} + \beta = -\frac{2}{3}\left(b_{n+1} - \frac{1}{3}b_n + \beta\right)$$

$$b_{n+2} + \frac{2}{3}b_{n+1} + \gamma = \frac{1}{3}\left(b_{n+1} + \frac{2}{3}b_n + \gamma\right)$$

と変形できるような定数 β, γ を求めると，

$-\frac{2}{3}\beta - \beta = \frac{1}{6}$ より，$\beta = -\frac{1}{10}$

$\frac{1}{3}\gamma - \gamma = \frac{1}{6}$ より，$\gamma = -\frac{1}{4}$

これから，$\left\{b_{n+1} - \frac{1}{3}b_n - \frac{1}{10}\right\}$ は公比 $-\frac{2}{3}$ の等比数列，$\left\{b_{n+1} + \frac{2}{3}b_n - \frac{1}{4}\right\}$ は公比 $\frac{1}{3}$ の等比数列．よって，

$$b_{n+1} - \frac{1}{3}b_n - \frac{1}{10} = \left(-\frac{2}{3}\right)^n\left(b_1 - \frac{1}{3}b_0 - \frac{1}{10}\right)$$

$$b_{n+1} + \frac{2}{3}b_n - \frac{1}{4} = \left(\frac{1}{3}\right)^n\left(b_1 + \frac{2}{3}b_0 - \frac{1}{4}\right) \quad \text{（以下略）}$$

*   *

（1）の答えの2式を，$\{b_n\}$, $\{c_n\}$ に関する連立漸化式と見ることもできます．

別解2 $b_{n+1} = -\frac{1}{3}b_n + \frac{1}{3}c_n + \frac{1}{6}$ ……⑤

$c_{n+1} = \frac{2}{3}b_n$ ……⑥

において，⑤+⑥×k は，

$$b_{n+1} + kc_{n+1} = \left(-\frac{1}{3} + \frac{2}{3}k\right)b_n + \frac{1}{3}c_n + \frac{1}{6} \cdots\text{⑦}$$

$\left[\text{もし，}1 : k = \left(-\frac{1}{3} + \frac{2}{3}k\right) : \frac{1}{3} \cdots\text{⑧}\right.$

が成り立っていれば，⑦は $\{b_n + kc_n\}$ についての2項間漸化式になる．⑧を解くと $k = 1, -\frac{1}{2}$ となるので$\left.\right]$

$k = 1$ のとき，⑦は，$b_{n+1} + c_{n+1} = \frac{1}{3}(b_n + c_n) + \frac{1}{6}$

$\therefore\ b_{n+1} + c_{n+1} - \frac{1}{4} = \frac{1}{3}\left(b_n + c_n - \frac{1}{4}\right)$

$\therefore\ b_n + c_n - \frac{1}{4} = \left(\frac{1}{3}\right)^n\left(b_0 + c_0 - \frac{1}{4}\right)$

$b_0 = 0$, $c_0 = 1$ より，$b_n + c_n - \frac{1}{4} = \left(\frac{1}{3}\right)^n \cdot \frac{3}{4}$

$k = -\frac{1}{2}$ のとき，$b_{n+1} - \frac{1}{2}c_{n+1} = -\frac{2}{3}\left(b_n - \frac{1}{2}c_n\right) + \frac{1}{6}$

$\therefore\ b_{n+1} - \frac{1}{2}c_{n+1} - \frac{1}{10} = -\frac{2}{3}\left(b_n - \frac{1}{2}c_n - \frac{1}{10}\right)$

$\therefore\ b_n - \frac{1}{2}c_n - \frac{1}{10} = \left(-\frac{2}{3}\right)^n\left(b_0 - \frac{1}{2}c_0 - \frac{1}{10}\right)$

$\therefore\ b_n - \frac{1}{2}c_n - \frac{1}{10} = \left(-\frac{2}{3}\right)^n \cdot \left(-\frac{3}{5}\right) \quad \text{（以下略）}$

（條）

問題49 0, 1, 2, 3, 4, 5, 6, 7, 8, 9 の数字が書かれた 10 枚のカードから無作為に 1 枚を引いてカードの数字を調べ,元に戻す試行を n 回繰り返す.引いたカードの数字の和を A とし,積を B とする.
 (1) A が 3 の倍数である確率 a_n と,B が 3 の倍数である確率 b_n を求めよ.
 (2) A が 3 の倍数でかつ B が 3 の倍数でない確率 p_n と,A が 3 の倍数でなくかつ B が 3 の倍数でない確率 q_n を求めよ.

(2014 年 2 月号)

平均点:19.9
正答率:54% (1) 92% (2) 65%
時間:SS 19%, S 35%, M 28%, L 18%

(1) b_n は余事象で一発ですが,a_n を直接求めるのは困難です.漸化式を立てましょう.3 で割って 1 余る確率,2 余る確率を設定してもよいのですが,これらは,まとめて扱えます.

(2) a_n と同様に漸化式を立てればよいのですが,その際,p_n+q_n が "B が 3 の倍数でない確率" として簡単に求まることを利用しましょう.

解 以下,合同式は mod 3 とする.j 回目に引いたカードの数を c_j とし,n 回引いたカードの数の和を A_n,積を B_n とおく.

• $c_j \equiv 0$ になるのは 0, 3, 6, 9 を引くときで,その確率は $\dfrac{4}{10}$

• $c_j \equiv 1$ になるのは 1, 4, 7 を引くときで,その確率は $\dfrac{3}{10}$

• $c_j \equiv 2$ になるのは 2, 5, 8 を引くときで,その確率は $\dfrac{3}{10}$

(1) $A_{n+1} \equiv 0$ になるのは
  "$A_n \equiv 0$ かつ $c_{n+1} \equiv 0$"
または,"$A_n \equiv 1$ かつ $c_{n+1} \equiv 2$" ……………①
または,"$A_n \equiv 2$ かつ $c_{n+1} \equiv 1$" ……………②
の場合で,①と②を合わせると
  "$A_n \not\equiv 0$ のとき,確率 $\dfrac{3}{10}$ で $A_{n+1} \equiv 0$"
だから,$a_{n+1} = a_n \cdot \dfrac{4}{10} + (1-a_n) \cdot \dfrac{3}{10}$

∴ $a_{n+1} = \dfrac{1}{10} a_n + \dfrac{3}{10}$ ……………③

∴ $a_{n+1} - \dfrac{1}{3} = \dfrac{1}{10}\left(a_n - \dfrac{1}{3}\right)$

∴ $a_n - \dfrac{1}{3} = \left(\dfrac{1}{10}\right)^n \left(a_0 - \dfrac{1}{3}\right)$

何もカードを引いていない状態では $A_0 = 0$ と考えられるので,$a_0 = 1$ としてよく,$\boldsymbol{a_n = \dfrac{1}{3} + \dfrac{2}{3} \cdot \left(\dfrac{1}{10}\right)^n}$

b_n については余事象を考えると,

$B_n \not\equiv 0$ となるのは n 回とも 3 の倍数以外のとき……④
で,確率は $\left(\dfrac{6}{10}\right)^n = \left(\dfrac{3}{5}\right)^n$ だから,$\boldsymbol{b_n = 1 - \left(\dfrac{3}{5}\right)^n}$

(2) ④より,$B_{n+1} \not\equiv 0$ となるには $c_{n+1} \not\equiv 0$ でなければならない.よって,"$A_{n+1} \equiv 0$ かつ $B_{n+1} \not\equiv 0$ ………⑤
となるのは,"$A_n \equiv 1$ かつ $B_n \not\equiv 0$ かつ $c_{n+1} \equiv 2$"
または, "$A_n \equiv 2$ かつ $B_n \not\equiv 0$ かつ $c_{n+1} \equiv 1$"
の場合で,合わせると,
 "$A_n \not\equiv 0$ かつ $B_n \not\equiv 0$ のとき,確率 $\dfrac{3}{10}$ で⑤"
だから,$p_{n+1} = \dfrac{3}{10} q_n$ ……………⑥

一方,$p_n + q_n = (B_n \not\equiv 0$ の確率$) = \left(\dfrac{3}{5}\right)^n$
より,$q_n = \left(\dfrac{3}{5}\right)^n - p_n$ ……………⑦

⑥に代入して,$p_{n+1} = \dfrac{3}{10} \cdot \left(\dfrac{3}{5}\right)^n - \dfrac{3}{10} p_n$ ……………⑧

$\left[k\left(\dfrac{3}{5}\right)^{n+1} = \dfrac{3}{10} \cdot \left(\dfrac{3}{5}\right)^n - \dfrac{3}{10} \cdot k\left(\dfrac{3}{5}\right)^n \text{ となる } k \text{ は,両辺を } \left(\dfrac{3}{5}\right)^n \text{ で割り,} \dfrac{3}{5}k = \dfrac{3}{10} - \dfrac{3}{10}k \therefore k = \dfrac{1}{3}\right]$

$\dfrac{1}{3} \cdot \left(\dfrac{3}{5}\right)^{n+1} = \dfrac{3}{10} \cdot \left(\dfrac{3}{5}\right)^n - \dfrac{3}{10} \cdot \dfrac{1}{3} \cdot \left(\dfrac{3}{5}\right)^n$ …⑨

⑧−⑨より $p_{n+1} - \dfrac{1}{3} \cdot \left(\dfrac{3}{5}\right)^{n+1} = -\dfrac{3}{10}\left\{p_n - \dfrac{1}{3} \cdot \left(\dfrac{3}{5}\right)^n\right\}$

よって,数列 $\left\{p_n - \dfrac{1}{3} \cdot \left(\dfrac{3}{5}\right)^n\right\}$ は公比 $-\dfrac{3}{10}$ の等比数列
なので,$p_n - \dfrac{1}{3} \cdot \left(\dfrac{3}{5}\right)^n = \left(-\dfrac{3}{10}\right)^{n-1}\left\{p_1 - \dfrac{1}{3} \cdot \left(\dfrac{3}{5}\right)^1\right\}$

1 枚カードを引いたとき,$A_1 = B_1$ なので,$p_1 = 0$

∴ $\boldsymbol{p_n = \dfrac{1}{3} \cdot \left(\dfrac{3}{5}\right)^n - \dfrac{1}{5} \cdot \left(-\dfrac{3}{10}\right)^{n-1}}$

⑦より,$\boldsymbol{q_n = \dfrac{2}{3} \cdot \left(\dfrac{3}{5}\right)^n + \dfrac{1}{5} \cdot \left(-\dfrac{3}{10}\right)^{n-1}}$

【解説】
A 本問は,確率についての漸化式を立てて解くことにより,その確率を求めるという,確率と数列の融合問題

です．このとき，n 回試行を行った状態から $n+1$ 回目の試行によってどのように状態が変化するかを考えるか，1 回目にどのような試行を行ったかで場合分けして考える問題が多いです．

a_n については，A_n を 3 で割ると 1 余る確率 d_n，A_n を 3 で割ると 2 余る確率 e_n も設定すると，
$$a_{n+1}=a_n\cdot\frac{4}{10}+d_n\cdot\frac{3}{10}+e_n\cdot\frac{3}{10} \quad\cdots\cdots\text{⑩}$$
となります．さらに d_{n+1} と e_{n+1} も a_n，d_n，e_n で表したくなるかもしれませんが，⑩の d_n，e_n の係数が等しいことと $a_n+d_n+e_n=1$ に注意すると，
$$\text{⑩}=\frac{4}{10}a_n+\frac{3}{10}(d_n+e_n)=\frac{4}{10}a_n+\frac{3}{10}(1-a_n)$$
となって，解と同じ漸化式が得られます．問題 48 でも触れましたが，**確率の和が 1 であること**には，常に注意を払いましょう．

B 漸化式を解く段階については，③は教科書にも載っています．問題は
$$p_{n+1}=\frac{3}{10}\cdot\left(\frac{3}{5}\right)^n-\frac{3}{10}p_n \quad\cdots\cdots\text{⑧}$$
ですが，解では，特殊解を見つけて差をとるという方法で解きました．つまり，⑧を満たす p_n（p_1 の値は無視する）として，$k\left(\frac{3}{5}\right)^n$ の形のものを探して $\frac{1}{3}\cdot\left(\frac{3}{5}\right)^n$ を見つけ，⑧－⑨により⑧の $\frac{3}{10}\cdot\left(\frac{3}{5}\right)^n$ を消し，等比数列に帰着させているわけです．

一般に，$x_{n+1}=rx_n+s(n) \quad\cdots\cdots\text{⑪}$
（$s(n)$ は n の式．$r=1$ のときは階差数列の形なので，以下 $r\ne1$，また $r\ne0$ とする）に対して，⑪を満たす x_n が一つ見つかれば（x_1 の値は無視する），それを f_n として，$f_{n+1}=rf_n+s(n) \quad\cdots\cdots\text{⑫}$
⑪－⑫ より，$x_{n+1}-f_{n+1}=r(x_n-f_n)$
これから，数列 $\{x_n-f_n\}$ が公比 r の等比数列となって，解決します．

ただ，この方法は，特殊解 f_n の形を予想する必要があるので，そういった意味で少々レベルが高い解法と言えるかも知れません．いくつか例を挙げると，⑪を満たす x_n の一つ f_n は，
$s(n)=au^n$ のとき，$u\ne r$ ならば cu^n の形
$\qquad\qquad\qquad u=r$ ならば cnu^n の形
$s(n)$ が k 次式のときは k 次式（とくに $s(n)$ が定数 s のときは，$f_n=\alpha$ (定数) とすると，$\alpha=r\alpha+s$ となり，単純な 2 項間漸化式を解く定石と合う）

——となります．例えば，

例題 $a_1=2$，$a_{n+1}=2a_n+3n \quad\cdots\cdots\text{⑬}$ ($n=1,2,\cdots$)
を満たす数列 $\{a_n\}$ の一般項を求めよ．

では，$\alpha(n+1)+\beta=2(\alpha n+\beta)+3n$
を満たす α，β を求めると，上式の両辺の係数を比べて，
$\alpha=2\alpha+3$，$\alpha+\beta=2\beta$ $\therefore$ $\alpha=-3$，$\beta=-3$
これから，$-3(n+1)-3=2(-3n-3)+3n \quad\cdots\cdots\text{⑭}$
⑬－⑭ より，
$\qquad a_{n+1}+3(n+1)+3=2(a_n+3n+3) \quad\cdots\cdots\text{⑮}$
よって，数列 $\{a_n+3n+3\}$ は公比 2 の等比数列となり，
$\qquad a_n+3n+3=2^{n-1}(a_1+3\cdot1+3)$
$a_1=2$ とから，$a_n=8\cdot2^{n-1}-3n-3=\boldsymbol{2^{n+2}-3n-3}$
なお，答案では，いきなり "⑬を変形すると⑮になる" と書いてかまいません．⑬ $\iff$ ⑮ の確認は容易です．

$\qquad\qquad *\qquad\qquad *$

それでは，特殊解が思い浮かばなければ解けないのかというと，決してそんなことはなく，他にも解法は色々あります．

一般に通用するのは，⑪の両辺を r^{n+1} で割るもので，
$$\frac{x_{n+1}}{r^{n+1}}=\frac{x_n}{r^n}+\frac{s(n)}{r^{n+1}}$$
これから，数列 $\left\{\frac{x_n}{r^n}\right\}$ の階差数列が $\frac{s(n)}{r^{n+1}}$ なので，あとは和が計算できれば OK．⑧なら，両辺を $\left(-\frac{3}{10}\right)^{n+1}$ で割ります．

また，⑧は，次のように，単純な 2 項間漸化式に帰着させることもできます．

別解 （⑧に続く）⑧の両辺を $\left(\frac{3}{5}\right)^{n+1}$ で割ると，
$$\frac{p_{n+1}}{\left(\frac{3}{5}\right)^{n+1}}=\frac{3}{10}\cdot\frac{1}{\frac{3}{5}}-\frac{3}{10}\cdot\frac{p_n}{\left(\frac{3}{5}\right)^{n+1}}$$
$\frac{p_n}{\left(\frac{3}{5}\right)^n}=r_n$ とおくと，$r_{n+1}=\frac{1}{2}-\frac{1}{2}r_n$
$\therefore$ $r_{n+1}-\frac{1}{3}=-\frac{1}{2}\left(r_n-\frac{1}{3}\right)$
$\therefore$ $r_n-\frac{1}{3}=\left(-\frac{1}{2}\right)^{n-1}\left(r_1-\frac{1}{3}\right)$
$p_1=0$ より $r_1=0$ なので，$r_n=\frac{1}{3}-\frac{1}{3}\cdot\left(-\frac{1}{2}\right)^{n-1}$
$\therefore$ $p_n=\left(\frac{3}{5}\right)^n r_n=\frac{1}{3}\cdot\left(\frac{3}{5}\right)^n-\frac{1}{5}\cdot\left(-\frac{3}{10}\right)^{n-1}$

(山崎)

問題50 Oを原点とする座標平面上で，x座標，y座標がともに1以上8以下の整数である64個の点から異なる2点P，Qを無作為に選ぶとき，3点O，P，Qが，面積が奇数であるような三角形の3頂点となる確率を求めよ．　　　　（2013年8月号）

平均点：18.4
正答率：47%
時間：SS 17%, S 19%, M 31%, L 33%

4で割った余りに注目して考えると，P(a, b)，Q(c, d)とおいたとき，$ad-bc$を4で割った余りが2となります．これを満たすようなa, b, c, dの組の数を数えましょう．その際，adとbcを4で割った余りで場合分けすると考えやすくなります．

解 以下，合同式の法はすべて4とする．

P(a, b)，Q(c, d)とすると，$\triangle \mathrm{OPQ}=\frac{1}{2}|ad-bc|$

これが奇数になるとき，$|ad-bc|=2\times(奇数)$ ……①

∴ $ad-bc\equiv \pm 2\equiv 2 \pmod{4}$

これを満たすのは以下の(i)～(iv)のいずれか．

(i) $ad\equiv 0$, $bc\equiv 2$
(ii) $ad\equiv 1$, $bc\equiv 3$
(iii) $ad\equiv 2$, $bc\equiv 0$
(iv) $ad\equiv 3$, $bc\equiv 1$

(i) $ad\equiv 0$, $bc\equiv 2$ のとき．

$ad\equiv 0$ となるのは，

「a, dがともに偶数」……② または

「a, dの一方が奇数でもう一方が4の倍数」 ……③

のとき．a, dの組の数は，②の場合，1以上8以下の偶数は4つなので$4\cdot 4=16$通り．③の場合，1以上8以下の奇数は4つ，4の倍数は2つで，a, dのどちらが奇数かも考えて$4\cdot 2\times 2=16$通り．合わせて32通り．

$bc\equiv 2$ となるのは，

「$b\equiv 2$ かつ cが奇数」……④ または

「bが奇数かつ$c\equiv 2$」……⑤ のとき．

b, cの組の数は，④の場合，$b\equiv 2$となるbは2, 6の2個，奇数は4個なので$2\cdot 4=8$通り．⑤も同じなので合わせて16通り．

よってa, b, c, dの組は$32\cdot 16$通り．

(ii) $ad\equiv 1$, $bc\equiv 3$ のとき．

$ad\equiv 1$ となるのは，

「$a\equiv 1$ かつ $d\equiv 1$」……⑥ または

「$a\equiv 3$ かつ $d\equiv 3$」……⑦ のとき．

a, dの組の数は，⑥の場合，$a\equiv 1$となるaは1, 5の2個なので$2\cdot 2=4$通り．⑦の場合，$a\equiv 3$となるaは3, 7の2個なので$2\cdot 2=4$通り．合わせて8通り．

$bc\equiv 3$ となるのは，

「$b\equiv 1$ かつ $c\equiv 3$」……⑧ または

「$b\equiv 3$ かつ $c\equiv 1$」……⑨ のとき．

b, cの組の数は，⑧の場合も⑨の場合も$2\cdot 2=4$通りなので合わせて8通り．

よってa, b, c, dの組の数は$8\cdot 8=64$通り．

(iii) $ad\equiv 2$, $bc\equiv 0$ のとき．

対称性より，a, b, c, dの組の数は(i)と同じ．

(iv) $ad\equiv 3$, $bc\equiv 1$ のとき．

対称性より，a, b, c, dの組の数は(ii)と同じ．

P, Qの選び方は$64\cdot 63$通りなので，求める確率は

$$\frac{(32\cdot 16+64)\times 2}{64\cdot 63}=\frac{(8+1)\times 2}{63}=\frac{2}{7}$$

【解説】

A 合同式の利用

①の条件を得た後，**解**では法を4とする合同式を用いて議論しています．これは，単に偶奇を考える（すなわち mod 2 でみる）だけでは$2\times(奇数)$という形の偶数と$2\times(偶数)$という形の偶数の区別がつかないため，$2^2=4$で割った余りまで考える必要があるからです．

表現としては合同式を使わずに解答をつくることもできますが，題意を満たすa, b, c, dの組を地道に数え上げるというような解法を取らなければ，ほとんどの解法では4で割った余りに注目して考えることになります．そして，余りを何度も考えるような場合は，やはり合同式を用いて表した方が簡潔に記述できるのでよいでしょう．

B 方針について

解答の1つめのステップは，上で述べたように「4で割った余りに注目すること」です．これは多くの人ができていましたが，この先の解法が分かれました．a, b, c, dのうちの偶数の個数で場合分けする，ひたすら数え上げるなど様々な解法が見られましたが，解のようにad, bcを4で割った余りに注目ことができている答案（全体の53%）は比較的簡潔にまとめられているものが多かったです．

本問のように，いくつも解法が考えられ，しかも解法によって処理量が大きく異なる問題では，解法の選択が非常に重要になるので，まずいろいろな方法で考えてみて，その中で最もスマートに解くことができそうな解法を選ぶようにするとよいでしょう．

C　P，Qの選び方

(解)ではPとQを区別して考えているので，$8^2=64$ 個の格子点から異なる2点を選ぶ選び方は $64\cdot 63$ 通りとなります．PとQが異なるという条件を忘れて 64^2 通りとしてしまった人は気をつけましょう．また，PとQを区別せず2点を選ぶと考えて ${}_{64}C_2=\dfrac{64\cdot 63}{2\cdot 1}$ 通りとした場合は，題意を満たすP，Qの組（a,b,c,d の組）を数えるときもPとQを区別しないで考えていればOKなのですが，一方では区別し一方では区別しないと答えが変わってしまうので，いま自分は何を区別し何を区別せずに考えているのかをつねに意識しながら問題を解くように心がけましょう．

D　以下のように確率で考えることもできます．

(別解)（（ⅰ）〜（ⅳ）の場合に分けるところまでは同じ）

ad を4で割った余りは，a,d を4で割った余りによって以下の表のようになる．

a を4で割った余り ＼ d を4で割った余り	0	1	2	3
0	0	0	0	0
1	0	1	2	3
2	0	2	0	2
3	0	3	2	1

まずP，Qが一致してもよいとして考えると，$a\equiv 0,1,2,3$ となる確率はすべて $\dfrac{1}{4}$ となる．d も同様．よって，上の表より

$ad\equiv 0$ となる確率は $\dfrac{8}{16}=\dfrac{1}{2}$

$ad\equiv 1$ となる確率は $\dfrac{2}{16}=\dfrac{1}{8}$

$ad\equiv 2$ となる確率は $\dfrac{4}{16}=\dfrac{1}{4}$

$ad\equiv 3$ となる確率は $\dfrac{2}{16}=\dfrac{1}{8}$

bc についても同様．したがって，

(ⅰ)　$ad\equiv 0,\ bc\equiv 2$ となる確率は $\dfrac{1}{2}\cdot\dfrac{1}{4}=\dfrac{1}{8}$

(ⅱ)　$ad\equiv 1,\ bc\equiv 3$ となる確率は $\dfrac{1}{8}\cdot\dfrac{1}{8}=\dfrac{1}{64}$

(ⅲ)　$ad\equiv 2,\ bc\equiv 0$ となる確率は $\dfrac{1}{4}\cdot\dfrac{1}{2}=\dfrac{1}{8}$

(ⅳ)　$ad\equiv 3,\ bc\equiv 1$ となる確率は $\dfrac{1}{8}\cdot\dfrac{1}{8}=\dfrac{1}{64}$

で，合わせて $\dfrac{9}{32}$

P，Qが一致するとき $\triangle OPQ=0$ で奇数にはならないので，これにはPとQが一致する場合は含まれず，PとQが一致する確率は $\dfrac{1}{64}$ なので，求める確率は

$$\dfrac{\dfrac{9}{32}}{1-\dfrac{1}{64}}=\dfrac{2}{7}$$

＊　　　　　　　＊

最後は，条件付き確率を用いています．つまり，PとQを無作為に（一致してもよい）選んだときに

　P≠Q になるという事象を A

　3点 O，P，Q が，面積が奇数であるような三角形の3頂点になるという事象を B

とすると，本問の確率は $P_A(B)=\dfrac{P(A\cap B)}{P(A)}$

であり，$P(A\cap B)=\dfrac{9}{32}$，$P(A)=1-\dfrac{1}{64}$

ということです．

E　一般化（当時の学力コンテスト添削者の**竹内大智氏**のアイデアによります．かなり難しいので，読み飛ばしていただいて結構です）

本問を一般化した以下の問題を考えてみましょう．

(発展問題) p を素数，n を自然数とする．1以上 np^2 以下の自然数から a,b,c,d の4つを無作為に選ぶ（ただし，$(a,b)\ne(c,d)$）とき，$ad-bc$ が p で一度だけ割り切れる確率を求めよ．

解答に入る前に，次の命題を示しておきます．

［命題］q,x を互いに素な自然数とし，$1\le i<j\le q-1$ ……⑩ とすると，$ix\equiv jx\pmod{q}$ となることはない．

（証明）$ix\equiv jx\pmod{q}$ なら $(j-i)x\equiv 0\pmod{q}$ だが，x は q と互いに素なので $j-i\equiv 0\pmod{q}$

しかし，⑩より $1\le j-i<q-1$ なので，$j-i$ は q で割り切れず矛盾する．

では，上の発展問題の解答です．

(解) 整数 a が p でちょうど k 回だけ割り切れることを $D_p(a)=k$ と表すことにする．

また，p^2 と互いに素な p^2-1 以下の自然数の集合を

$C_p=\{1,2,\cdots,p-1,p+1,\cdots,$
$(p-1)p-1,(p-1)p+1,\cdots,p^2-1\}$

と表すことにする．

まず $(a,b)\ne(c,d)$ という条件がないものとして考える．

1〜np^2 の中で p で割り切れる回数が
　　　　　2 以上のものは n 個
　　　　　　　1 のものは $np-n=n(p-1)$ 個
　　　　　　　0 のものは $np^2-np=np(p-1)$ 個

ある．よって，
$D_p(ad)=0$ となる a, d の組は $\{np(p-1)\}^2$ 個
$D_p(ad)=1$ となる a, d の組は
$$n(p-1)\cdot np(p-1)\times 2=2n^2p(p-1)^2 \text{ 個}$$
$D_p(ad)\geqq 2$ となる a, d の組は，全体から上の 2 つの場合の個数を引いて
$$(np^2)^2-n^2p^2(p-1)^2-2n^2p(p-1)^2$$
$$=n^2p(3p-2) \text{ 個}$$
ある．

さらに，$D_p(ad)=0$ となる ad は，p^2 を法として C_p の p^2-p 個と合同なものが同数ずつある …………⑪
ことを示す．

(⑪の証明）ある a （これは p^2 と互いに素）を任意に 1 つとる．
$$d=1, 2, \cdots, p-1, p+1, \cdots,$$
$$(p-1)p-1, (p-1)p+1, \cdots, p^2-1$$
に対する ad を p^2 で割った余りは，前に示した命題よりすべて異なり，また p^2 と互いに素である．

よってその余りは全体として C_p に一致する．

$D_p(ad)=0$ となる d （$1\leqq d\leqq np^2$）は p^2 と互いに素な $np(p-1)$ 個あるが，これを p^2 で割った余りは C_p の p^2-p 種類が n 個ずつになるので，ad を p^2 で割った余りも C_p の p^2-p 種類が n 個ずつになる．

(⑪の証明終）

これと同様にして，$D_p(ad)=1$ となる ad も，p^2 を法として，$p, 2p, \cdots, (p-1)p$ と合同なものが同数ずつあることが示せる．

また，

$D_p(ad)=0$ となる確率は $\dfrac{n^2p^2(p-1)^2}{(np^2)^2}=\dfrac{(p-1)^2}{p^2}$

$D_p(ad)=1$ となる確率は $\dfrac{2n^2p(p-1)^2}{(np^2)^2}=\dfrac{2(p-1)^2}{p^3}$

$D_p(ad)\geqq 2$ となる確率は $\dfrac{n^2p(3p-2)}{(np^2)^2}=\dfrac{3p-2}{p^3}$

である．

さて，$D_p(ad-bc)=1$ となるのは，以下の（ⅰ）〜（ⅳ）のいずれかの場合に含まれる．

（ⅰ）$D_p(ad)\geqq 2$, $D_p(bc)=1$ の場合：
ad は p で 2 回以上割り切れ，bc は一度しか割り切れないので，その差の $ad-bc$ は p で一度しか割り切れない．よってこのときはつねに題意を満たす．この場合の確率は，$\dfrac{3p-2}{p^3}\cdot\dfrac{2(p-1)^2}{p^3}=\dfrac{2(p-1)^2(3p-2)}{p^6}$

（ⅱ）$D_p(ad)=1$, $D_p(bc)\geqq 2$ の場合：
（ⅰ）と同じで，確率は $\dfrac{2(p-1)^2(3p-2)}{p^6}$

（ⅲ）$D_p(ad)=1$, $D_p(bc)=1$ の場合：
$$ad\equiv ip, bc\equiv jp \pmod{p^2} \quad(1\leqq i,j\leqq p-1)$$
とおける．このとき，$ad-bc\equiv(i-j)p \pmod{p^2}$
で，題意を満たすのは $i-j$ が p で割り切れないとき．
$D_p(ad)=1$ となるような ad は $\bmod{p^2}$ でみると $p, 2p, \cdots, (p-1)p$ と合同なものが同数ずつあることを考慮すると，$D_p(ad)=1$, $D_p(bc)=1$ となる a, b, c, d の組のうち $i\equiv j \pmod{p}$ とならないものの比率は $\dfrac{p-2}{p-1}$ である．

よってこの場合の確率は，
$$\dfrac{2(p-1)^2}{p^3}\cdot\dfrac{2(p-1)^2}{p^3}\times\dfrac{p-2}{p-1}=\dfrac{4(p-1)^3(p-2)}{p^6}$$

（ⅳ）$D_p(ad)=0$, $D_p(bc)=0$ の場合：
$$ad\equiv i, bc\equiv j \pmod{p^2}$$
$\quad$（i, j は p^2 と互いに素で，$1\leqq i,j\leqq p^2-1$）

とおくと，$ad-bc\equiv i-j \pmod{p^2}$
$i=kp+r$ （$0\leqq r\leqq p-1$）と表したとき，$i-j$ が p で一度だけ割り切れるのは，
$$j=r, p+r, \cdots, (k-1)p+r, (k+1)p+r,$$
$$\cdots, (p-1)p+r$$
の $p-1$ 個のとき．

j は C_p の元の p^2-p 個の値を等確率でとるので，$D_p(ad)=0$, $D_p(bc)=0$ となる a, b, c, d の組のうち題意を満たすものの比率は $\dfrac{p-1}{p^2-p}=\dfrac{1}{p}$ である．

よってこの場合の確率は
$$\dfrac{(p-1)^2}{p^2}\cdot\dfrac{(p-1)^2}{p^2}\times\dfrac{1}{p}=\dfrac{(p-1)^4}{p^5}$$

以上（ⅰ）〜（ⅳ）の確率を合わせて，$(a, b)=(c, d)$ でもよいときの確率は
$$\dfrac{2(p-1)^2(3p-2)}{p^6}+\dfrac{2(p-1)^2(3p-2)}{p^6}$$
$$+\dfrac{4(p-1)^3(p-2)}{p^6}+\dfrac{(p-1)^4}{p^5}$$
$$=\dfrac{(p-1)^2(p+1)^2}{p^5} \cdots\cdots\cdots\cdots⑫$$

$(a, b)=(c, d)$ のとき $ad-bc=0$ となり題意を満たさないので，⑫には $(a, b)=(c, d)$ となる場合は含まれず，また $(a, b)=(c, d)$ となる確率は $\dfrac{1}{(np^2)^2}$ なので，求める確率は，

$$\frac{\dfrac{(p-1)^2(p+1)^2}{p^5}}{1-\dfrac{1}{(np^2)^2}} = \frac{(p-1)^2(p+1)^2}{p^5} \cdot \frac{(np^2)^2}{(np^2)^2-1}$$

* *

この問題で $p=2$, $n=2$ としたのが元の問題で，最後の答えにこれらを代入すると，確かに

$$\frac{1^2 \cdot 3^2}{2^5} \cdot \frac{8^2}{8^2-1} = \frac{2}{7}$$

となって元の問題の答えと一致します． （一山）

あとがき

「大学への数学」学力コンテストでは，毎月，編集部で問題を創作していますが，中には，読者，読者OB，執筆の先生，添削者（学コンマン）から提供していただいたものもあります．そして，その問題に果敢にアタックして応募された方々，学コンマンと，多くの方々に支えられ，今年，60年目を迎えることが出来ました．本書の刊行ともども，深く感謝いたします．

さて，本書を通じて，思考力に磨きをかけていただきたいことはもちろんですが，それとともに，数学に限らず，自分の頭で考えることの大切さを再認識していただければと思います．

世の中には，偉い人，声高に叫ぶ人の言うことや，マスコミの情報を無批判に受け入れる人がいます．しかし，具体例や過去の例からの推測にすぎないことを，真実であるかのように言う人もいます（中には，自分自身でそう思い込んでいる人も）．いわんやネットの情報をや．

$$1, 2, 3, 4, 5$$

の次は何でしょう？ 素直な人は6と答えますが，本当に6？ 例えば $(n-1)(n-2)(n-3)(n-4)(n-5)+n$ だと6にはなりません．

「お上の言うこと，やることに間違いはない」という人達がほとんどを占める世界がろくなことにならない例は，過去も現在も枚挙にいとまがありません．

無闇に物わかりが良かったり，まわりと同調することばかりに気を使うのではなく，自分の頭で考えることによって，おかしいものはおかしい，ダメなものはダメと判断できる感覚を失わないようにしてほしいと思います．「それなら，お前の言うことも信用できないから，俺はお上を信用する」というのも，一つの考えではありますが…．

（浦辺）

皆さんは，「学力コンテスト」に対してどのようなイメージをお持ちでしょうか？ 「学コンは難しすぎるから受験には必要ない」という意見を耳にすることがあります．もちろん学コンの問題の中には，かなり難しめのものもありますが，そのような問題ばかりというわけでは決してありません．特に，本書で取り上げられた問題の中には，極端に難しい問題や奇抜な発想を必要とする問題はなく，受験勉強としても，数学を純粋に楽しむうえでも十分に機能してくれることと思います．

私自身も高校生の頃は学コンを応募していたのですが，本書で取り上げられている問題の中に，応募者だった時の問題もいくつかあり，とても懐かしく感じました．学コンには解答がついてないので，なかなか自分の出した答えに自信が持てず，締め切りギリギリまで粘っていたのを覚えています（同じような人もたくさんいるはず？）．当時学コンに夢中だった私は，「昔の学コンがまとめられた本があればいいのになあ」と思っていたのですが，その願いが届いたのか，こうして本書が刊行されることとなり，皆さんのことをとても羨ましく思います．

さて，話は変わりますが，皆さんは100万円貯めようと思ったときに，単純に100万円貯めることと200万円貯めることを目標とするのではどちらが楽だと思いますか？ 200万円を目標にしていれば100万円は通過点に過ぎないので，当然後者を目標とした方が達成しやすいでしょう．これは受験勉強についても同じことで，自分が志望する大学に必要なレベルよりも上の実力に合わせた勉強をしていれば，当然通過点にあたる志望大学には自然と合格できるはずです．だから，「学コンは難しすぎるから必要ない」などと消極的な意見を持たずに，「学コンは難しいけど，その難しい問題ができるようになれば，余裕で合格できるようになるはずだから頑張ろう！」とポジティブに考えられるようになってほしいと思います．皆さんの応募を心よりお待ちしております．

（山崎）

大学への数学
考え抜く数学〜学コンに挑戦〜

平成28年3月10日　第1刷発行
令和5年8月10日　第4刷発行

編　者　東京出版編集部
発行者　黒木憲太郎
発行所　株式会社　東京出版
　　　　〒150-0012　東京都渋谷区広尾3-12-7
　　　　電話 03-3407-3387　振替 00160-7-5286
　　　　https://www.tokyo-s.jp/

整版所　錦美堂整版
印刷所　光陽メディア
製本所　技秀堂
　落丁・乱丁の場合は，ご連絡ください．
　送料弊社負担にてお取り替えいたします．

© Tokyo shuppan 2016 Printed in Japan
ISBN 978-4-88742-221-6